대학 기초 수학

| 윤영진 |

KM 경문사

<<< 머리말

현대 사회는 물질문명이 하루가 다르게 변하고 첨단 과학기술이 놀랍게 발전되어 가고 있다. 이와 같이 모든 분야에서 발전되어 가고 있으므로 이러한 지식들을 이해하고 응용하기 위해서는 무엇보다도 수학적인 감각과 수학 지식이 절실히 요구되고 있다. 그러므로 이 책은 기본적이고도 필수적인 교양수학 교재의 하나로서 사회과학은 물론 자연과학, 공학을 공부하는 학생들에게 큰 도움이 되는 내용들을 이해하기 쉽게 만들었다.

특히 수학의 기초가 부족하다고 느끼는 학생들을 위하여 고등학교 수학 교과과정에서 꼭 필요한 내용을 담아냈다. 이 책은 수의 체계, 식의 계산, 방정식과 부등식, 도형, 집합과 함수, 수열과 급수, 지수함수와 로그함수, 삼각함수 등의 내용을 포함하고 있으며, 다음과 같은 점이 반영되도록 하였다.

첫째, 대학교에서 배우는 미분적분학의 내용과 중복되지 않도록 하여 미분적분학을 잘 공부하기 위한 준비과정의 역할을 할 수 있도록 하였다.

둘째, 이 책의 구조는 정의와 용어로부터 시작하여 보기와 예제를 통하여 개념을 익히고 연습문제에서 이해한 원리를 확인하는 과정으로 이루어져 있다.

이 책을 저술하면서 학생들의 보다 빠른 이해와 내용 파악을 주안점으로 하였으나 아직 부족한 점이 많으리라 생각되며, 부족한 부분에 대해서는 아낌없는 충고를 부탁드린다.

끝으로 모든 어려운 여건하에 이 책의 출판을 위하여 정성을 다해주신 경문사 관계자들께 깊은 감사를 드린다.

지은이 일동

차례

CHAPTER 1

수의 체계

1.1 실수의 연산과 대소 관계

먼저 수의 개념을 자연수에서 정수, 유리수를 거쳐 실수까지 확장시켜 보자.

자연수에서부터 수가 확장해 나간 과정을 살펴보면 자연수 1, 2, 3, ⋯에 0과 -1, -2, -3, ⋯을 포함시켜 정수가 된다.

여기서 임의의 두 정수 m, n의 합 $m+n$, 차 $m-n$, 곱 mn은 정수이지만 두 정수를 나눈 몫 $\frac{m}{n}$(단, $n \neq 0$)은 반드시 정수라고 할 수 없다. 이때, 정수 m과 0이 아닌 정수 n에 대하여 $\frac{m}{n}$과 같이 분수꼴로 나타낼 수 있는 수를 유리수라고 한다. 물론 임의의 두 유리수 p, q의 합 $p+q$, 차 $p-q$, 곱 pq는 유리수이고, 또 $q \neq 0$일 때 $\frac{p}{q}$도 유리수가 된다.

이제 정수가 아닌 유리수를 소수로 바꾸어 생각해 보자. 다음과 같은 유리수를 소수로 표시하면

$$\frac{1}{4} = 0.25, \qquad \frac{27}{25} = 1.08$$

과 같이 유한소수가 된다. 또 다음과 같은 유리수는

$$\frac{1}{3} = 0.33333\cdots, \qquad \frac{41}{33} = 1.242424\cdots$$

와 같이 순환소수가 됨을 알 수 있다.

역으로 생각하면 유한소수와 순환소수는 분수로 나타낼 수가 있다. 따라서 유한소수와 순환소수는 유리수이다. 그런데

$$\begin{aligned}
&\sqrt{2} = 1.414\cdots \\
&\sqrt{3} = 1.732\cdots \\
&\pi = 3.141592\cdots \\
&e = 2.71828\cdots \\
&\frac{1+\sqrt{5}}{2} = 1.618\cdots
\end{aligned}$$

과 같은 수들을 소수로 바꾸어 표시하면 순환하지 않는 무한소수가 되므로 분수꼴로 나타낼 수 없음을 알 수 있다.

이와 같이 분수꼴로 나타낼 수 없는 수를 무리수라 하고 유리수와 무리수를 통틀어 실수라고 한다. 실수는 수직선 위의 점과 일대일 대응이 되어 수직선을 모두 채울 수 있음이 알려져 있다. 그러므로 실수에 대하여 공부할 때, 수직선을 이용하면 편리하다. 실수를 직선상의 점과 일대일 대응시켰을 때 이 직선을 실직선(real line)이라고도 한다.

실직선의 부분집합으로 두 실수 a, b 사이의 실수 전체의 집합을 구간(interval)이라 하고, 기호는 다음과 같다.

$$(a,\ b) = \{x \in \mathbb{R} : a < x < b\}$$
$$[a,\ b) = \{x \in \mathbb{R} : a \le x < b\}$$
$$(a,\ b] = \{x \in \mathbb{R} : a < x \le b\}$$
$$[a,\ b] = \{x \in \mathbb{R} : a \le x \le b\}$$

여기서 $(a,\ b)$는 열린구간(open interval), $[a,\ b]$는 닫힌구간(closed interval)이라 한다.

이밖에도 구간에는 다음과 같은 형태가 있다.

$$(a,\ \infty) = \{x \in \mathbb{R} : x > a\}$$
$$[a,\ \infty) = \{x \in \mathbb{R} : x \ge a\}$$
$$(-\infty,\ b) = \{x \in \mathbb{R} : x < b\}$$
$$(-\infty,\ b] = \{x \in \mathbb{R} : x \le b\}$$
$$(-\infty,\ \infty) = \mathbb{R}$$

실제로 무한대 ∞는 실수가 아니다.

실수의 분류

- 실수
  - 유리수
    - 정수
      - 양의 정수(자연수)
      - 0
      - 음의 정수
    - 정수가 아닌 유리수
  - 무리수

예제 1 $\sqrt{2}$는 무리수임을 보이시오.

풀이 ·····

$\sqrt{2}$가 유리수라고 가정하면

$$\sqrt{2} = \frac{a}{b}(a,\ b\text{는 서로소인 자연수}) \quad \cdots \text{①}$$

와 같이 기약분수로 나타낼 수 있다.

①의 양변을 제곱하면

$$2 = \frac{a^2}{b^2}, \quad \text{즉} \quad a^2 = 2b^2 \quad \cdots \text{②}$$

여기서 a^2이 짝수이므로 a도 짝수여야 한다.

따라서 $a = 2k$(k는 자연수)라 놓으면 ②는

$$(2k)^2 = 2b^2, \quad \text{즉} \quad b^2 = 2k^2 \quad \cdots \text{③}$$

그런데 ③에서 b^2은 짝수이므로 b도 짝수여야 한다.

그러나 이것은 a, b가 서로소라는 가정에 모순이므로 $\sqrt{2}$는 유리수가 아니다.

·····◀

임의의 두 자연수 a, b에 대한 사칙연산을 생각해 보자. 두 수의 합 $a+b$와 곱 ab의 값은 다시 자연수가 됨을 알 수 있다.

이처럼 어떤 집합 S의 임의의 두 원소에 대한 연산의 결과가 다시 그 집합의 원소가 될 때, 집합 S는 그 연산에 대해 닫혀 있다고 한다.

따라서 자연수 전체의 집합 $\mathbb{N}$은 덧셈과 곱셈에 대하여 닫혀 있다. 그러나 두 자연수의 차나 몫이 항상 자연수라고는 할 수 없으므로 자연수 전체의 집합은 뺄셈과 나눗셈에 대하여는 닫혀 있지 않다.

또, 정수 전체의 집합에서 임의의 두 원소 a, b에 대하여 $a+b$, $a-b$, ab는 모두 정수이므로 정수 전체의 집합은 덧셈, 뺄셈, 곱셈에 대하여 닫혀 있지만 $\frac{a}{b}$ $(b \neq 0)$는 정수가 아닌 경우도 있으므로 나눗셈에 대해서는 닫혀 있지 않다.

한편, 유리수 전체의 집합에서 임의의 두 원소 a, b에 대하여 $a+b$, $a-b$, ab는 유리수이므로 유리수 전체의 집합은 덧셈, 뺄셈, 곱셈에 대하여 닫혀 있고, 0으로 나누는 것을 제

외하면 나눗셈에 대해서도 닫혀 있다.

마찬가지로 실수 전체의 집합은 덧셈, 뺄셈, 곱셈에 대하여 닫혀 있고, 0으로 나누는 것을 제외하면 나눗셈에 대해서도 닫혀 있다.

이상에서 알 수 있듯이 유리수 전체의 집합과 실수 전체의 집합에서는 덧셈, 뺄셈, 곱셈을 자유롭게 할 수 있고, 0으로 나누는 것을 제외하면 나눗셈도 자유롭게 할 수 있다.

이와 같이 사칙연산을 자유롭게 하기 위하여 수의 범위를 자연수 전체의 집합으로부터 정수, 유리수, 실수 전체의 집합으로 확장시켜 왔다. 또, 이차 이상의 방정식을 자유롭게 풀기 위하여 앞으로 복소수 전체의 집합까지 수를 확장한 것을 다루게 된다.

예제 2 a, b가 유리수일 때, 다음이 성립함을 보이시오.

$$a+b\sqrt{2}=0 \text{이면 } a=b=0$$

풀이 ⋯⋯

$b \neq 0$라고 가정하면 $\sqrt{2}=-\dfrac{a}{b}$

a, b는 유리수이고, 유리수는 나눗셈에 대하여 닫혀 있으므로 $-\dfrac{a}{b}$도 유리수이다. 그러므로 무리수 $\sqrt{2}$가 유리수라는 모순이 나타나는데 이 모순은 $b \neq 0$라는 가정 때문이다. 따라서 $b=0$이고, 이것을 $a+b\sqrt{2}=0$에 대입하면 $a=0$

$$\therefore\ a=b=0$$

⋯⋯◀

실수 전체의 집합 $\mathbb{R}$에는 두 이항연산 덧셈과 곱셈이 정의되어 있다. 즉, 임의의 실수 a, b에 대하여 실수 $a+b$와 실수 ab가 정해진다. 또 두 연산에 대하여 다음과 같은 성질이 성립한다.

(1) $a+b=b+a$ [덧셈에 관한 교환법칙]

(2) $(a+b)+c=a+(b+c)$ [덧셈에 관한 결합법칙]

(3) 임의의 실수 a에 대하여 $a+0=0+a=a$인 실수 0이 존재한다. [덧셈에 대한 항등원의 존재]

(4) 임의의 실수 a에 대하여 $a+x=x+a=0$인 실수 x가 단 하나 존재한다. 이 x를 $-a$로 나타낸다. [덧셈에 대한 a의 역원]

(5) $ab=ba$ [곱셈에 관한 교환법칙]

(6) $(ab)c=a(bc)$ [곱셈에 관한 결합법칙]

(7) 임의의 실수 a에 대하여 $a \cdot 1 = 1 \cdot a = a$인 실수 1이 존재한다.
[곱셈에 대한 항등원의 존재]

(8) 임의의 실수 $a \neq 0$에 대하여 $ay = ya = 1$인 실수 y가 단 하나 존재한다.
이 y를 a^{-1} 또는 $\frac{1}{a}$로 나타낸다. [곱셈에 대한 a의 역원]

(9) $a(b+c) = ab + ac,\ (a+b)c = ac + bc$ [분배법칙]

실수 전체의 집합 $\mathbb{R}$에서의 뺄셈과 나눗셈은 각각 덧셈에 대한 역원과 곱셈에 대한 역원을 이용하여 다음과 같이 정의한다.

$$a - b = a + (-b)$$

$$a \div b = ab^{-1} = a \cdot \frac{1}{b}\ (b \neq 0)$$

실수의 성질을 이용하여 다음을 쉽게 증명할 수 있다.

정리 1

임의의 실수 $a,\ b,\ c$에 대하여

(1) $a0 = 0a = 0$

(2) $-(-a) = a,\ (-a)b = a(-b) = -ab,\ (-a)(-b) = ab$

(3) $a + b = a + c \Longrightarrow b = c$ [덧셈에 관한 소거법칙]

(4) $ab = ac,\ a \neq 0 \Longrightarrow b = c$ [곱셈에 관한 소거법칙]

증명 ·····

(1) $a = a \cdot 1$이므로

$a = a(1+0)$ [덧셈에 대한 항등원]

$a = a \cdot 1 + a \cdot 0$ [분배법칙]

$a = a + a \cdot 0$ [곱셈에 대한 항등원]

양변에 a의 덧셈에 대한 역원인 $-a$를 더하면

$a + (-a) = a + a \cdot 0 + (-a)$

$0 = \{a + (-a)\} + a \cdot 0$ [교환법칙, 결합법칙]

$0 = 0 + a \cdot 0$ [덧셈에 대한 역원]

$\therefore a \cdot 0 = 0$ [덧셈에 대한 항등원]

(3) $a+b=a+c$의 양변에 $-a$를 더하면

$(a+b)+(-a)=(a+c)+(-a)$

$b+\{a+(-a)\}=c+\{a+(-a)\}$ [교환법칙, 결합법칙]

$b+0=c+0$ [덧셈에 대한 역원]

$\therefore\ b=c$ [덧셈에 대한 항등원]

(4) $ab=ac$의 양변에 $\dfrac{1}{a}$를 곱하면

$(ab)\cdot\dfrac{1}{a}=(ac)\cdot\dfrac{1}{a}$

$b\left(a\cdot\dfrac{1}{a}\right)=c\left(a\cdot\dfrac{1}{a}\right)$ [교환법칙, 결합법칙]

$b\cdot 1=c\cdot 1$ [곱셈에 대한 역원]

$\therefore\ b=c$ [곱셈에 대한 항등원] ⋯⋯◀

실수 전체의 집합 $\mathbb{R}$에는 순서 관계(order relation), 즉 대소 관계가 정의되어 있다. 그러나 더 큰 복소수 전체의 집합 $\mathbb{C}$에는 순서 관계가 없다. 왜냐하면

$$0<i$$

라고 가정하면

$$0=0\cdot i<i\cdot i=-1$$

이므로 $0<-1$이 되어 모순이다. 반대로

$$i<0$$

라고 가정하여도

$$-1=i^2>0\cdot i=0$$

이므로 $-1>0$이 되어 모순이 생기기 때문이다.

실제로 실수의 집합 $\mathbb{R}$에는 다음 조건을 만족시키는 부분집합 P가 존재한다.

(1) 임의의 실수 a에 대하여 다음 중 단 하나만 성립한다.

(i) $a\in P$ (ii) $a=0$ (iii) $-a\in P$

(2) $a,\ b\in P$이면 $a+b\in P$이고 $ab\in P$이다.

이때 P의 원소를 양의 실수 또는 양수(positive number)라 하고, $-a \in P$일 때 a를 음의 실수 또는 음수(negative number)라 한다.

임의의 실수 a, b에 대하여 $a-b \in P$일 때, 즉 $a-b$가 양수일 때, $a > b$ 또는 $b < a$로 나타낸다. 그리고 $a > b$ 또는 $a = b$일 때 $a \geq b$ 또는 $b \leq a$로 나타낸다.

다음 정리는 실수의 성질과 관련된 유용한 정리이다.

정리 2

임의의 실수 a, b에 대하여

(1) $a^2 \geq 0$

(2) $a^2 + b^2 = 0 \iff a = b = 0$

(3) $a > 0$, $b > 0$일 때 $a > b \iff a^2 > b^2$

증명 ·····

(1) 임의의 실수 a에 대하여 다음 중 단 하나만 성립한다.

$$a > 0, \quad a = 0, \quad a < 0$$

(i) $a > 0$일 때, $a^2 = a \cdot a > 0$

(ii) $a = 0$일 때, $a^2 = a \cdot a = 0$

(iii) $a < 0$일 때, $-a > 0$이므로 $a^2 = (-a) \cdot (-a) > 0$

따라서 (i), (ii), (iii)에서 임의의 실수 a에 대하여 $a^2 \geq 0$이다.

(2) 임의의 실수 a, b에 대하여

$$a^2 \geq 0, \; b^2 \geq 0 \qquad \therefore \; a^2 + b^2 \geq 0$$

그런데

$$a \neq 0 \text{이면 } a^2 > 0 \text{이고, } b \neq 0 \text{이면 } b^2 > 0$$

이므로

$$a \neq 0 \text{ 또는 } b \neq 0 \text{이면 } a^2 + b^2 > 0$$

이 되어 가정에 모순이다.

그러므로 $a^2 + b^2 = 0$이면 $a = 0$이고 $b = 0$이다.

$$(3)\ a > b \iff a-b > 0 \iff (a-b)(a+b) > 0$$
$$\iff a^2 - b^2 > 0 \iff a^2 > b^2$$ ……◀

실수 a의 절댓값(absolute value) $|a|$를 다음과 같이 정의한다.

$$|a| = \begin{cases} a & (a \geq 0) \\ -a & (a < 0) \end{cases}$$

이 정의로부터

$$|a| \geq 0,\ |-a| = |a|,\ -|a| \leq a \leq |a|,\ |a|^2 = a^2$$
$$|x| < a \iff -a < x < a \ (a\text{는 양수})$$
$$|x| > a \iff x < -a \text{ 또는 } x > a \ (a\text{는 양수})$$

가 성립함을 알 수 있다.

정리 3

임의의 실수 a, b에 대하여

(1) $|ab| = |a||b|$

(2) $|a+b| \leq |a|+|b|$, $||a|-|b|| \leq |a-b|$ [삼각부등식]

(3) $|a| < |b| \iff a^2 < b^2$

증명 ……

(1)과 (3)의 증명은 생략하고, 여러 가지로 유용한 삼각부등식 (2)를 증명하겠다. 기하학적으로 삼각부등식은 삼각형의 두 변의 합이 다른 한 변보다 큰 것을 의미하고, 또한 삼각형의 두 변의 차가 다른 한 변보다 작은 것을 의미한다.

$-|a| \leq a \leq |a|$이고 $-|b| \leq b \leq |b|$이므로

$$-(|a|+|b|) \leq a+b \leq |a|+|b|.$$

따라서 $|a+b| \leq |a|+|b|$을 얻는다.

$|a| = |a-b+b| \leq |a-b|+|b|$이므로 $|a|-|b| \leq |a-b|$이고

$|b| = |b-a+a| \leq |b-a|+|a|$이므로 $-(|a|-|b|) = |b|-|a| \leq |b-a| = |a-b|$이다.

따라서 $||a|-|b|| \leq |a-b|$을 얻는다. ……◀

1.2 복소수의 연산과 기본 성질

다음 두 방정식을 생각해 보자.

(1) $x^2 - 2 = 0$

(2) $x^2 + 2 = 0$

(1)은 실수의 범위에서 해를 구할 수 있다. 즉, (1)에서 $x^2 = 2$이므로

$$\therefore\ x = \pm\sqrt{2}$$

그러나 (2)의 해는 실수의 범위에서 구할 수 없다.

왜냐하면 (2)에서 $x^2 = -2$를 얻을 수 있는데 실수인 모든 x에 대해서 $x^2 \geq 0$이므로 $x^2 = -2$를 만족하는 실수 x는 존재하지 않기 때문이다.

그러므로 방정식 (2)의 해를 구하려면 (2)의 해가 존재할 수 있도록 실수 밖의 새로운 수를 생각하여 수의 범위를 확장해야 한다.

따라서 제곱하여 -1이 되는 새로운 수를 생각하게 되었고, 이것을 i로 나타내기로 하였다. 즉,

$$i^2 = -1$$

이때, i를 허수단위라고 하며 i를 $\sqrt{-1}$로 나타내기로 한다.

여기서 i를 가지고 위의 방정식 (2)의 해를 구해 보면 $x = \pm\sqrt{2}\,i$인 경우 $(\pm\sqrt{2}\,i)^2 = 2i^2 = -2$이므로 $x = \pm\sqrt{2}\,i$는 방정식 $x^2 + 2 = 0$을 만족하는 해가 된다.

일반적으로 임의의 양수 a에 대하여

$$(\sqrt{a}\,i)^2 = (\sqrt{a})^2 i^2 = a(-1) = -a$$
$$(-\sqrt{a}\,i)^2 = (-\sqrt{a})^2 i^2 = a(-1) = -a$$

이므로 $-a$의 제곱근은 $\pm\sqrt{a}\,i$이다. 즉 $x^2 = -a$를 만족하는 x는 $\pm\sqrt{a}\,i$이다.

임의의 실수 a, b에 대하여

$$a+bi$$

의 꼴로 나타내는 새로운 수를 **복소수**라 하고, a를 이 복소수의 실수부분, b를 이 복소수의 허수부분이라고 한다.

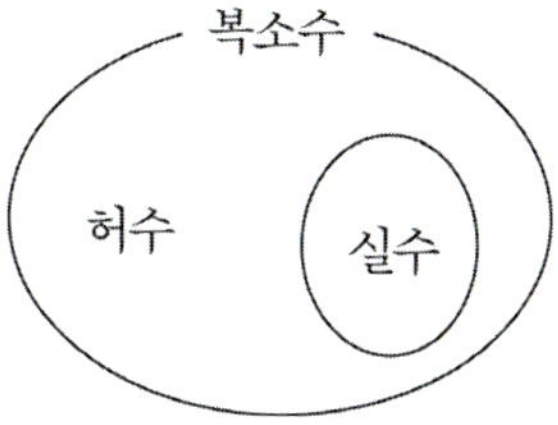

복소수 $a+bi$에서 $b=0$일 때,

$$a+bi=a+0i=a+0=a$$

가 되어 이 복소수는 실수가 되고, $b\neq 0$일 때, 복소수 $a+bi$를 **허수**라고 한다.

따라서 실수 전체의 집합과 허수 전체의 집합은 복소수 전체의 집합에 포함된다.

또 $a=0$, $b\neq 0$일 때, 복소수 $a+bi=bi$를 **순허수**라고 한다.

따라서 복소수 $a+bi$를 다음과 같이 분류할 수 있다.

복소수의 분류

a, b가 실수일 때

$$\text{복소수}(a+bi)\begin{cases}\text{실수}(b=0)\\ \text{허수}\begin{cases}\text{순허수}(a=0,\ b\neq 0)\\ \text{순허수가 아닌 허수}(a\neq 0,\ b\neq 0)\end{cases}\end{cases}$$

임의의 두 복소수에서 실수부분과 허수부분이 각각 같을 때, 두 복소수를 '서로 같다'고 한다. 따라서 두 복소수가 서로 같을 조건을 다음과 같이 정의한다.

두 복소수 $a+bi$, $c+di$에 대해서 (단, a, b, c, d는 실수)

$$a+bi=c+di \iff a=c,\ b=d$$

특히, $a+bi=0 \iff a=0,\ b=0$

예제 1 다음 등식을 만족하는 두 실수 x, y의 값을 구하시오.

$$2x-y+(x+3y)i=4-5i$$

풀이 ·····

x, y가 실수이므로 $2x-y$, $x+3y$도 실수이다.
이때, 복소수가 서로 같을 조건에 의해

$$2x-y=4, \quad x+3y=-5$$

를 만족한다. 두 식을 연립하여 풀면

$$\therefore\ x=1, \quad y=-2$$

·····◀

복소수에서 덧셈, 뺄셈을 계산할 경우 i를 하나의 문자로 생각하여 실수부분은 실수부분끼리, 허수부분은 허수부분끼리 계산한다.

$$(a+bi)+(c+di)=(a+c)+(b+d)i$$
$$(a+bi)-(c+di)=(a-c)+(b-d)i$$

복소수의 곱셈은 허수단위 i를 문자와 같이 생각하여 계산하고, 계산 과정에서 i^2이 나오면 i^2 대신 -1을 대입하여 정리한다. 즉

$$\begin{aligned}(a+bi)(c+di)&=ac+(ad+bc)i+bdi^2\\&=ac+(ad+bc)i-bd\\&=(ac-bd)+(ad+bc)i\end{aligned}$$

복소수 $a+bi$에 대하여 허수부분의 부호를 바꾼 복소수 $a-bi$를 $a+bi$의 **켤레복소수**라 하고, 기호로

$$\overline{a+bi}$$

와 같이 나타낸다. 즉 $\overline{a+bi}=a-bi$

일반적으로 복소수와 그의 켤레복소수를 합한 값과 곱한 값은 실수이다. 즉,

$$(a+bi)+(a-bi)=2a$$
$$(a+bi)(a-bi)=a^2-(bi)^2=a^2+b^2$$

복소수의 나눗셈은 분모의 켤레복소수를 분자, 분모에 곱해서 분모를 실수로 만들어 계

산한다. 즉,

$$\frac{a+bi}{c+di}=\frac{(a+bi)(c-di)}{(c+di)(c-di)}=\frac{(ac+bd)+(bc-ad)i}{c^2+d^2}$$
$$=\frac{ac+bd}{c^2+d^2}+\frac{bc-ad}{c^2+d^2}i$$
$$(\text{단, } c+di\neq 0)$$

켤레복소수의 성질은 다음과 같다.

① $\overline{z_1+z_2}=\overline{z_1}+\overline{z_2}$

② $\overline{z_1-z_2}=\overline{z_1}-\overline{z_2}$

③ $\overline{z_1\cdot z_2}=\overline{z_1}\cdot\overline{z_2}$

④ $\overline{\left(\frac{z_2}{z_1}\right)}=\frac{\overline{z_2}}{\overline{z_1}}\ (z_1\neq 0)$

예제 2 복소수 $\frac{4+3i}{1+2i}$를 $a+bi$의 꼴로 나타내시오.

풀이 ·····

$$\frac{4+3i}{1+2i}=\frac{(4+3i)(1-2i)}{(1+2i)(1-2i)}=\frac{(4\cdot 1+3\cdot 2)+(3\cdot 1-4\cdot 2)i}{1+4}$$
$$=\frac{10-5i}{5}=2-i$$
·····◀

임의의 두 실수의 덧셈, 뺄셈, 곱셈, 나눗셈의 결과는 모두 실수이다. 즉, 실수 전체의 집합은 0으로 나누는 것을 제외하고는 사칙연산에 대하여 닫혀 있다.

또한 복소수에서도 사칙연산의 결과는 모두 복소수임을 확인하였다.

따라서 복소수의 집합 $\mathbb{C}$는 0으로 나누는 것을 제외하고는 사칙연산에 대하여 모두 닫혀 있음을 알 수 있다.

또, 실수에서는 덧셈, 곱셈에 대하여 교환법칙, 결합법칙, 분배법칙이 성립하는데 복소수에서도 실수에서와 같이 이러한 성질들이 모두 성립한다.

한편, 복소수 전체의 집합에서 덧셈, 곱셈에 대한 항등원과 역원을 알아보자.

임의의 복소수 $a+bi$에 대하여

$$(a+bi)+0=0+(a+bi)=a+bi$$
$$(a+bi)\cdot 1=1\cdot (a+bi)=a+bi$$

이므로 덧셈에 대한 항등원은 0이고, 곱셈에 대한 항등원은 1이다.

그리고 덧셈, 곱셈에 대한 역원을 생각해 보면

$$(a+bi)+\{-(a+bi)\}=0$$
$$(a+bi)\cdot\left(\frac{1}{a+bi}\right)=(a+bi)\cdot\left(\frac{a-bi}{a^2+b^2}\right)=1 \text{ (단, } a+bi\neq 0)$$

이고 복소수에서는 덧셈, 곱셈에 대하여 교환법칙이 성립하므로 덧셈에 대한 $a+bi$의 역원은 $-(a+bi)$이고, 곱셈에 대한 $a+bi$의 역원은 $\dfrac{1}{a+bi}$이다.

예제 3 복소수 $\dfrac{i}{1+2i}$의 덧셈과 곱셈에 대한 역원을 $a+bi$의 꼴로 나타내시오.

풀이 ·····

$\dfrac{i}{1+2i}=\dfrac{i(1-2i)}{(1+2i)(1-2i)}=\dfrac{2+i}{5}$이므로 $\dfrac{i}{1+2i}$의 덧셈에 대한 역원은

$$-\frac{2+i}{5}=-\frac{2}{5}-\frac{1}{5}i$$

또 $\dfrac{i}{1+2i}$의 곱셈에 대한 역원은

$$\frac{1+2i}{i}=\frac{(1+2i)i}{i^2}=\frac{-2+i}{-1}=2-i$$ ·····◀

예제 4 $\sqrt{3+4i}=a+bi$일 때, 실수 a, b를 구하시오.
[즉, $z^2=3+4i$를 만족시키는 복소수 z를 모두 구하시오.]

풀이 ·····

양변을 제곱하면

$$3+4i=(a+bi)^2=(a^2-b^2)+2abi$$

복소수의 상등에 의해서

$$a^2-b^2=3, \quad ab=2$$

a, b의 값을 각각 구하면

$$a=2,\ b=1\text{과 } a=-2,\ b=-1$$

이 된다. 따라서 $\sqrt{3+4i}=2+i,\ -2-i$ ·····◀

예제 5 x에 관한 이차방정식

$$(1+i)x^2+2(a+i)x+(5-3i)=0$$

가 실근을 갖도록 a의 값을 정하시오. (단, $i^2=-1$)

풀이 ·····

주어진 식을 정리하면

$$(x^2+2ax+5)+(x^2+2x-3)i=0$$

복소수의 상등에 의해

$$x^2+2ax+5=0 \quad \cdots ① \qquad x^2+2x-3=0 \quad \cdots ②$$

②에서 $x=1$ 또는 $x=-3$

$$x=1\text{일 때 ①에서 } 2a=-6 \qquad \therefore\ a=-3$$

$x=-3$일 때 ①에서 $9-6a+5=0$, 즉 $6a=14$ $\therefore\ a=\dfrac{7}{3}$ ·····◀

실수를 수직선 위에 대응시킬 수 있는 것과 마찬가지로 복소수를 평면 위의 점에 대응시킬 수 있다. 복소수 $a+bi$ (a, b는 실수)를 좌표평면 위의 점 $P(a,\ b)$에 대응시키면 모든 복소수와 좌표평면 위의 점은 일대일 대응된다.

$$a+bi \iff P(a,\ b)$$

좌표평면에서 x축 위의 점은 모두 실수를 나타내고, y축 위의 점(원점 O는 제외)은 순허수를 나타낸다. x축은 실수축, y축은 허수축이라 하고, 이러한 평면을 **복소평면** 또는 **가우스평면**이라 한다.

복소평면 위에 0이 아닌 복소수

$$z = a + bi$$

가 나타내는 점을 $P(a,\ b)$, 원점을 O라 할 때, 선분 OP가 x축의 양의 방향과 이루는 각의 크기를 θ라 하면

$$a = |z|\cos\theta, \qquad b = |z|\sin\theta$$

인 관계가 성립하고, 이것을 복소수 $z = a + bi$에 대입하면

$$z = |z|(\cos\theta + i\sin\theta)$$

와 같은 모양으로 나타낼 수 있다.

복소수 $z = a + bi$를 삼각함수를 이용하여 $z = |z|(\cos\theta + i\sin\theta)$와 같은 모양으로 나타낸 것을 복소수 z의 극형식이라 한다.

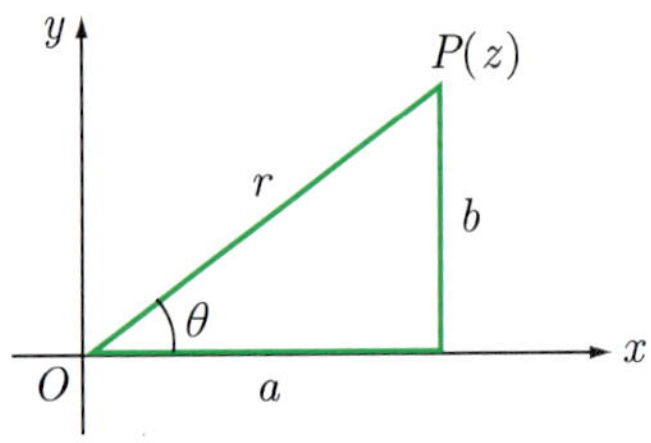

이와 같이 원점으로부터의 거리와 x축의 양의 방향과 이루는 각을 이용하여 $z = |z|(\cos\theta + i\sin\theta)$와 같은 모양으로 나타낸 것을 복소수 z의 극형식이라 한다.

이때 θ를 복소수 z의 편각이라 하고, $\arg(z)$로 나타낸다. 또한 r를 복소수 z의 절댓값이라 하고 $|z|$로 나타낸다.

$$|z| = r = \sqrt{a^2 + b^2}$$
$$\theta = \arg(z)$$

일반적으로 $\arg(z) = \theta + 2n\pi$(n은 정수)이다. $0 \le \arg(z) < 2\pi$로 정하면 단 하나로 결정된다.

복소수 $z = a + bi$의 편각과 $a,\ b$ 사이에는 $\tan\theta = \frac{b}{a}\left(\theta = \tan^{-1}\frac{b}{a}\right)(a \ne 0)$인 관계가 있다.

이때, 순허수의 편각은 $\frac{\pi}{2} + n\pi$(n은 정수)이며 복소수 0의 절댓값은 0이지만 편각은 임의의 각으로 생각한다.

예제 6 다음 복소수를 극형식으로 나타내시오. (단, $0 \le \theta < 2\pi$)

(1) $z = 1 + \sqrt{3}i$

(2) $z = -1$

(3) $z = -\dfrac{\sqrt{3}}{2} + \dfrac{1}{2}i$

(4) $z = -1 - i$

풀이 ·····

(1) $z = 1 + \sqrt{3}i$에서 $r = 2$, $\tan\theta = \sqrt{3}$ $\therefore\ \theta = \dfrac{\pi}{3}$

$$\therefore\ z = 2\left(\cos\frac{\pi}{3} + i\sin\frac{\pi}{3}\right)$$

(2) $z = -1$에서 $r = \sqrt{(-1)^2 + 0^2} = 1$, $\tan\theta = 0$ $\therefore\ \theta = \pi$

$$\therefore\ z = \cos\pi + i\sin\pi$$

(3) $z = -\dfrac{\sqrt{3}}{2} + \dfrac{1}{2}i$에서 $r = 1$, $\tan\theta = -\dfrac{1}{\sqrt{3}}$ $\therefore\ \theta = \dfrac{5\pi}{6}$

$$\therefore\ z = \cos\frac{5\pi}{6} + i\sin\frac{5\pi}{6}$$

(4) $z = -1 - i$에서 $r = \sqrt{2}$, $\tan\theta = 1$ $\therefore\ \theta = \dfrac{5\pi}{4}$

$$\therefore\ z = \sqrt{2}\left(\cos\frac{5\pi}{4} + i\sin\frac{5\pi}{4}\right)$$ ·····◀

극형식으로 표현된 두 복소수 z_1, z_2가

$$z_1 = r_1(\cos\theta_1 + i\sin\theta_1) \quad (|z_1| = r_1,\ \arg(z_1) = \theta_1)$$
$$z_2 = r_2(\cos\theta_2 + i\sin\theta_2) \quad (|z_2| = r_2,\ \arg(z_2) = \theta_2)$$

라 하자.

두 복소수의 곱 z_1z_2는

$$\begin{aligned} z_1z_2 &= r_1r_2(\cos\theta_1 + i\sin\theta_2)(\cos\theta_2 + i\sin\theta_2) \\ &= r_1r_2\{(\cos\theta_1\cos\theta_2 - \sin\theta_1\sin\theta_2) + i(\sin\theta_1\cos\theta_2 + \cos\theta_1\sin\theta_2)\} \\ &= r_1r_2\{\cos(\theta_1 + \theta_2) + i\sin(\theta_1 + \theta_2)\} \end{aligned}$$

그러므로 두 복소수의 곱 z_1z_2의 성질은 다음과 같다.

$$|z_1z_2| = |z_1||z_2|$$
$$\arg(z_1z_2) = \arg(z_1) + \arg(z_2)$$

두 복소수 z_1, z_2의 나눗셈 $\dfrac{z_1}{z_2}$는

$$\frac{z_1}{z_2} = \frac{r_1(\cos\theta_1 + i\sin\theta_1)}{r_2(\cos\theta_2 + i\sin\theta_2)} = \frac{r_1}{r_2}\cdot\frac{(\cos\theta_1 + i\sin\theta_1)(\cos\theta_2 - i\sin\theta_2)}{(\cos\theta_2 + i\sin\theta_2)(\cos\theta_2 - i\sin\theta_2)}$$

여기서

$$(\cos\theta_2 + i\sin\theta_2)(\cos\theta_2 - i\sin\theta_2) = \cos^2\theta_2 + \sin^2\theta_2 = 1$$

이고

$$\begin{aligned}&(\cos\theta_1 + i\sin\theta_1)(\cos\theta_2 - i\sin\theta_2)\\&\quad = \cos\theta_1\cos\theta_2 + \sin\theta_1\sin\theta_2 + i(\sin\theta_1\cos\theta_2 - \cos\theta_1\sin\theta_2)\\&\quad = \cos(\theta_1 - \theta_2) + i\sin(\theta_1 - \theta_2)\\&\quad \therefore\ \frac{z_1}{z_2} = \frac{r_1}{r_2}\{\cos(\theta_1 - \theta_2) + i\sin(\theta_1 - \theta_2)\}\end{aligned}$$

그러므로 두 복소수 z_1, z_2의 몫 $\dfrac{z_1}{z_2}$의 성질은 다음과 같다.

$$\left|\frac{z_1}{z_2}\right| = \frac{|z_1|}{|z_2|}$$
$$\arg\left(\frac{z_1}{z_2}\right) = \arg(z_1) - \arg(z_2)$$

예제 7 3개의 복소수 $\alpha = 2 + 5i$, $\beta = 3 + 4i$, $\gamma = 2 + 6i$에 대하여 $\dfrac{\beta - \alpha}{\gamma - \alpha}$를 극형식으로 나타내시오.

풀이 ·····

$$\beta - \alpha = 1 - i = \sqrt{2}\left\{\cos\left(-\frac{\pi}{4}\right) + i\sin\left(-\frac{\pi}{4}\right)\right\}$$

$$\gamma - \alpha = i = \cos\frac{\pi}{2} + i\sin\frac{\pi}{2}$$

$$\begin{aligned}\therefore \frac{\beta-\alpha}{\gamma-\alpha} &= \sqrt{2}\left\{\cos\left(-\frac{\pi}{4}-\frac{\pi}{2}\right)+i\sin\left(-\frac{\pi}{4}-\frac{\pi}{2}\right)\right\} \\ &= \sqrt{2}\left\{\cos\left(-\frac{3\pi}{4}\right)+i\sin\left(-\frac{3\pi}{4}\right)\right\} \\ &= \sqrt{2}\left(\cos\frac{5\pi}{4}+i\sin\frac{5\pi}{4}\right)\end{aligned}$$ ·····◀

드 무아브르(De Moivre)의 정리

임의의 정수 n에 대하여

$$(\cos\theta + i\sin\theta)^n = \cos n\theta + i\sin n\theta$$

증명 ·····

수학적 귀납법으로 증명하자.

(i) $n=1$일 때 위의 정리는 성립한다.

$n=k$일 때 성립함을 가정하면

$$(\cos\theta + i\sin\theta)^k = \cos k\theta + i\sin k\theta$$

$n=k+1$일 때

$$\begin{aligned}(\cos\theta + i\sin\theta)^{k+1} &= (\cos\theta + i\sin\theta)^k(\cos\theta + i\sin\theta) \\ &= (\cos k\theta + i\sin k\theta)(\cos\theta + i\sin\theta) \\ &= \cos(k+1)\theta + i\sin(k+1)\theta \quad \leftarrow \text{8장 삼각함수의 덧셈정리}\end{aligned}$$

이므로 $n=k+1$일 때에도 등식은 성립한다.

따라서 임의의 양의 정수 n에 대하여 성립한다.

(ii) $(\cos\theta + i\sin\theta)^0 = 1 = \cos 0 + i\sin 0$이므로 $n=0$일 때 등식은 성립한다.

(iii) n이 음의 정수일 때 $n=-m$으로 놓으면 m은 양의 정수이다.

$$\begin{aligned}(\cos\theta + i\sin\theta)^n &= \frac{1}{(\cos\theta + i\sin\theta)^m} = \frac{1}{\cos m\theta + i\sin m\theta} \\ &= \cos(-m\theta) + i\sin(-m\theta) \\ &= \cos(n\theta) + i\sin(n\theta)\end{aligned}$$

따라서 (i), (ii), (iii)에 의해 임의의 정수 n에 대하여 정리가 성립한다.

예제 8 다음 식을 계산하시오.

(1) $\left(\cos\frac{\pi}{10}+i\sin\frac{\pi}{10}\right)^5$

(2) $(1+i)^{12}$

(3) $(\sqrt{3}-i)^3$

풀이 ·····

(1) $\left(\cos\frac{\pi}{10}+i\sin\frac{\pi}{10}\right)^5=\cos\frac{\pi}{2}+i\sin\frac{\pi}{2}=i$

(2) $1+i=\sqrt{2}\left(\cos\frac{\pi}{4}+i\sin\frac{\pi}{4}\right)$이므로

$$\begin{aligned}\therefore\ (1+i)^{12}&=\sqrt{2^{12}}\left(\cos\frac{\pi}{4}+i\sin\frac{\pi}{4}\right)^{12}=2^6(\cos3\pi+i\sin3\pi)\\&=2^6(-1)=-64\end{aligned}$$

(3) $\sqrt{3}-i=2\left(\frac{\sqrt{3}}{2}-\frac{1}{2}i\right)=2\left(\cos\frac{11\pi}{6}+i\sin\frac{11\pi}{6}\right)$

$$\therefore\ (\sqrt{3}-i)^3=8\left(\cos\frac{11\pi}{6}+i\sin\frac{11\pi}{6}\right)^3=8\left(\cos\frac{3\pi}{2}+i\sin\frac{3\pi}{2}\right)=-8i$$

·····◀

예제 9 방정식 $z^3=i$의 해를 구하시오.

풀이 1 ····

$z=r(\cos\theta+i\sin\theta)$에서 $z^3=r^3(\cos3\theta+i\sin3\theta)$

또한 $i=\cos\left(2k\pi+\frac{\pi}{2}\right)+i\sin\left(2k\pi+\frac{\pi}{2}\right)$ (단, k는 정수)

그러면 $r^3(\cos3\theta+i\sin3\theta)=\cos\left(2k\pi+\frac{\pi}{2}\right)+i\sin\left(2k\pi+\frac{\pi}{2}\right)$에서

$$r^3=1,\quad 즉\quad r=1$$

$$3\theta=2k\pi+\frac{\pi}{2},\quad 즉\quad \theta=\frac{2k\pi}{3}+\frac{\pi}{6}\ \ (단,\ k는\ 정수)$$

따라서 주어진 방정식의 근은

$$z=\cos\frac{\pi}{6}+i\sin\frac{\pi}{6}=\frac{\sqrt{3}}{2}+\frac{1}{2}i$$

$$z=\cos\frac{5\pi}{6}+i\sin\frac{5\pi}{6}=-\frac{\sqrt{3}}{2}+\frac{1}{2}i$$

$$z=\cos\frac{3\pi}{2}+i\sin\frac{3\pi}{2}=-i$$

풀이 2 ····

$0=z^3-i=z^3+i^3=(z+i)(z^2-iz+i^2)=(z+i)(z^2-iz-1)$에서

$$z=-i,\qquad z^2-iz-1=0$$

그런데 $z^2-iz-1=0$에 근의 공식을 이용하면

$$z=\frac{i\pm\sqrt{i^2+4}}{2}=\pm\frac{\sqrt{3}}{2}+\frac{1}{2}i$$

따라서 구하는 답은 $z=-i,\ \pm\frac{\sqrt{3}}{2}+\frac{1}{2}i$ ····◀

CH. 1 연습문제

1. 다음 물음에 답하시오.

(1) $\sqrt{3}$이 유리수가 아님을 보이시오.

(2) $\sqrt{2}$가 무리수임을 이용하여 $\sqrt{2}+1$이 무리수임을 보이시오.

(3) $\sqrt{3}$이 무리수임을 이용하여 $(1+\sqrt{3})^2$이 무리수임을 보이시오.

(4) 자연수 n이 $n=2^k$(k는 음이 아닌 정수)의 꼴이 아니면 $\log_2 n$이 무리수임을 보이시오.

2. 무리수의 집합이 사칙연산에 대하여 각각 닫혀 있는지를 보이거나 닫혀 있지 않다면 그 반례를 들어 보이시오.

3. 실수 전체의 집합 $\mathbb{R}$에서 연산 $*$을 아래와 같이 정의할 때, 다음 물음에 답하시오.

$$a*b=(a-2)(b-2)+2$$

(1) $\mathbb{R}$는 연산 $*$에 대하여 닫혀 있는지 판단하시오.

(2) 연산 $*$에 대한 항등원을 구하시오.

(3) 연산 $*$에 대한 실수 5의 역원을 구하시오.

4. 정수의 집합을 $\mathbb{Z}$라 할 때, 그 부분집합 $A=\{2x+1 \mid x\in\mathbb{Z}\}$는 사칙연산 중 어느 것에 관하여 닫혀 있는지 판단하시오.

5. $(1+i)x+iy+2-i=0$을 만족시키는 실수 x, y의 값을 구하시오.

6. 다음 복소수를 $a+bi$의 꼴로 나타내시오.

(1) $(5-3i)(1+2i)$

(2) $\dfrac{1+i}{2-i}+\dfrac{1-i}{2+i}$

(3) $\sqrt{-2}\sqrt{-8}$ (4) $\dfrac{\sqrt{16}}{\sqrt{-4}}$

7. $z=1+i$일 때, $\dfrac{\bar{z}-1}{z}-\dfrac{z-1}{\bar{z}}$의 값을 구하시오.

8. $z^2=i$를 만족시키는 복소수 z를 모두 구하시오.

9. x의 이차방정식 $(2+i)x^2+(a-i)x+4-2i=0$이 실근을 가질 때, 실수 a의 값을 구하시오.

10. $x=1+2i$일 때, x^3+2x^2-x+3의 값을 구하시오.

11. 실수 전체의 집합에서 $2+\sqrt{3}$의 덧셈에 대한 역원과 곱셈에 대한 역원의 합을 구하시오.

12. (1) 임의의 두 실수 a, b에 대하여 연산 $\odot$를 $a\odot b=a+b-1$로 정의하자. 연산 $\odot$에 대한 2의 역원을 구하시오.

(2) 실수 전체의 집합에서 연산 $*$를 $x*y=2xy+2(x+y)+1$로 정의할 때, 연산 $*$에 대한 2의 역원을 구하시오.

13. (1) 복소수 $\dfrac{1+2i}{1-2i}$의 덧셈에 대한 역원을 a, 곱셈에 대한 역원을 b라고 할 때, ab의 값을 구하시오.

(2) 복소수 $\dfrac{1+3i}{1+i}$의 덧셈에 대한 역원을 a, 곱셈에 대한 역원을 b라고 할 때, $a+5b$의 값을 구하시오.

14. $\left(\dfrac{1+i}{1-i}\right)^{99}-\left(\dfrac{1-i}{1+i}\right)^{99}$를 간단히 하시오.

15. 세 수 $a=1+2\sqrt{6}$, $b=6-\sqrt{6}$, $c=9-2\sqrt{6}$의 대소 관계를 정하시오.

16. (1) 등식 $x^2+y^2-4x+6y+13=0$을 만족시키는 실수 x, y의 합 $x+y$의 값을 구하시오.

(2) 등식 $(3+2i)x+(2-3i)y=5-i$를 만족하는 실수 x, y에 대하여 $x+y$의 값을 구하시오.

17. (1) $x=\dfrac{-1-\sqrt{3}i}{2}$일 때, $2x^2+4x+5$의 값을 구하시오.

(2) $z=\dfrac{1}{1-i}$일 때, $2z^2-4z+3$의 값을 구하시오.

18. $\left(\dfrac{-1+\sqrt{3}i}{2}\right)^n+\left(\dfrac{-1-\sqrt{3}i}{2}\right)^n$를 간단히 하시오. (단, n은 양의 정수)

19. 방정식 $z^4=8(-1+\sqrt{3}i)$의 해를 구하시오.

20. 다음 식을 간단히 하시오.

(1) $(1+i)^7+(1-i)^7$

(2) $\left(\dfrac{1+i}{\sqrt{3}+i}\right)^{12}$

(3) $(1-i)^{-4}$

(4) $\left(\dfrac{1-\sqrt{3}i}{2}\right)^8$

21. $z=1-i$일 때 $\left|z-\dfrac{1}{z}\right|^2$의 값을 구하여라.

22. 다음 방정식의 해를 구하시오.

(1) $z^6=-1$

(2) $z^4=\sqrt{3}i-1$

(3) $z^2=1+\sqrt{3}i$

(4) $z^2=i$

CHAPTER 2

식의 계산

2.1 다항식의 전개와 인수분해

수와 문자들의 곱으로 이루어진 것을 항이라 하고, 유한 개의 항들의 합으로 이루어진 식을 다항식(polynomial)이라 한다. 다항식에서 어떤 한 문자에 대하여 차수가 같은 항을 동류항이라 하고, 동류항끼리 모아서 간단히 할 수 있다.

두 다항식의 합과 차와 곱도 다항식이므로 다항식 전체의 집합은 덧셈과 뺄셈과 곱셈에 대하여 닫혀 있다.

다항식에서도 수에서와 같이 덧셈과 곱셈에 대하여 교환법칙과 결합법칙이 성립한다. 또한 덧셈과 곱셈에 대하여 분배법칙도 성립한다. 이를 정리하면 다음과 같다.

세 다항식 A, B, C에 대하여

$A+B=B+A$, $AB=BA$ (교환법칙)

$(A+B)+C=A+(B+C)$, $(AB)C=A(BC)$ (결합법칙)

$A(B+C)=AB+AC$, $(A+B)C=AC+BC$ (분배법칙)

위 법칙을 이용하여 $(x+2)(x+5)$를 전개하여 보자.

$$\begin{aligned}(x+2)(x+5) &= (x+2)x+(x+2)5 && \text{(분배법칙)}\\ &= (x^2+2x)+(5x+10) && \text{(교환법칙, 분배법칙)}\\ &= x^2+(2x+5x)+10 && \text{(결합법칙)}\\ &= x^2+7x+10 && \text{(분배법칙)}\end{aligned}$$

다항식의 곱에서 괄호를 풀어 단항식들의 합으로 나타내는 것을 다항식을 전개한다고 한다. 다항식을 전개할 때 많이 이용되는 공식은 다음과 같다. 이 공식들을 이용하면 교환법칙, 결합법칙, 분배법칙을 이용하여 일일이 계산하는 것보다 편리하다.

예제 1 $(a+b+c)^2$을 전개하시오.

풀이 ·····

$$\begin{aligned}(a+b+c)^2 = [a+(b+c)]^2 &= a^2+2a(b+c)+(b+c)^2 \\ &= a^2+2ab+2ac+b^2+2bc+c^2 \\ &= a^2+b^2+c^2+2ab+2bc+2ca\end{aligned}$$

·····◀

다음은 곱셈공식이다.

정리 1

(1) $(a+b)^2 = a^2+2ab+b^2$, $(a-b)^2 = a^2-2ab+b^2$

(2) $(a+b)(a-b) = a^2-b^2$

(3) $(x+a)(x+b) = x^2+(a+b)x+ab$

(4) $(ax+b)(cx+d) = acx^2+(ad+bc)x+bd$

(5) $(a+b)^3 = a^3+3a^2b+3ab^2+b^3$, $(a-b)^3 = a^3-3a^2b+3ab^2-b^3$

(6) $(a+b)(a^2-ab+b^2) = a^3+b^3$, $(a-b)(a^2+ab+b^2) = a^3-b^3$

(7) $(a+b)^n = \sum_{k=0}^{n} {}_nC_k a^{n-k}b^k$ [이항정리]

다항식의 전개와는 역으로 한 다항식을 두 개 이상의 다항식의 곱으로 나타내는 것을 인수분해한다고 하고 곱을 이루는 각 식을 처음 다항식의 인수라고 한다. 즉

$$(x+2)(x-5) \underset{\text{인수분해}}{\overset{\text{전개}}{\rightleftarrows}} x^2-3x-10$$

이고 $x+2$와 $x-5$는 $x^2-3x-10$의 인수이다.

다음의 인수분해 공식들은 각 식의 오른쪽 식을 전개하여 왼쪽 식과 같음을 보일 수 있으므로 증명은 생략한다.

정리 2

(0) $ax+ay = a(x+y)$

(1) $a^2+2ab+b^2 = (a+b)^2$, $a^2-2ab+b^2 = (a-b)^2$

(2) $a^2-b^2 = (a+b)(a-b)$

(3) $x^2+(a+b)x+ab = (x+a)(x+b)$

(4) $acx^2+(ad+bc)x+bd=(ax+b)(cx+d)$

(5) $a^3+3a^2b+3ab^2+b^3=(a+b)^3$, $a^3-3a^2b+3ab^2-b^3=(a-b)^3$

(6) $a^3+b^3=(a+b)(a^2-ab+b^2)$, $a^3-b^3=(a-b)(a^2+ab+b^2)$

(7) $a^3+b^3+c^3-3abc=(a+b+c)(a^2+b^2+c^2-ab-bc-ca)$

(8) $a^4+a^2+1=(a^2+a+1)(a^2-a+1)$

참고 공식 (7)은 $a^3+b^3=(a+b)^3-3ab(a+b)$를 이용하여 유도할 수 있다.

$$\begin{aligned}
&a^3+b^3+c^3-3abc\\
&=(a+b)^3-3ab(a+b)+c^3-3abc\\
&=(a+b)^3+c^3-3ab(a+b+c)\\
&=(a+b+c)\{(a+b)^2-(a+b)c+c^2\}-3ab(a+b+c)\\
&=(a+b+c)\{(a+b)^2-(a+b)c+c^2-3ab\}\\
&=(a+b+c)(a^2+b^2+c^2-ab-bc-ca)
\end{aligned}$$

그리고 공식 (8)의 일반형은 다음과 같다.

$$a^4+a^2b^2+b^4=(a^2+ab+b^2)(a^2-ab+b^2)$$

예제 2 다음 식을 인수분해하시오.

(1) $2x^2-7x+3$

(2) $x^3-6x^2+12x-8$

(3) x^3+64

풀이 ·····

(1) 2와 3을 적당히 조정해서 일차항의 계수 7이 나오도록 만들면

$$\begin{array}{lrr}
\multicolumn{3}{l}{2x^2-7x+3}\\
2x & -1 & -x\\
x & -3 & -6x\\
\hline
 & & -7x
\end{array}$$

이다. 따라서

$$2x^2-7x+3=(2x-1)(x-3)$$

(2) $x^3-6x^2+12x-8=x^3-3\cdot x^2\cdot 2+3\cdot x\cdot 2^2-2^3=(x-2)^3$

또는 다음과 같이 공통인수를 찾는 방법이 있다.

$$\begin{aligned} x^3-6x^2+12x-8 &= (x^3-8)-6x(x-2) \\ &= (x-2)[x^2+2x+4-6x]=(x-2)^3 \end{aligned}$$

(3) $x^3+64=x^3+4^3=(x+4)(x^2-4x+16)$ ……◀

참고 복잡한 식을 인수분해할 때에는 다음을 고려하면 편리하다.

1. 공통인수가 있을 경우에는 공통인수로 묶는다.
2. 적당한 항끼리 짝지어서 공통인수가 생기도록 만든다.
3. 공통인수 또는 식의 일부분을 한 문자로 치환한다.
4. 문자가 여러 개일 경우에는 차수가 낮은 문자에 관하여 내림차순으로 정리한다.

예제 3 다음 식을 인수분해하시오.

(1) x^3+x^2-4x-4

(2) $2x^2-5xy+2y^2+x+y-1$

(3) x^4-8x^2-9

(4) $a^2+bc-ca-b^2$

(5) $2x^2-xy-y^2-4x+y+2$

(6) $x^4-6x^2y^2+y^4$

풀이 ……

(1) $$\begin{aligned} x^3+x^2-4x-4 &= x^2(x+1)-4(x+1) \\ &= (x+1)(x^2-4) \\ &= (x+1)(x-2)(x+2) \end{aligned}$$

(2) $$\begin{aligned} 2x^2-5xy+2y^2+x+y-1 &= 2x^2-(5y-1)x+2y^2+y-1 \\ &= 2x^2-(5y-1)x+(2y-1)(y+1) \\ &= (x-(2y-1))(2x-(y+1)) \\ &= (x-2y+1)(2x-y-1) \end{aligned}$$

(3) $x^2 = X$로 놓고 인수분해하면

$$x^4 - 8x^2 - 9 = X^2 - 8X - 9 = (X+1)(X-9)$$

위의 식에서 $X = x^2$을 대입하여 정리하면

$$(X+1)(X-9) = (x^2+1)(x^2-9) = (x^2+1)(x+3)(x-3)$$

$$\therefore\ x^4 - 8x^2 - 9 = (x^2+1)(x+3)(x-3)$$

(4) 주어진 식을 c에 대한 내림차순으로 정리하면

$$\begin{aligned} a^2 + bc - ca - b^2 &= c(b-a) + a^2 - b^2 \\ &= -c(a-b) + (a-b)(a+b) \\ &= (a-b)(a+b-c) \end{aligned}$$

(5) 주어진 식을 x에 대한 내림차순으로 정리하면

$$\begin{aligned} 2x^2 - xy - y^2 - 4x + y + 2 &= 2x^2 - (y+4)x - (y^2 - y - 2) \\ &= 2x^2 - (y+4)x - (y-2)(y+1) \\ &= [2x + (y-2)][x - (y+1)] \\ &= (2x + y - 2)(x - y - 1) \end{aligned}$$

(6) $$\begin{aligned} x^4 - 6x^2y^2 + y^4 &= x^4 - 2x^2y^2 + y^4 - 4x^2y^2 \\ &= (x^2 - y^2)^2 - (2xy)^2 \\ &= (x^2 - y^2 + 2xy)(x^2 - y^2 - 2xy) \end{aligned}$$

2.2 나머지 정리와 고차식의 인수분해

등식

$$2x+4=0$$

과 같이 문자에 특정한 값을 대입했을 때에만 참이 되는 등식을 방정식(equation)이라 하고 등식

$$(x-1)^2=x^2-2x+1$$

과 같이 문자에 어떤 값을 대입해도 항상 참이 되는 등식을 항등식(identity)이라 한다.

예제 1 등식 $ax^2+bx+c=0$이 x에 대한 항등식이 되기 위한 필요충분조건을 구하시오.

풀이 ·····

$ax^2+bx+c=0$이 항등식이면 x에 어떤 값을 대입하여도 성립하므로 x에 0, 1, -1을 대입할 때도 성립한다.

$x=0$을 대입하면 $c=0$ ··· ①

$x=1$을 대입하면 $a+b+c=0$ ··· ②

$x=-1$을 대입하면 $a-b+c=0$ ··· ③

①, ②, ③에서 $a=0,\ b=0,\ c=0$

역으로 $a=b=c=0$이면 모든 x의 값에 대하여 $ax^2+bx+c=0$이다.

$$\therefore\ a=b=c=0$$ ·····◀

참고 등식 $ax^2+bx+c=dx^2+ex+f$가 x에 대한 항등식이 되기 위한 필요충분조건은

$$a=d,\quad b=e,\quad c=f$$

이다. 왜냐하면 등식 $(a-c)x^2+(b-d)x+(c-f)=0$에 예제 1을 적용하면 구하는 결과를 얻을 수 있다.

위의 예제는 삼차 이상의 등식에 대해서도 같은 방법으로 성립한다.

예제 2 등식 $3x^2+2x+1=a(x+1)^2+b(x+1)+c$가 x에 관한 항등식이 되도록 상수 $a,\ b,\ c$의 값을 정하시오.

풀이 ·····

등식의 우변을 x에 관한 내림차순으로 정리하면

$$\begin{aligned} 3x^2+2x+1 &= a(x+1)^2+b(x+1)+c \\ &= ax^2+(2a+b)x+(a+b+c) \end{aligned}$$

이때, 주어진 식이 항등식이어야 하므로

$$a=3 \ \cdots \ ① \qquad 2a+b=2 \ \cdots \ ② \qquad a+b+c=1 \ \cdots \ ③$$

①을 ②에 대입하여 풀면 $b=-4$ ··· ④

①과 ④를 ③에 대입하여 풀면 $c=2$

$$\therefore \ a=3,\ b=-4,\ c=2$$

·····◀

위의 예제에서와 같이 항등식의 성질을 이용하여 알지 못하는 계수의 값을 정하는 방법을 미정계수법이라 한다.

다항식을 다항식으로 나눌 때에는 각 다항식을 내림차순으로 정리한 다음 정수의 나눗셈과 같은 방법으로 계산할 수 있다.

다음은 $A=2x^2+5x+6,\ B=x+2$일 때, A를 B로 나누는 계산이다.

$$\begin{array}{rr|l l}
 & & 2x+1 & \\
\cline{3-3}
B\cdots & x+2 & 2x^2+5x+6 & \cdots A \\
 & & 2x^2+4x & \cdots B\times 2x \\
\cline{3-3}
 & & \qquad x+6 & \cdots A-B\times 2x \\
 & & \qquad x+2 & \cdots B\times 1 \\
\cline{3-3}
 & & \qquad\quad 4 & \cdots A-B\times 2x-B\times 1
\end{array}$$

위 식으로부터 $4=A-B\times 2x-B\times 1$

이것을 A에 관하여 풀면 $A = B \times (2x+1)+4$

$$\therefore \ 2x^2+5x+6=(x+2)(2x+1)+4$$

일반적으로 다항식 $a(x)$를 그보다 차수가 낮은 다항식 $b(x)$로 나누면

$$a(x)=b(x)q(x)+r(x)$$

가 성립하는 두 다항식 $q(x)$와 $r(x)$를 구할 수 있다. 여기서 $r(x)$의 차수는 $b(x)$의 차수보다 작다. 이때, $q(x)$를 **몫**(quotient), $r(x)$를 **나머지**(remainder)라 한다.

특히 위의 예에서와 같이 어떤 다항식을 일차식으로 나눌 때에는 그 계수들만 아래와 같이 나열해 보면 몫과 나머지를 쉽게 구할 수 있다

$$\begin{array}{r|rrr} -2 & 2 & 5 & 6 \\ & & -4 & -2 \\ \hline & 2 & 1 & 4 \end{array}$$

몫:$2x+1$ 나머지: 4

이와 같이 계수들만 이용하여 몫과 나머지를 구하는 방법을 **조립제법**이라 한다.

다항식 $f(x)$를 일차식 $x-a$로 나누었을 때의 나머지에 대하여 알아보자. 일차식으로 나누었으므로 나머지는 상수 r이다. 몫을 $q(x)$라 하면

$$f(x)=(x-a)q(x)+r$$

이라 나타낼 수 있다. 양변에 $x=a$를 대입하면

$$f(x)=r$$

이다. 즉 $f(x)$를 $x-a$로 나누었을 때의 나머지는 $f(a)$임을 알 수 있다. 따라서 다음 정리를 얻는다.

정리 3

나머지정리

다항식 $f(x)$를 일차식 $x-a$로 나누었을 때의 나머지는 $f(a)$이다.

일반적으로 다항식 $f(x)$를 일차식 $ax+b$로 나눌 때, 나머지는 $f\left(-\frac{b}{a}\right)$이다.

나머지가 0이라는 것과 나누어떨어진다는 것은 같은 의미이므로 다음 정리가 성립한다.

정리 4

인수정리

다항식 $f(x)$가 $x-a$로 나누어떨어지기 위한 필요충분조건은 $f(a)=0$이다.

예제 3 다항식 $f(x)$를 두 일차식 $x-1$, $x-2$로 나눌 때의 나머지는 각각 2, 1이다. 이때, $f(x)$를 x^2-3x+2로 나눌 때의 나머지를 구하시오.

풀이 ⋯⋯

다항식 $f(x)$를 $(x-1)(x-2)$로 나눌 때의 몫을 $q(x)$라 하고, $f(x)$가 이차식으로 나누어지므로 나머지를 일차식 $ax+b$라고 두면

$$f(x)=(x-1)(x-2)q(x)+ax+b$$

나머지정리에 의하여 $f(1)=2$, $f(2)=1$이므로

$$a+b=2 \quad \cdots \text{①} \qquad 2a+b=1 \quad \cdots \text{②}$$

①, ②를 연립하여 풀면 $\therefore\ a=-1,\ b=3$

따라서 구하는 나머지는 $-x+3$ ⋯⋯◀

예제 4 다항식 x^3+5x^2+kx-k가 일차식 $x+1$로 나누어떨어지도록 상수 k의 값을 정하시오.

풀이 ⋯⋯

$f(x)=x^3+5x^2+kx-k$라고 할 때, $f(x)$가 $x+1$로 나누어떨어지면 인수정리에 의해서 $f(-1)=0$이 된다. 즉,

$$f(-1)=-1+5-k-k=0$$

따라서 $k=2$ ⋯⋯◀

인수정리를 이용하여 차수가 높은 다항식을 인수분해하는 방법을 알아보자. 방정식

$$f(x) = (x-1)(x-2)(x-3) = 0$$

의 근은 $x=1,\ 2,\ 3$임을 알 수 있다. 전개하면

$$f(x) = x^3 - 6x^2 + 11x - 6 = 0$$

이다. 여기서 상수항 -6은 $(-1)\times(-2)\times(-3)$으로부터 얻은 것이다. 즉 6의 약수인 1, 2, 3이 $f(x)=0$의 근이다. 이것을 일반화하여 다음 정리를 얻는다.

정리 5

$a_0,\ a_1,\ \dots,\ a_n$이 정수이고 $f(x) = a_n x^n + \cdots + a_1 x + a_0$일 때, $f(x)=0$의 모든 유리수 근 $\frac{s}{t}$ (단, s, t는 서로소)는 다음을 만족시킨다.

s는 a_0의 약수이고 t는 a_n의 약수이다. 즉, $s \mid a_0,\ t \mid a_n$

증명 ·····

$\frac{s}{t}$가 근이므로

$$f\left(\frac{s}{t}\right) = a_n\left(\frac{s}{t}\right)^n + a_{n-1}\left(\frac{s}{t}\right)^{n-1} + \cdots + a_1\left(\frac{s}{t}\right) + a_0 = 0$$

이다. 양변에 t^n을 곱하면

$$a_n s^n + a_{n-1} s^{n-1} t + \cdots + a_1 s t^{n-1} + a_0 t^n = 0$$

이므로

$$s(a_n s^{n-1} + a_{n-1} s^{n-2} t + \cdots + a_1 t^{n-1}) = -a_0 t^n$$

이다. 양변은 모두 정수이고 s는 좌변의 약수이므로 s는 우변, 즉 $a_0 t^n$의 약수이어야 한다. 그런데 s와 t는 서로소이므로 s는 t^n의 약수가 아니다. 따라서 s는 a_0의 약수이다.

또한

$$(a_{n-1} s^{n-1} + \cdots + a_1 s t^{n-2} + a_0 t^{n-1})t = -a_n s^n$$

으로 나타내고 위에서와 같은 방법으로 생각하면 t는 a_n의 약수임을 알 수 있다.

예제 5 다음 다항식을 인수분해하시오.

(1) $4x^3+4x^2-21x+9$

(2) $x^4+6x^3+7x^2-6x-8$

풀이 ·····

(1) 만약 $f(x)=4x^3+4x^2-21x+9=0$의 유리수 근이 존재한다면 다음 중 하나일 것이다.

$$\pm1,\ \pm3,\ \pm9,\ \pm\frac{1}{2},\ \pm\frac{3}{2},\ \pm\frac{9}{2},\ \pm\frac{1}{4},\ \pm\frac{3}{4},\ \pm\frac{9}{4}$$

그런데 $f(-3)=0$임을 알 수 있으므로 조립제법을 이용하면

$$f(x)=(x+3)(4x^2-8x+3)$$

을 얻는다.

따라서 구하는 답은 $f(x)=(x+3)(2x-1)(2x-3)$

(2) $f(x)=x^4+6x^3+7x^2-6x-8$로 놓으면 $f(1)=f(-1)=0$이므로 조립제법을 이용하면

$$f(x)=(x-1)(x+1)(x^2+6x+8)$$

따라서 구하는 답은 $f(x)=(x-1)(x+1)(x+2)(x+4)$ ·····◀

2.3 유리식과 무리식

a, b가 정수이고 $b \neq 0$일 때, $\frac{a}{b}$의 꼴로 나타낼 수 있는 수가 유리수임을 알고 있다. 마찬가지로 다항식 A, B에 대하여 $B \neq 0$일 때, $\frac{A}{B}$의 꼴로 나타내는 식을 유리식이라 한다. 이때, 분모 B가 상수이면 유리식 $\frac{A}{B}$를 다항식이라 하고, 다항식이 아닌 유리식을 분수식이라 한다.

유리수의 경우와 같이 유리식에서도 다음 성질이 성립한다.

(1) $\frac{A}{B}$가 유리식이고 C가 0이 아닌 다항식일 때

$$\frac{A}{B} = \frac{A \times C}{B \times C}, \quad \frac{A}{B} = \frac{A \div C}{B \div C}$$

(2) $\frac{A}{C} + \frac{B}{C} = \frac{A+B}{C}, \quad \frac{A}{C} - \frac{B}{C} = \frac{A-B}{C}$

(3) $\frac{A}{B} \times \frac{C}{D} = \frac{AC}{BD}, \quad \frac{A}{B} \div \frac{C}{D} = \frac{A}{B} \times \frac{D}{C} = \frac{AD}{BC}$

일반적으로 유리식의 성질로부터 분수식의 분자, 분모에 공약수가 있을 때, 이 공약수로 분자, 분모를 나누어 간단히 할 수 있는데 이렇게 하는 것을 분수식을 약분한다고 한다.

특히 분수식에서 분자와 분모를 그들의 최대공약수로 나누어 주면 분자와 분모가 서로소가 되는데 이 분수식을 기약분수식이라 한다.

두 개 이상의 분수식은 분모의 최소공배수를 공통분모로 하여 통분할 수 있다.

예제 1 다음 유리식을 간단히 하시오.

(1) $\frac{x}{x+2} + \frac{4x}{x^2-4}$

(2) $\dfrac{x+1+\dfrac{1}{x-1}}{x-1-\dfrac{1}{x-1}}$

(3) $1+\dfrac{1}{1+\dfrac{1}{x}}$

(4) $\dfrac{\dfrac{1}{x+h}-\dfrac{1}{x}}{h}$

풀이 ·····

(1) $$\frac{x}{x+2}+\frac{4x}{x^2-4}=\frac{x}{x+2}+\frac{4x}{(x-2)(x+2)}$$
$$=\frac{x(x-2+4)}{(x-2)(x+2)}=\frac{x}{x-2}$$

(2) $$\frac{x+1+\dfrac{1}{x-1}}{x-1-\dfrac{1}{x-1}}=\frac{\dfrac{x^2}{x-1}}{\dfrac{x^2-2x}{x-1}}=\frac{x^2}{x-1}\div\frac{x^2-2x}{x-1}$$
$$=\frac{x^2}{x-1}\times\frac{x-1}{x(x-2)}=\frac{x}{x-2}$$

(3) $$1+\frac{1}{1+\dfrac{1}{x}}=1+\frac{1}{\dfrac{x+1}{x}}=1+\frac{x}{x+1}$$
$$=\frac{x+1+x}{x+1}=\frac{2x+1}{x+1}$$

(4) $$\frac{\dfrac{1}{x+h}-\dfrac{1}{x}}{h}=\frac{\dfrac{x-(x+h)}{x(x+h)}}{h}$$
$$=\frac{\dfrac{-h}{x(x+h)}}{\dfrac{h}{1}}=\frac{-1}{x(x+h)}$$ ·····◀

일반적으로 $\sqrt{a+b\sqrt{c}}$ 와 같이 근호 안에 근호가 들어 있는 것을 이중근호라고 한다. 이중근호를 포함하는 식 중에는 밖의 근호를 없앨 수 있는 것이 있는데 그 방법을 생각해 보자.

예를 들어 다음 식은 밖의 근호를 없앨 수 있다.

$$\sqrt{5+2\sqrt{6}}=\sqrt{2+3+2\sqrt{2\times 3}}=\sqrt{(\sqrt{2})^2+2\sqrt{2}\sqrt{3}+(\sqrt{3})^2}$$
$$=\sqrt{(\sqrt{2}+\sqrt{3})^2}=\sqrt{2}+\sqrt{3}$$

양수 a, b에 대하여

$$(\sqrt{a}+\sqrt{b})^2 = a+b+2\sqrt{ab}$$
$$(\sqrt{a}-\sqrt{b})^2 = a+b-2\sqrt{ab}$$

이 성립하므로 다음 결과를 얻는다.

$a>0$, $b>0$일 때, $\sqrt{a+b+2\sqrt{ab}} = \sqrt{a}+\sqrt{b}$

$a>b>0$일 때, $\sqrt{a+b-2\sqrt{ab}} = \sqrt{a}-\sqrt{b}$

예제 2 다음 식을 간단히 하시오.

(1) $\sqrt{7-4\sqrt{3}}$

(2) $\sqrt{3-\sqrt{5}}$

풀이 ·····

(1) $$\sqrt{7-4\sqrt{3}} = \sqrt{7-2\sqrt{12}} = \sqrt{4+3-2\sqrt{4\times 3}} = \sqrt{4}-\sqrt{3} = 2-\sqrt{3}$$

(2) $$\sqrt{3-\sqrt{5}} = \frac{\sqrt{6-2\sqrt{5}}}{\sqrt{2}} = \frac{\sqrt{5+1-2\sqrt{5\times 1}}}{\sqrt{2}} = \frac{\sqrt{5}-1}{\sqrt{2}} = \frac{\sqrt{10}-\sqrt{2}}{2}$$

·····◀

근호 안에 문자가 포함되어 있는 식, 예를 들면

$$\sqrt{x-1},\ x-\sqrt{x^2+1},\ \frac{1}{\sqrt{x+1}},\ \frac{x-2}{\sqrt{x}}$$

와 같은 식을 **무리식**이라고 한다.

무리식에서는 식의 값이 실수가 되도록 문자의 값의 범위를 제한한다. 무리식의 값이 실수가 되도록 하려면 근호 안의 값이 0 또는 양수가 되도록 문자의 값의 범위를 제한해야 한다.

예를 들어, 무리식 $x+\sqrt{1-2x}$가 실숫값을 가지려면 $1-2x \ge 0$, 즉 $x \le \frac{1}{2}$이어야 한다.

예제 3 다음 무리식의 값이 실수가 되도록 하는 x의 값의 범위를 정하시오.

(1) $2+\sqrt{3x-2}$

(2) $\dfrac{1}{\sqrt{1+x}+\sqrt{1-x}}$

(3) $\sqrt{4-\sqrt{x}}$

풀이 ·····

(1) $3x-2 \ge 0$이어야 하므로 $x \ge \frac{2}{3}$

(2) 먼저 $1+x \ge 0$, $1-x \ge 0$이어야 하므로 $-1 \le x \le 1$. 그런데 분모에 있는 $\sqrt{1+x}$와 $\sqrt{1-x}$가 동시에 0일 수 없으므로 구하는 x의 값의 범위는 $-1 \le x \le 1$

(3) $4-\sqrt{x} \ge 0$이고 $x \ge 0$이다. 그런데 $4-\sqrt{x} \ge 0$는 $\sqrt{x} \le 4$이므로 구하는 x의 값의 범위는 $0 \le x \le 16$ ·····◀

예제 4 (1) $\dfrac{1}{\sqrt{x+2}+\sqrt{x}}+\dfrac{1}{\sqrt{x+2}-\sqrt{x}}$을 간단히 하시오.

(2) $x=\dfrac{\sqrt{2}+1}{\sqrt{2}-1}$일 때, $\dfrac{\sqrt{x}-1}{\sqrt{x}+1}+\dfrac{\sqrt{x}+1}{\sqrt{x}-1}$의 값을 구하시오.

풀이 ·····

(1) $$\frac{1}{\sqrt{x+2}+\sqrt{x}}+\frac{1}{\sqrt{x+2}-\sqrt{x}}=\frac{\sqrt{x+2}-\sqrt{x}+\sqrt{x+2}+\sqrt{x}}{(\sqrt{x+2}+\sqrt{x})(\sqrt{x+2}-\sqrt{x})}$$
$$=\frac{2\sqrt{x+2}}{(x+2)-x}=\sqrt{x+2}$$

(2) $x=\dfrac{\sqrt{2}+1}{\sqrt{2}-1}=(\sqrt{2}+1)^2$이므로 $\sqrt{x}=\sqrt{2}+1$이다. 따라서

$$\frac{\sqrt{x}-1}{\sqrt{x}+1}+\frac{\sqrt{x}+1}{\sqrt{x}-1}=\frac{\sqrt{2}}{\sqrt{2}+2}+\frac{\sqrt{2}+2}{\sqrt{2}}=\frac{4(2+\sqrt{2})}{2(1+\sqrt{2})}$$
$$=2(2+\sqrt{2})(\sqrt{2}-1)=2\sqrt{2}$$ ·····◀

CH·2 연습문제

1. 다음 식을 인수분해하시오.

(1) $4x^4+3x^2-1$

(2) $2x^2+3xy+y^2+5x+3y+2$

(3) $ab(a-b)+bc(b-c)+ca(c-a)$

(4) $(xy+1)(x+1)(y+1)+xy$

(5) $3x^{3/2}-9x^{1/2}+6x^{-1/2}$

(6) $x(1+x)^{-2/3}+(1+x)^{1/3}$

(7) $x^3y^2-14x^2y+49x$

(8) x^6-1

(9) $ax^2-ay^2+bx^2-by^2$

2. 등식 $x^3+ax^2-4x+b=(x+c)(x-2)(x+3)$이 x에 대한 항등식이 되도록 a, b, c의 값을 정하시오.

3. 삼각형의 세 변의 길이 a, b, c가

$$a^3+a^2b-ac^2+ab^2+b^3-bc^2=0$$

을 만족한다면 어떤 삼각형인지 판단하시오.

4. x^3+6x^2+ax+b가 x^2+x-12로 나누어떨어질 때, ab의 값을 구하시오.

5. 다음 식을 인수분해하시오.

(1) $6x^4-x^3-20x^2+3x+6$

(2) $3x^4+13x^3+-37x^2-117x+90$

(3) $x^4+4x^3-5x^2-36x-36$

(4) $x^4-6x^2y^2+y^4$

(5) $a^4+2a^2c^2-2b^2c^2-b^4$

(6) $x^2y^2+x^2y+xy^2+3xy+x+y+1$

(7) $a^2(b+c)+b^2(c+a)+c^2(a+b)+2abc$

(8) $(b-a)c^2+(c-b)a^2+(a-c)b^2$

(9) $x^4+5x^3-4x^2+5x+1$

6. 다음 식을 간단히 하시오.

(1) $\sqrt{17+12\sqrt{2}}$

(2) $\sqrt{13-4\sqrt{10}}$

(3) $\left(\sqrt{3+2\sqrt{2}}+\sqrt{3-2\sqrt{2}}\right)^{\frac{2}{3}}$

7. $x=\sqrt{3}$일 때, $\dfrac{1}{\sqrt{x+1-2\sqrt{x}}}-\dfrac{1}{\sqrt{x+1+2\sqrt{x}}}$의 값을 구하시오.

8. (1) $x^2-3x+1=0$일 때, $x^2+\dfrac{1}{x^2}$의 값을 구하시오.

(2) $x+\dfrac{1}{x}=3$일 때, $x-\dfrac{1}{x}$의 값을 구하시오.

9. 다음 무리식의 값이 실수가 되도록 하는 x의 값의 범위를 정하시오.

(1) $\sqrt{1-x}+\dfrac{1}{\sqrt{x+2}}$

(2) $\dfrac{\sqrt{1-x}}{\sqrt{1+x}}$

10. 세 실수 a, b, c가 다음 두 조건을 만족할 때 a, b, c의 값을 구하시오.

$$a^2+b^2+c^2=1, \quad a+b+c=\sqrt{3}$$

11. (1) $x=2+\sqrt{3}$일 때, $x^4-x^3-9x^2-5x+5$의 값을 구하시오.

(2) $x=\dfrac{\sqrt{2}-1}{\sqrt{2}+1}$일 때, $x^4-12x^3+36x^2+1$의 값을 구하시오.

(3) $x=\sqrt{3-\sqrt{8}}$일 때, $x^3+\dfrac{1}{x^3}$의 값을 구하시오.

12. (1) 다항식 $3x^4+5x^3-18x+3$을 x^2+x+1로 나눈 몫과 나머지를 구하시오.

(2) 다항식 x^3+ax^2+b가 x^2+x-1로 나누어떨어질 때, ab의 값을 구하시오.

13. 평균시속 $x$km의 속도로 걸어서 4km를 간 후 평균시속 $3x$km의 속도로 자전거를 타고 10km를 갔다.

(1) 전체 간 거리에서의 평균속도 v를 x에 관한 식으로 나타내시오.

(2) 전체 걸린 시간이 1시간 50분일 때, 걷는 속도를 구하시오.

14. (1) $x+y=1$, $x^2+y^2=4$일 때, x^3+y^3의 값을 구하시오.

(2) $a+b+c=2$, $a^2+b^2+c^2=6$, $a^3+b^3+c^3=8$일 때, abc의 값을 구하시오.

(3) $a+b+c=4$, $a^2+b^2+c^2=8$, $abc=-3$일 때, $a^2b^2+b^2c^2+c^2a^2$의 값을 구하시오.

15. $a-b=2$, $b-c=3$일 때, $a^2+b^2+c^2-ab-bc-ca$의 값을 구하시오.

16. 다항식 $(x-1)(x-3)(x+2)(x+4)+24$가 $(x+a)(x+b)(x^2+x+c)$로 인수분해될 때, 상수 a, b, c의 합 $a+b+c$의 값을 구하시오.

17. (1) x에 대한 다항식 ax^5+bx^3+cx-4를 $x-1$로 나누었을 때의 나머지가 3일 때, 이 다항식을 $x+1$로 나누었을 때의 나머지를 구하시오.

(2) 다항식 $f(x)$를 $2x^2+3x-2$로 나눈 나머지가 $4x+1$일 때, $f(x)$를 $2x-1$로 나눈 나머지를 구하시오.

(3) 다항식 $f(x)$를 x^2-3x+2로 나눈 나머지는 4이고, x^2-2x-3으로 나눈 나머지는 $4x-3$이다. 이때, $f(x)$를 x^2-5x+6으로 나눈 나머지를 구하시오.

(4) 최고차항의 계수가 1인 삼차 다항식 $f(x)$에 대하여 $f(1)=1$, $f(2)=2$, $f(3)=3$일 때, $f(x)$를 $x-4$로 나누었을 때의 나머지를 구하시오.

(5) 다항식 x^4+ax+b가 $(x-1)^2$을 인수로 가질 때, ab의 값을 구하시오.

18. 다음을 구하시오.

(1) $\dfrac{1}{\sqrt{7+\sqrt{40}}}+\dfrac{1}{\sqrt{7-\sqrt{40}}}$

(2) $\sqrt{2+\sqrt{3}}+\sqrt{3-\sqrt{5}}$

19. 다음을 구하시오.

(1) $x=\dfrac{\sqrt{2}}{2}$일 때, $\sqrt{\dfrac{1+x}{1-x}}-\sqrt{\dfrac{1-x}{1+x}}$

(2) $x=\sqrt{3-\sqrt{8}}$일 때, $x^3+\dfrac{1}{x^3}$

(3) $x=\dfrac{\sqrt{3}}{2}$일 때, $\dfrac{1}{\sqrt{1+x-2\sqrt{x}}}+\dfrac{1}{\sqrt{1+x+2\sqrt{x}}}$

20. 다음을 구하시오.

(1) $x=\sqrt{6+4\sqrt{2}}$, $y=\sqrt{6-4\sqrt{2}}$일 때, $x^4-x^2y^2+y^4$

(2) $x=2+\sqrt{3}$일 때, $\dfrac{x^4-x^3-9x^2-5x+5}{x^2-4x+5}$

(3) $x=\dfrac{1}{2+\sqrt{3}}$, $y=\dfrac{1}{2-\sqrt{3}}$일 때, $x^2(y+3)+y^2(x-3)$

CHAPTER 3

방정식과 부등식

3.1 간단한 방정식

두 식이 같다는 표현, 예를 들면

$$2x+5=9, \quad \frac{2x-1}{x+2}=10, \quad x^2+1=0$$

와 같은 식을 방정식(equation)이라 한다. 주어진 방정식을 만족시키는 미지수의 값을 해(solution) 또는 근(root)이라 하고, 해를 구하는 과정을 방정식을 푼다고 한다.

예제 1 다음 방정식의 해를 구하시오.

(1) $4x+5=x+11$

(2) $\dfrac{7x+3}{2}=\dfrac{9}{4}x+4$

(3) $\dfrac{5}{x-4}=\dfrac{6}{x-3}$

(4) $8x+x^2=(x+3)^2$

풀이 ·····

(1) x를 좌변으로 5는 우변으로 이항하면

$$4x-x=11-5$$

이므로 $3x=6$이다. 따라서 $x=2$

(2) 양변에 4를 곱하면

$$2(7x+3)=9x+16$$

이므로

$$14x+6=9x+16$$

$9x$는 좌변으로 6은 우변으로 이항하면

$$14x-9x=16-6 \quad 즉 \quad 5x=10$$

따라서 $x=2$

(3) $(x-4)(x-3)$을 양변에 곱하면

$$5(x-3)=6(x-4)$$

이므로

$$5x-15=6x-24$$

따라서 $x=9$

(4) 우변을 전개하면

$$8x+x^2=x^2+6x+9$$
$$2x=9$$

이다. 따라서 $x=\dfrac{9}{2}$ ·····◀

제곱근이 포함된 방정식은 식을 적당히 변형한 후 양변을 제곱하여 제곱근을 없애고 풀면 된다. 근을 구하고 나서 그 근이 주어진 방정식에서 성립하는지 꼭 확인한다.

예제 2 다음 방정식의 해를 구하시오.

(1) $\sqrt{x^2+2x}-x=4$

(2) $\sqrt{x-3}-\sqrt{x}=-3$

(3) $\sqrt{2x+1}-\sqrt{x-3}=2$

(4) $\sqrt{x-2}+\sqrt{x+1}=\sqrt{4x-3}$

풀이 ·····

(1) x를 우변으로 이항하고 양변을 제곱하여 정리하면

$$\sqrt{x^2+2x}=x+4$$
$$x^2+2x=x^2+8x+16$$
$$6x=-16$$

따라서 $x=-\dfrac{8}{3}$

(2) $\sqrt{x}$를 우변으로 이항하면

$$\sqrt{x-3}=\sqrt{x}-3$$

양변을 제곱하여 정리하면

$$x-3=x-6\sqrt{x}+9$$
$$6\sqrt{x}=12$$
$$\sqrt{x}=2,\quad 즉\quad x=4$$

그러나 $x=4$를 주어진 방정식에 대입하면 성립하지 않는다.

따라서 근이 없다.

(3) $\sqrt{2x+1}=\sqrt{x-3}+2$로 정리한 후 양변을 제곱하면

$$x^2-16x+48=0$$

따라서 $x=4$ 또는 $x=12$

(4) 양변을 제곱하여 정리하면

$$x-2+2\sqrt{x-2}\sqrt{x+1}+x+1=4x-3$$
$$\sqrt{x-2}\sqrt{x+1}=x-1$$

다시 양변을 제곱하여 정리하면

$$x^2-x-2=x^2-2x+1$$

따라서 $x=3$ ……◀

절댓값 기호가 있는 방정식의 풀이는 절댓값 기호를 없애고 푸는 것이다. 일반적으로 x가 실수일 때

$$\sqrt{x^2}=|x|$$

이 성립한다.

예제 3 다음 방정식의 해를 구하시오.

(1) $|3x-1|=5$

(2) $|x-1|-|2x-4|=-3$

(3) $|x-3|-|4-x|=0$

(4) $|x-2|-3|x+1|=2x-9$

풀이 ·····

(1) $3x-1=5$ 또는 $3x-1=-5$이므로 $x=2$ 또는 $x=-\dfrac{4}{3}$

(2) (i) $x<1$일 때

$$-(x-1)+(2x-4)=-3$$

이므로 $x-3=-3$ 따라서 $x=0$

(ii) $1\le x<2$일 때

$$(x-1)+(2x-4)=-3$$

이므로 $3x-5=-3$ 즉 $x=\dfrac{2}{3}$ 따라서 해가 없다.

(iii) $x\ge 2$일 때

$$(x-1)-(2x-4)=-3$$

이므로 $-x+3=-3$ 따라서 $x=6$

따라서 이 방정식의 해는 $x=0$ 또는 $x=6$

(3) $|x-3|=|4-x|$에서 $x-3=\pm(4-x)$

$x-3=4-x$일 때, $x=\dfrac{7}{2}$

$x-3=-4+x$일 때, $0\cdot x=-1$에서 해가 없다.

따라서 $x=\dfrac{7}{2}$

(4) (i) $x<-1$일 때, $-(x-2)+3(x+1)=2x-9$, $0\cdot x=-14$ $\therefore$ 해가 없다.

(ii) $-1\le x<2$일 때, $-(x-2)-3(x+1)=2x-9$, $6x=8$ $\therefore x=\dfrac{4}{3}$

(iii) $x\ge 2$일 때, $(x-2)-3(x+1)=2x-9$ $\therefore x=1$ (조건에 부적합!)

따라서 $x=\dfrac{4}{3}$ ·····◀

3.2 이차방정식

a, b, c가 상수이고 $a \neq 0$일 때

$$ax^2 + bx + c = 0$$

꼴의 식을 이차방정식(quadratic equation)이라 한다. 이차방정식은 실수 범위에서는 해가 존재할 수도 있고 존재하지 않을 수도 있다. 그러나 복소수 범위에서는 해가 반드시 존재한다.

두 이차방정식 $x^2 = 4$와 $x^2 = -4$의 해를 생각해 보자. 근이 존재하는 범위를 실수의 집합이라고 할 때, 이차방정식 $x^2 = 4$의 근은 $x = \pm 2$이지만 이차방정식 $x^2 = -4$의 근은 존재하지 않는다.

그러나 근이 존재하는 범위를 복소수의 집합까지 확장하면 $x^2 = -4$의 근은 $x = \pm 2i$가 된다. 이때, $x = \pm 2$와 같이 근이 실수인 것을 실근이라 하고, $x = \pm 2i$와 같이 근이 허수인 것을 허근이라고 한다. 특별한 조건이 없는 한 방정식의 근은 복소수의 범위에서 생각하기로 한다.

이차방정식의 해를 구하는 가장 편리한 방법은 인수분해를 이용하는 것이다.

예제 1 다음 이차방정식의 해를 구하시오.

(1) $x^2 - x - 2 = 0$

(2) $x^2 + 2 = 0$

(3) $2x^2 - 9x + 10 = 0$

풀이 ……

(1) $x^2 - x - 2 = 0$에서 좌변을 인수분해하면

$$(x+1)(x-2) = 0$$

$$x + 1 = 0 \text{ 또는 } x - 2 = 0$$

$$\therefore x = -1 \text{ 또는 } x = 2$$

(2) $x^2 + 2 = 0$에서 좌변을 인수분해하면

$$x^2 - (\sqrt{2}\,i)^2 = 0$$
$$(x - \sqrt{2}\,i)(x + \sqrt{2}\,i) = 0$$
$$x - \sqrt{2}\,i = 0 \text{ 또는 } x + \sqrt{2}\,i = 0$$
$$\therefore\ x = \sqrt{2}\,i \text{ 또는 } x = -\sqrt{2}\,i$$

(3) $2x^2 - 9x + 10 = 0$에서 좌변을 인수분해하면

$$(x-2)(2x-5) = 0$$
$$\therefore\ x = 2 \text{ 또는 } x = \frac{5}{2}$$

·····◀

인수분해가 쉽지 않을 때, 완전제곱식의 꼴로 고쳐서 근을 구할 수 있다.

이차방정식 $x^2 + 2x - 4 = 0$에서 좌변은 간단히 인수분해되지 않지만 다음과 같은 방법으로 해를 구할 수 있다.

$$\begin{aligned} x^2 + 2x - 4 = 0 &\iff x^2 + 2x + 1 = 5 \\ &\iff (x+1)^2 = 5 \\ &\iff x + 1 = \pm\sqrt{5} \\ &\iff x = -1 \pm \sqrt{5} \end{aligned}$$

이차방정식의 해를 구할 때, 인수분해가 쉽지 않은 경우 완전제곱식을 이용하여 해를 구할 수 있으나 번거로우므로 다음과 같이 근의 공식을 만들어 이를 이용하면 편리하다.

실수 a, b, c를 계수로 갖는 이차방정식 $ax^2 + bx + c = 0\,(a \neq 0)$의 근을 구하는 근의 공식을 완전제곱식을 이용하여 구하여 보자. 양변을 a로 나누면

$$x^2 + \frac{b}{a}x + \frac{c}{a} = 0$$

이다. x가 포함된 항들을 완전제곱으로 만들면

$$x^2 + \frac{b}{a}x + \left(\frac{b}{2a}\right)^2 - \left(\frac{b}{2a}\right)^2 + \frac{c}{a} = 0$$

$$\left(x+\frac{b}{2a}\right)^2-\frac{b^2}{4a^2}+\frac{c}{a}=0$$

이므로

$$\left(x+\frac{b}{2a}\right)^2=\frac{b^2-4ac}{4a^2}$$

$$x+\frac{b}{2a}=\pm\sqrt{\frac{b^2-4ac}{4a^2}}$$

따라서

$$x=\frac{-b\pm\sqrt{b^2-4ac}}{2a}$$

이차방정식의 근의 공식 (1)

이차방정식 $ax^2+bx+c=0\,(a\neq 0)$의 근은

$$x=\frac{-b\pm\sqrt{b^2-4ac}}{2a}$$

삼차방정식과 사차방정식도 근의 공식이 있기는 하지만 매우 복잡하다. 하지만 오차 이상의 방정식은 근의 공식이 존재하지 않음이 알려져 있다.

예제 2 다음 이차방정식의 해를 구하시오.

(1) $3x^2+x-2=0$

(2) $x^2-2x+3=0$

(3) $2(x-1)^2=x^2-2x+3$

(4) $ix^2+(2-i)x-1-i=0$

풀이 ·····

(1) 인수분해를 이용하면 $3x^2+x-2=(3x-2)(x+1)=0$에서

$$x=\frac{2}{3}\ \text{또는}\ x=-1$$

근의 공식을 이용하면 $a=3,\ b=1,\ c=-2$이므로

$$x=\frac{-1\pm\sqrt{1^2-4\times3\times(-2)}}{2\times3}=\frac{-1\pm5}{6}$$

$$\therefore\ x=\frac{2}{3}\ \text{또는}\ x=-1$$

(2) 근의 공식에서 $a=1,\ b=-2,\ c=3$이므로

$$x=\frac{-(-2)\pm\sqrt{(-2)^2-4\times1\times3}}{2\times1}=\frac{2\pm2\sqrt{2}\,i}{2}$$

$$\therefore\ x=1\pm\sqrt{2}\,i$$

(3) $2x^2-4x+2=x^2-2x+3\quad\therefore\ x^2-2x-1=0$

근의 공식에 의하여 $x=1\pm\sqrt{(-1)^2-1\cdot(-1)}=1\pm\sqrt{2}$

(4) 양변에 i를 곱하고 정리하면 $x^2-(1+2i)x+i-1=0$

근의 공식에 의하여

$$x=\frac{(1+2i)\pm\sqrt{(1+2i)^2-4(i-1)}}{2}$$
$$=\frac{(1+2i)\pm1}{2}=1+i,\ i$$

……◀

이차방정식 $ax^2+2b'x+c=0$의 근을 구하여 보자.

근의 공식에서 b 대신 $2b'$을 대입하면

$$x=\frac{-2b'\pm\sqrt{(2b')^2-4ac}}{2a}=\frac{-2b'\pm2\sqrt{b'^2-ac}}{2a}$$
$$=\frac{-b'\pm\sqrt{b'^2-ac}}{a}$$

따라서 이차방정식 $ax^2+2b'x+c=0$의 꼴, 즉 일차항의 계수가 짝수일 때의 근의 공식은 다음과 같다.

이차방정식의 근의 공식 (2)

이차방정식 $ax^2+2b'x+c=0\,(a\neq0)$의 근은

$$x=\frac{-b'\pm\sqrt{b'^2-ac}}{a}$$

예를 들어

(1) $x^2+2x-1=0$에서 $x=-1\pm\sqrt{2}$

(2) $x^2-2x+2=0$에서 $x=1\pm i$

(3) $x^2-4x+4=0$에서 $x=2$

에서 방정식 (1)은 두 개의 실근을 갖고, 방정식 (2)는 허근을 갖는다. 특히, 방정식 (3)은 서로 같은 두 실근을 갖는데 이를 중근이라고 한다.

이제 계수가 실수인 이차방정식을 풀지 않고도 그 근이 실근인지 허근인지를 판별하는 방법을 알아보자.

a, b, c가 실수일 때, 이차방정식 $ax^2+bx+c=0\,(a\neq0)$의 근 $x=\dfrac{-b\pm\sqrt{b^2-4ac}}{2a}$가 실수인지 허수인지는 근호 안에 있는 b^2-4ac의 값의 부호에 따라 결정된다.

① $b^2-4ac>0$이면 서로 다른 두 실근을 갖는다.

② $b^2-4ac=0$이면 중근을 갖는다.

③ $b^2-4ac<0$이면 서로 다른 두 허근을 갖는다.

이와 같이 b^2-4ac의 부호에 따라 이차방정식의 근이 실근인지 허근인지를 판별할 수 있으므로 b^2-4ac를 이차방정식의 판별식(discriminant)이라 하고 D로 나타낸다. 즉,

$$D=b^2-4ac$$

이차방정식의 근의 판별

계수가 실수인 이차방정식 $ax^2+bx+c=0\,(a\neq0)$에서 판별식을 $D=b^2-4ac$라고 하면

① $D>0 \iff$ 서로 다른 두 실근을 갖는다.

② $D=0 \iff$ 중근을 갖는다.

③ $D<0 \iff$ 서로 다른 두 허근을 갖는다.

예제 3 다음 이차방정식의 근을 판별하시오.

(1) $4x^2+12x+9=0$

(2) $3x^2-3x+2=0$

(3) $x^2-2x-1=0$

풀이 ·····

(1) $\dfrac{D}{4}=6^2-4\cdot 9=0$이므로 중근을 갖는다.

(2) $D=(-3)^2-4\cdot 3\cdot 2=-15<0$이므로 두 허근을 갖는다.

(3) $\dfrac{D}{4}=1^2-1\cdot(-1)=2>0$이므로 두 실근을 갖는다. ·····◀

예제 4 이차방정식 $3x^2-6x+k=0$이 실근을 갖도록 실수 k의 범위를 정하시오.

풀이 ·····

주어진 이차방정식이 실근을 가지려면 $D=b^2-4ac\geq 0$이어야 한다.

$3x^2-6x+k=0$에서 $a=3,\ b=-6,\ c=k$이므로

$$D=(-6)^2-4\cdot 3\cdot k\geq 0$$
$$\therefore\ k\geq 3$$
·····◀

이차방정식 $ax^2+bx+c=0\,(a\neq 0)$의 두 근 $\alpha,\ \beta$는

$$\alpha=\frac{-b+\sqrt{D}}{2a},\qquad \beta=\frac{-b-\sqrt{D}}{2a}\quad (\text{단, } D=b^2-4ac)$$

이므로

$$\alpha+\beta=\frac{-b+\sqrt{D}}{2a}+\frac{-b-\sqrt{D}}{2a}=\frac{-2b}{2a}=-\frac{b}{a}$$

$$\alpha\beta=\frac{-b+\sqrt{D}}{2a}\cdot\frac{-b-\sqrt{D}}{2a}=\frac{b^2-D}{4a^2}=\frac{b^2-(b^2-4ac)}{4a^2}=\frac{c}{a}$$

이와 같이 이차방정식에서 두 근의 합과 곱은 그 계수를 이용하여 간단히 나타낼 수 있는데 이것을 이차방정식의 근과 계수의 관계라고 한다.

근과 계수의 관계

이차방정식 $ax^2+bx+c=0\,(a\neq 0)$의 두 근을 α, β라고 하면

$$\alpha+\beta=-\frac{b}{a},\quad \alpha\beta=\frac{c}{a}$$

또 두 수 α, β를 근으로 갖는 이차방정식 중 하나는 $(x-\alpha)(x-\beta)=0$으로 나타내고 이때, 이것의 좌변을 전개하면 $x^2-(\alpha+\beta)x+\alpha\beta=0$이 된다.

따라서 다음이 성립한다.

두 수와 이차방정식의 근

합이 p, 곱이 q인 두 수는 다음 이차방정식의 근이다.

$$x^2-px+q=0$$

예제 5 (1) 두 수 $1+\sqrt{2}i$, $1-\sqrt{2}i$를 근으로 갖는 이차방정식을 구하시오.

(2) 합이 10이고 곱이 20인 두 수를 구하시오.

풀이 ·····

(1) 두 수 $1+\sqrt{2}i$, $1-\sqrt{2}i$의 합을 p, 곱을 q라고 하면

$$p=(1+\sqrt{2}i)+(1-\sqrt{2}i)=2$$
$$q=(1+\sqrt{2}i)(1-\sqrt{2}i)=1-(-2)=3$$

이때, 두 근의 합과 곱이 각각 2와 3이므로 구하는 방정식은

$$x^2-2x+3=0$$

(2) 두 수는 $x^2-10x+20=0$의 두 근이므로

$$x=5\pm\sqrt{5}$$

·····◀

예제 6 이차방정식 $x^2-4x+7=0$의 두 근을 α, β라 할 때, 다음 값을 구하시오.

(1) $\alpha^2+4\beta$ (2) $\alpha^3+\beta^3$

풀이 ·····

(1) 먼저 $\alpha^2 = 4\alpha - 7$이고 근과 계수의 관계에 의해 $\alpha + \beta = 4$이므로

$$\alpha^2 + 4\beta = 4(\alpha + \beta) - 7 = 16 - 7 = 9$$

(2) 근과 계수의 관계에 의해 $\alpha + \beta = 4$, $\alpha\beta = 7$이므로

$$\alpha^3 + \beta^3 = (\alpha + \beta)^3 - 3\alpha\beta(\alpha + \beta) = 4^3 - 3 \cdot 7 \cdot 4 = -20$$ ·····◀

3.3 고차방정식과 연립방정식

차수가 삼차 이상인 방정식, 즉 고차방정식은 인수분해 공식을 이용하거나 인수정리를 이용하여 인수분해한 후 해를 구하는 것이 일반적이다.

예제 1 다음 방정식의 해를 구하시오.

(1) $x^3 = 1$

(2) $x^3 + 3x^2 - 4x - 12 = 0$

(3) $x^3 - 5x - 2 = 0$

(4) $x^4 - 3x^3 + 3x^2 + x - 6 = 0$

풀이 ·····

(1) 주어진 방정식의 우변을 이항하면 $x^3 - 1 = 0$

좌변을 인수분해하면 $(x-1)(x^2+x+1) = 0$

그러므로 $x-1=0$ 또는 $x^2+x+1=0$

$$\therefore\ x = 1 \text{ 또는 } x = \frac{-1 \pm \sqrt{3}i}{2}$$

(2) 좌변을 인수분해하면

$$x^2(x+3) - 4(x+3) = 0$$
$$(x+3)(x+2)(x-2) = 0$$
$$\therefore\ x = -3,\ -2,\ 2$$

(3) $f(x) = x^3 - 5x - 2$로 놓으면 $f(-2) = 0$이므로 인수정리에 의하여 $f(x)$는 $x+2$를 인수로 갖는다. 다음 조립제법에서

-2	1	0	-5	-2
		-2	4	2
	1	-2	-1	0

이므로 $f(x) = (x+2)(x^2 - 2x - 1)$

따라서 주어진 방정식은

$$(x+2)(x^2-2x-1)=0$$
$$\therefore\ x=-2 \text{ 또는 } 1\pm\sqrt{2}$$

(4) $f(x)=x^4-3x^3+3x^2+x-6$이라 하면

$$f(-1)=0$$

이므로 조립제법을 이용하여 인수분해하면

$$f(x)=(x+1)(x^3-4x^2+7x-6)$$

$g(x)=x^3-4x^2+7x-6$이라 하면

$$g(2)=0$$

이므로 조립제법을 이용하여 인수분해하면

$$g(x)=(x-2)(x^2-2x+3)$$

따라서 주어진 방정식은

$$(x+1)(x-2)(x^2-2x+3)=0$$

이므로 구하는 해는

$$\therefore\ x=-1,\ 2 \text{ 또는 } 1\pm\sqrt{2}\,i$$ ……◀

쉽게 인수분해되지 않거나 복잡한 방정식은 적당히 치환하면 간단히 되는 경우가 있다. 그러나 치환한 방정식의 해를 구한 후 원래 방정식의 해를 구하는 것을 잊지 않아야 한다.

예제 2 다음 방정식의 해를 구하시오.

(1) $x^4-4x^2+3=0$

(2) $x^{1/3}-x^{1/6}-6=0$

(3) $(x^2-3x+4)(x^2-3x-3)=8$

(4) $x^4-3x^3+4x^2-3x+1=0$

풀이 ……

(1) $x^2=t$로 치환하면 $t^2-4t+3=0$

t에 관한 이차방정식이므로 좌변을 인수분해하면

$$(t-1)(t-3)=0$$
$$t=1 \text{ 또는 } t=3$$

$t=x^2$이므로 $x^2=1$ 또는 $x^2=3$

$$\therefore\ x=\pm 1 \text{ 또는 } x=\pm\sqrt{3}$$

(2) $x^{1/6}=t$로 치환하면 $t^2-t-6=0$이다. 이 식을 인수분해하면

$$(t-3)(t+2)=0$$

이지만 $t=x^{1/6}$은 음수가 될 수 없으므로 $t+2\neq 0$이다. 따라서

$$t=x^{1/6}=3$$

이므로

$$\therefore\ x=3^6=729$$

(3) $x^2-3x=t$로 치환하면 $(t+4)(t-3)=8$, 즉 $t^2+t-20=0$
인수분해하면 $(t+5)(t-4)=0$

$$\therefore\ t=4,\ t=-5$$

(i) $x^2-3x=4$에서 $(x+2)(x-4)=0$

$$\therefore\ x=-1,\ x=4$$

(ii) $x^2-3x=-5$에서 $x^2-3x+5=0$

근의 공식을 이용하면 $x=\dfrac{3\pm\sqrt{9-4\cdot 5}}{2}=\dfrac{3\pm\sqrt{11}\,i}{2}$

따라서 구하는 해는

$$\therefore\ x=-1,\ x=4,\ x=\frac{3\pm\sqrt{11}\,i}{2}$$

(4) 양변을 x^2으로 나누면

$$x^2+\frac{1}{x^2}-3\left(x+\frac{1}{x}\right)+4=0$$

그런데 $x^2+\dfrac{1}{x^2}=\left(x+\dfrac{1}{x}\right)^2-2$이므로 주어진 방정식은

$$\left(x+\frac{1}{x}\right)^2-3\left(x+\frac{1}{x}\right)+2=0$$

$x+\dfrac{1}{x}=t$로 치환하면 $t^2-3t+2=0$

인수분해하면 $(t-1)(t-2)=0$ $\therefore$ $t=1,\ t=2$

(i) $x+\dfrac{1}{x}=1$에서 $x^2-x+1=0$ $\therefore$ $x=\dfrac{1\pm\sqrt{3}\,i}{2}$

(ii) $x+\dfrac{1}{x}=2$에서 $x^2-2x+1=0$ $\therefore$ $x=1$

따라서 구하는 해는

$$\therefore\ x=1(\text{중근}),\ x=\frac{1\pm\sqrt{3}\,i}{2}$$ ……◀

예제 3 방정식 $x^3+x^2+px+q=0$의 한 근이 $1-i$일 때, 실수 p, q의 값 및 나머지 두 근을 구하시오.

풀이 1 ….

$1-i$가 근이므로 대입하면 주어진 방정식을 만족시켜야 한다. 즉

$$(1-i)^3+(1-i)^2+p(1-i)+q=0$$

전개하여 i에 관해서 정리하면 $(p+q-2)+(-p-4)i=0$

p, q는 실수이므로 $p+q-2=0$, $-p-4=0$

$$\therefore p=-4,\quad q=6$$

이때, 주어진 방정식은 $x^3+x^2-4x+6=0$

$$\therefore\ (x+3)(x^2-2x+2)=0$$
$$\therefore\ x=-3,\ x=1\pm i$$

따라서 구하는 답은 $p=-4$, $q=6$, $x=-3$, $x=1+i$

풀이 2 ….

주어진 방정식이 실계수 방정식이므로 $1+i$도 근이다.

인수정리에 의해 주어진 방정식은 다음을 인수로 갖는다.

$$[x-(1-i)][x-(1+i)]=x^2-2x+2$$

x^3+x^2+px+q를 x^2-2x+2로 나누면 몫이 $x+3$이고 나머지가 $(p+4)x+(q-6)$인데, 나누어떨어지므로 $(p+4)x+(q-6)=0$ $\therefore$ $p=-4$, $q=6$

다음은 풀이 1과 같다. ◀

미지수가 두 개인 연립일차방정식은 한 변수를 소거하여 해를 구할 수 있음을 알고 있다. 같은 방법으로 미지수가 세 개인 연립일차방정식은 한 변수를 소거하여 미지수가 두 개인 연립일차방정식으로 만든 후 푸는 것이 일반적이다.

예제 4 다음 연립방정식의 해를 구하시오.

(1) $\begin{cases} 2x+y-z=8 & \cdots ① \\ x-y+3z=-4 & \cdots ② \\ 3x+2y+z=11 & \cdots ③ \end{cases}$

(2) $\begin{cases} x+y=1 & \cdots ① \\ y+z=3 & \cdots ② \\ x+z=8 & \cdots ③ \end{cases}$

풀이 ·····

(1) 먼저 z를 소거하기 위해서 ①×3+②를 하면

$$7x+2y=20 \quad \cdots ④$$

①+③을 하면 $5x+3y=19$ $\cdots$ ⑤

④와 ⑤를 연립하여 풀면 $x=2$, $y=3$

$x=2$, $y=3$을 ①에 대입하면 $z=-1$

$$\therefore\ x=2,\ y=3,\ z=-1$$

(2) ①+②+③을 하면 $2x+2y+2z=12$이므로

$$x+y+z=6 \quad \cdots ④$$

④−①하면 $z=5$

④−②하면 $x=3$

④ − ③ 하면 $y=-2$

$$\therefore\ x=3,\ y=-2,\ z=5$$ ……◀

미지수가 두 개인 연립이차방정식의 경우 한 쪽이 일차방정식이면 이 방정식을 한 문자에 관해서 풀어서 다른 이차방정식에 대입하여 푼다. 또 두 개의 이차방정식으로 이루어진 연립방정식에서는 한 방정식을 인수분해하여 일차방정식과 이차방정식으로 이루어진 두 개의 연립방정식으로 바꾸어 풀기도 한다.

예제 5 다음 연립방정식의 해를 구하시오.

(1) $\begin{cases} x-y=2 & \cdots \text{①} \\ x^2+y^2=10 & \cdots \text{②} \end{cases}$

(2) $\begin{cases} 2x^2-3xy-2y^2=0 & \cdots \text{①} \\ 2x^2+y^2=36 & \cdots \text{②} \end{cases}$

풀이 ……

(1) ①을 y에 대하여 풀면 $y=x-2$ $\cdots$ ③

미지수 y를 소거하기 위하여 ③을 ②에 대입하면

$$\begin{aligned} x^2+y^2=10 &\iff x^2+(x-2)^2=10 \\ &\iff x^2-2x-3=0 \\ &\iff (x-3)(x+1)=0 \end{aligned}$$

$$\therefore\ x=3 \text{ 또는 } x=-1$$

$x=3$을 ③에 대입하면 $y=1$

$x=-1$을 ③에 대입하면 $y=-3$

따라서 구하는 해는 $\begin{cases} x=3 \\ y=1 \end{cases}$ 또는 $\begin{cases} x=-1 \\ y=-3 \end{cases}$

(2) ①의 좌변을 인수분해하면

$$(x-2y)(2x+y)=0 \quad \therefore\ x=2y \text{ 또는 } y=-2x$$

$x=2y$일 때, 이것을 ②에 대입하여 정리하면 $y^2=4$

$$\therefore\ y=2 \text{ 또는 } y=-2$$

$$\therefore\ x=4,\ y=2 \text{ 또는 } x=-4,\ y=-2$$

$y=-2x$일 때, 이것을 ②에 대입하여 정리하면 $x^2=6$

$$\therefore\ x=\sqrt{6} \text{ 또는 } x=-\sqrt{6}$$

$$\therefore\ x=\sqrt{6},\ y=-2\sqrt{6} \text{ 또는 } x=-\sqrt{6},\ y=2\sqrt{6}$$

따라서 구하는 해는

$$\begin{cases} x=4 \\ y=2 \end{cases} \text{ 또는 } \begin{cases} x=-4 \\ y=-2 \end{cases} \text{ 또는 } \begin{cases} x=\sqrt{6} \\ y=-2\sqrt{6} \end{cases} \text{ 또는 } \begin{cases} x=-\sqrt{6} \\ y=2\sqrt{6} \end{cases}$$

……◀

3.4 부등식

부등호를 사용하여 수 또는 식의 값의 대소 관계를 나타낸 식이 부등식(inequality)이다. 허수에 대해서는 대소 관계를 생각할 수 없으므로 부등식에 포함된 모든 문자는 실수를 나타낸다. 따라서 부등식의 기본 성질은 실수의 대소 관계의 기본 성질과 같다.

부등식의 기본 성질

(1) $a > b$, $b > c$이면 $a > c$

(2) $a > b$이면 $a + c > b + c$, $a - c > b - c$

(3) $a > b$, $c > 0$이면 $ac > bc$, $\dfrac{a}{c} > \dfrac{b}{c}$

(4) $a > b$, $c < 0$이면 $ac < bc$, $\dfrac{a}{c} < \dfrac{b}{c}$

부등식의 기본 성질을 이용하면 일차부등식의 해를 쉽게 구할 수 있다.

예제 1 다음 부등식의 해를 구하시오.

(1) $x - 4 < 3(x + 2)$

(2) $\dfrac{2}{3}x + 1 < \dfrac{1 - x}{6}$

풀이 ·····

(1) 괄호를 풀고 이항하여 정리하면 $-2x < 10$
양변을 -2로 나누면

$$\therefore\ x > -5$$

(2) 양변에 6을 곱하면 $4x + 6 < 1 - x$
이항하여 정리하면 $5x < -5$
양변을 5로 나누면

$$\therefore\ x < -1$$

·····◀

절댓값을 포함한 부등식을 절댓값이 포함되지 않은 식으로 변형하는 방법을 알아보자. 예를 들어, $|x|<1$을 만족시키는 x는 -1과 1 사이에 있고 $|x|>1$을 만족시키는 x는 -1보다 작거나 1보다 큰 쪽에 있다.

일반적으로 다음이 성립한다.

절댓값을 포함한 일차부등식

$a>0$일 때

$$|x|<a \iff -a<x<a$$

$$|x|>a \iff x<-a \text{ 또는 } x>a$$

예제 2 다음 부등식의 해를 구하시오.

(1) $|3x-1|<4$

(2) $|2x-7|\geq 3$

(3) $|x+3|+|x-2|\leq 7$

풀이 ·····

(1) 주어진 부등식은 $-4<3x-1<4$

$3x-1>-4$에서 $3x>-3$ $\therefore x>-1$

$3x-1<4$에서 $3x<5$ $\therefore x<\frac{5}{3}$

따라서 구하는 해는 $-1<x<\frac{5}{3}$

(2) 주어진 부등식은 $2x-7\leq -3$ 또는 $2x-7\geq 3$

$\therefore 2x\leq 4$ 또는 $2x\geq 10$

따라서 구하는 해는 $x\leq 2$ 또는 $x\geq 5$

(3) (i) $x<-3$일 때, $-(x+3)-(x-2)\leq 7$

$-2x\leq 8$에서 $x\geq -4$ $\therefore -4\leq x<-3$

(ii) $-3\leq x<2$일 때, $x+3-(x-2)\leq 7$

$5\leq 7$이므로 항상 성립한다. $\therefore -3\leq x<2$

(iii) $x\geq 2$일 때, $(x+3)+(x-2)\leq 7$

$2x\leq 6$에서 $x\leq 3$ $\therefore 2\leq x\leq 3$

구하는 해는 (i), (ii), (iii)의 합집합이므로 $-4 \leq x \leq 3$

이차부등식은 모든 항을 좌변으로 이항하고 인수분해하여 푼다.
예를 들어, 부등식 $x^2 - x - 6 > 0$을 풀어보자. 좌변을 인수분해하면

$$(x-3)(x+2) > 0$$

이때, $x^2 - x - 6 = 0$이 되게 하는 x의 값을 경계로 하는 각 구간에서 $(x-3)(x+2)$의 부호를 조사하면 다음 표와 같다.

x	$x < -2$	$x = -2$	$-2 < x < 3$	$x = 3$	$x > 3$
$x-3$	$-$	$-$	$-$	0	$+$
$x+2$	$-$	0	$+$	$+$	$+$
$(x-3)(x+2)$	$+$	0	$-$	0	$+$

따라서 $x^2 - x - 6 > 0$의 해는 $x < -2$ 또는 $x > 3$ ·····◀

위의 경우를 일반화시키면 다음 사실이 성립함을 알 수 있다.

이차부등식의 해

이차방정식 $ax^2 + bx + c = 0\,(a > 0)$이 서로 다른 두 실근 $\alpha, \beta\,(\alpha < \beta)$를 가질 때

(1) $ax^2 + bx + c > 0$의 해는 $x < \alpha$ 또는 $x > \beta$

(2) $ax^2 + bx + c < 0$의 해는 $\alpha < x < \beta$

예제 3 다음 부등식의 해를 구하시오.

(1) $-2x^2 + 3x - 1 \geq 0$

(2) $\dfrac{x+1}{x-1} \leq -1$

풀이 ·····

(1) 주어진 부등식의 양변에 -1을 곱하면

$$2x^2 - 3x + 1 \leq 0$$

$2x^2-3x+1=(2x-1)(x-1)$이므로 구하는 부등식의 해는 $\frac{1}{2} \le x \le 1$

(2) $(x-1)^2$을 양변에 곱하면

$$(x+1)(x-1) \le -(x-1)^2$$

좌변으로 이항하여 인수분해하면

$$(x-1)[(x+1)+(x-1)] \le 0$$
$$2(x-1)x \le 0$$

이므로 $0 \le x \le 1$ 그러나 $x=1$일 때 분모가 0이므로 구하는 해는

$$0 \le x < 1$$ ·····◀

연립이차부등식의 풀이는 연립일차부등식의 풀이와 마찬가지로 각 부등식의 해의 공통부분을 구하면 된다.

예제 4 다음 연립부등식의 해를 구하시오.

(1) $\begin{cases} 3x-2 \ge 1 & \cdots ① \\ x^2-x-6<0 & \cdots ② \end{cases}$

(2) $\begin{cases} x^2-3x+2>0 & \cdots ① \\ x^2-x-12 \le 0 & \cdots ② \end{cases}$

풀이 ·····

(1) 부등식 ①을 풀면 $3x \ge 3$

$$\therefore x \ge 1 \quad \cdots ③$$

부등식 ②를 풀면 $(x+2)(x-3)<0$

$$\therefore -2<x<3 \quad \cdots ④$$

따라서 구하는 연립부등식의 해는 ③과 ④를 동시에 만족시키는 x의 값이므로

$$\therefore 1 \le x < 3$$

(2) 부등식 ①을 풀면 $x^2-3x+2=(x-1)(x-2)>0$

$$\therefore\ x<1 \text{ 또는 } x>2 \ \cdots ③$$

부등식 ②를 풀면 $x^2-x-12=(x+3)(x-4)\le 0$

$$\therefore\ -3\le x\le 4 \ \cdots ④$$

따라서 구하는 연립부등식의 해는 ③과 ④를 동시에 만족시키는 x의 값이므로

$$\therefore\ -3\le x<1 \text{ 또는 } 2<x\le 4$$ ◀

부등식 $2x-1\ge 5$, $x^2-3x+2<0$과 같이 미지수가 어떤 특정한 범위의 실숫값을 가질 때에만 참이 되는 부등식을 **조건부등식**이라고 한다.

한편 부등식 $x^2+2>0$, $x^2-2xy+y^2\ge 0$과 같이 미지수가 어떤 실숫값을 갖더라도 항상 참이 되는 부등식을 **절대부등식**이라고 한다.

지금까지 다룬 부등식은 주로 조건부등식이었다. 어떤 부등식이 절대부등식임을 보이는 것, 곧 미지수가 어떤 실숫값을 갖더라도 그 부등식이 항상 참이 됨을 보이는 것을 그 부등식을 증명한다고 한다.

부등식의 증명에 다음 성질이 자주 쓰인다.

> a, b가 임의의 실수일 때
> (1) $a>b \iff a-b>0$
> (2) $a^2\ge 0$
> (3) $a>0$, $b>0$일 때, $a>b \iff a^2>b^2$

자주 쓰이는 절대부등식을 다음 두 예제에서 살펴보자.

예제 5 양수 a, b에 대하여 부등식

$$\frac{a+b}{2}\ge\sqrt{ab}$$

를 보이시오. 또, 등호가 성립하는 것은 어떤 경우인지 판단하시오.
[좌변을 a, b의 산술평균(arithmetic mean), 우변을 a, b의 기하평균(geometric mean)이라 하고 위의 부등식을 산술평균-기하평균 부등식이라 한다.]

풀이 ·····

$$\frac{a+b}{2}-\sqrt{ab}=\frac{a-2\sqrt{ab}+b}{2}$$
$$=\frac{(\sqrt{a})^2-2\sqrt{a}\sqrt{b}+(\sqrt{b})^2}{2}=\frac{(\sqrt{a}-\sqrt{b})^2}{2}$$

a, b가 양수이어서 $\sqrt{a}-\sqrt{b}$는 실수이므로

$$(\sqrt{a}-\sqrt{b})^2 \geq 0$$

따라서 $\frac{a+b}{2}-\sqrt{ab}\geq 0$ $\therefore$ $\frac{a+b}{2}\geq\sqrt{ab}$

여기서, 등호가 성립하는 것은 $\sqrt{a}-\sqrt{b}=0$일 때, 즉 $a=b$인 경우이다.····◀

참고 두 양수뿐만 아니라 세 개 이상의 양수에 대해서도 산술평균-기하평균 부등식이 성립한다. 즉,

$$\frac{a+b+c}{3}\geq\sqrt[3]{abc}$$
$$\frac{a+b+c+d}{4}\geq\sqrt[4]{abcd}$$

예제 6 다음 부등식을 보이고, 등호가 성립하는 것은 어떤 경우인지 판단하시오.

$$(ax+by)^2\leq(a^2+b^2)(x^2+y^2)$$

[위의 부등식을 코시-슈바르츠 부등식이라 한다.]

풀이 1 ·····

우변에서 좌변을 빼면

$$(a^2+b^2)(x^2+y^2)-(ax+by)^2$$
$$=a^2x^2+a^2y^2+b^2x^2+b^2y^2-(a^2x^2+2abxy+b^2y^2)$$
$$=a^2y^2-2abxy+b^2x^2$$

$$= (ay - bx)^2 \geq 0$$

이므로 $(ax + by)^2 \leq (a^2 + b^2)(x^2 + y^2)$

여기서 등호가 성립하는 것은 $ay - bx = 0$, 즉 $\frac{a}{b} = \frac{x}{y}$인 경우이다.

풀이 2 ·····

임의의 실수 t에 대하여 $(at - x)^2 + (bt - y)^2 \geq 0$

그런데 $(at - x)^2 + (bt - y)^2 = (a^2 + b^2)t^2 - 2(ax + by)t + (x^2 + y^2)$이므로

$$\frac{D}{4} = (ax + by)^2 - (a^2 + b^2)(x^2 + y^2) \leq 0$$

따라서 $(ax + by)^2 \leq (a^2 + b^2)(x^2 + y^2)$

여기서 등호가 성립하는 것은 $at - x = 0$, $bt - y = 0$, 즉 $\frac{a}{b} = \frac{x}{y}$인 경우이다.

·····◀

참고 다음도 코시-슈바르츠 부등식이라 한다.

$$(ax + by + cz)^2 \leq (a^2 + b^2 + c^2)(x^2 + y^2 + z^2)$$

$$(ax + by + cz + du)^2 \leq (a^2 + b^2 + c^2 + d^2)(x^2 + y^2 + z^2 + u^2)$$

예제 7 (1) 양수 a, b에 대하여 $\frac{a}{b} + \frac{b}{a} \geq 2$를 보이시오.

(2) 양수 a, b에 대하여 $(a + b)\left(\frac{1}{a} + \frac{1}{b}\right) \geq 4$를 보이시오.

(3) $a \geq 0$, $b \geq 0$일 때, 부등식 $\sqrt{a + b} \leq \sqrt{a} + \sqrt{b}$를 보이시오. 또 등호가 성립하는 것은 어떤 경우인지 판단하시오.

풀이 ·····

(1) 산술평균-기하평균 부등식에 의해서

$$\frac{\frac{a}{b} + \frac{b}{a}}{2} \geq \sqrt{\frac{a}{b} \cdot \frac{b}{a}} = 1, \quad \text{즉} \quad \frac{a}{b} + \frac{b}{a} \geq 2$$

(2) 코시-슈바르츠 부등식에 의해서

$$\left(\sqrt{a}\cdot\frac{1}{\sqrt{a}}+\sqrt{b}\cdot\frac{1}{\sqrt{b}}\right)^2 \le [(\sqrt{a})^2+(\sqrt{b})^2]\left[\left(\frac{1}{\sqrt{a}}\right)^2+\left(\frac{1}{\sqrt{b}}\right)^2\right]$$

따라서

$$4=2^2 \le (a+b)\left(\frac{1}{a}+\frac{1}{b}\right)$$

다른 풀이 ·····

산술평균-기하평균 부등식을 이용해도 된다. 주어진 부등식을 전개하면

$$\frac{a}{b}+\frac{b}{a} \ge 2$$

이므로 (1)에 의해 성립한다.

(3) $(\sqrt{a}+\sqrt{b})^2-(\sqrt{a+b})^2=a+2\sqrt{ab}+b-(a+b)$
$\qquad\qquad\qquad\qquad\qquad\quad =2\sqrt{ab} \ge 0$

$$\therefore\ (\sqrt{a}+\sqrt{b})^2 \ge (\sqrt{a+b})^2$$

그런데 $\sqrt{a+b} \ge 0$, $\sqrt{a}+\sqrt{b} \ge 0$이므로

$$\therefore\ \sqrt{a}+\sqrt{b} \ge \sqrt{a+b}$$

또 등호가 성립하는 것은 $ab=0$일 때, 즉 a, b 가운데 적어도 하나가 0일 때이다. ·····◀

예제 8 (1) 양의 실수 x, y가 $\frac{x^2}{4}+\frac{y^2}{9}=1$을 만족할 때, $(3x+2y)^2$의 최댓값을 구하시오.

(2) $x>0$, $y>0$일 때, $(2x+y)\left(\frac{8}{x}+\frac{1}{y}\right)$의 최솟값을 구하시오.

풀이 ·····

(1) $(3x+2y)^2=9x^2+12xy+4y^2=36\left(\frac{x^2}{4}+\frac{y^2}{9}\right)+12xy=36+12xy$

산술평균-기하평균 부등식에 의해 $1=\frac{x^2}{4}+\frac{y^2}{9} \ge 2\sqrt{\frac{x^2}{4}\cdot\frac{y^2}{9}}=\frac{1}{3}xy$이므로 구하는 최댓값은 72

여기서 등호는 $\frac{x}{2}=\frac{y}{3}$ 즉 $x=\sqrt{2}$, $y=\frac{3}{\sqrt{2}}$일 때 성립한다.

(2) $(2x+y)\left(\frac{8}{x}+\frac{1}{y}\right)=2x\cdot\frac{8}{x}+2x\cdot\frac{1}{y}+y\cdot\frac{8}{x}+y\cdot\frac{1}{y}$

$$=\frac{2x}{y}+\frac{8y}{x}+17\geq 2\sqrt{\frac{2x}{y}\cdot\frac{8y}{x}}+17$$

$$=8+17=25$$

따라서 구하는 최솟값은 25 ·····◀

참고 「$(2x+y)\left(\frac{8}{x}+\frac{1}{y}\right)\geq 2\sqrt{2x\cdot y}\cdot 2\sqrt{\frac{8}{x}\cdot\frac{1}{y}}=16$이므로 최솟값은 16」이라고 답해서는 안 된다. 왜냐하면 아래와 같이 두 부등식에서 등호가 성립하는 조건이 다르기 때문이다.

$2x+y\geq 2\sqrt{2x\cdot y}$에서 등호는 $2x=y$일 때 성립한다.

$\frac{8}{x}+\frac{1}{y}\geq 2\sqrt{\frac{8}{x}\cdot\frac{1}{y}}$에서 등호는 $\frac{8}{x}=\frac{1}{y}$, 즉 $x=8y$일 때 성립한다.

예제 9 $a+b+c=1$, $a^2+b^2+c^2=1$일 때 c의 최댓값과 최솟값을 구하시오.

풀이 ·····

코시-슈바르츠 부등식에 의해 $(1^2+1^2)(a^2+b^2)\geq(a+b)^2$이므로

$$2(1-c^2)\geq(1-c)^2 \Longrightarrow 3c^2-2c-1\leq 0$$

따라서 $-\frac{1}{3}\leq c\leq 1$이므로 c의 최댓값은 1이고 최솟값은 $-\frac{1}{3}$

여기서 $c=1$일 때 $a=b=0$이고 $c=-\frac{1}{3}$일 때 $a=b=\frac{2}{3}$ ·····◀

예제 10 $x^2+y^2=1$일 때, $2x-y$의 최댓값과 최솟값을 구하시오.

풀이 ·····

$(a^2+b^2)(x^2+y^2)\geq(ax+by)^2$에 $x^2+y^2=1$, $a=2$, $b=-1$을 대입하면

$$\{2^2+(-1)^2\}\cdot 1\geq(2x-y)^2$$

$$\therefore -\sqrt{5}\leq 2x-y\leq\sqrt{5}$$

여기서 등호는 $\frac{x}{2}=\frac{y}{-1}$ 즉 $y=\pm\frac{1}{\sqrt{5}}$, $x=\mp\frac{2}{\sqrt{5}}$일 때 성립한다.

따라서 최댓값은 $\sqrt{5}$, 최솟값은 $-\sqrt{5}$ ·····◀

CH· 3 연습문제

1. 다음 방정식의 해를 구하시오.

(1) $2(x+3)=6x-4$

(2) $\dfrac{1}{x-1}+\dfrac{x}{3x-2}=\dfrac{1}{3}$

(3) $\sqrt{x^2+33}-3=x$

(4) $\sqrt{4+3x}=\sqrt{2x+5}$

(5) $\left|\dfrac{5}{x}-2\right|=3$

(6) $|x-4|+|x-6|=10$

(7) $\dfrac{1}{x-1}-\dfrac{2}{x^2-1}=\dfrac{1}{3}$

(8) $\dfrac{1}{x+2}-\dfrac{1}{x+4}=\dfrac{1}{x-6}-\dfrac{1}{x-4}$

2. 분수방정식 $\dfrac{a}{x}-\dfrac{1}{x-2}=\dfrac{x-a}{x^2-2x}$가 근을 갖지 않도록 하는 실수 a의 값을 구하시오.

3. 무리방정식 $x^2+3x-\sqrt{x^2+3x}=2$의 해를 구하시오.

4. 이차방정식 $x^2+|2x-1|=2$의 두 근의 합을 구하시오.

5. 방정식 $x^2-|x|-2=\sqrt{(x-1)^2}$의 근을 구하시오.

6. x에 대한 이차방정식 $x^2-2(k-a)x+(k^2-6k+b)=0$이 k의 값에 관계없이 중근을 가질 때, 두 실수 a, b의 합 $a+b$의 값을 구하시오.

7. 다음 이차방정식의 해를 구하시오.

(1) $4x^2 - 9 = 0$

(2) $6x^2 + x - 1 = 0$

(3) $2x^2 - 6x + 5 = 0$

(4) $(x-3)(x-7) = -5$

(5) $x^2 - \sqrt{5}x + 1 = 0$

(6) $9x^2 + 24x + 16 = 0$

(7) $x^2 + 20x - 60 = 0$

(8) $ax^2 - (2a+1)x + (a+1) = 0,\ a \neq 0$

8. (1) 이차방정식 $x^2 - 2(k+2)x + k^2 = 0$이 서로 다른 두 실근을 갖도록 실수 k의 값의 범위를 구하시오.

(2) 이차방정식 $x^2 - 5x + k + 2 = 0$이 서로 다른 두 실근을 갖도록 하는 자연수 k의 최댓값을 구하시오.

9. 이차방정식 $2x^2 + 6x + 1 = 0$의 두 근을 α, β라고 할 때, 다음 식의 값을 구하시오.

(1) $\alpha^2 + \beta^2$

(2) $\dfrac{1}{\alpha} + \dfrac{1}{\beta}$

10. (1) 이차방정식 $x^2 + ax + b = 0$의 한 근이 $3+i$일 때, 실수 a, b의 값을 구하시오.

(2) x에 대한 이차방정식 $2x^2 + mx + 2m + 1 = 0$의 한 근이 -1일 때, 다른 한 근을 구하시오.

11. 다음 방정식의 해를 구하시오.

(1) $x^4 - 2x^2 - 3 = 0$

(2) $x^4 - 3x^3 + 3x^2 + x - 6 = 0$

(3) $x^4 - 4x^2 + 12x - 9 = 0$

(4) $x^4 + x^3 - 5x^2 + x - 6 = 0$

(5) $(x+1)(x-2)(x+3)(x+6) + 14 = 0$

(6) $x^4 + 5x^3 - 4x^2 + 5x + 1 = 0$

12. (1) 삼차방정식 $x^3-5x^2+9x-5=0$의 세 근을 α, β, γ라고 할 때, $\alpha^2+\beta^2+\gamma^2$의 값을 구하시오.

(2) 삼차방정식 $x^3+3x^2+4x-8=0$의 세 근을 α, β, γ라고 할 때, $(\alpha-1)(\beta-1)(\gamma-1)$의 값을 구하시오.

(3) 삼차방정식 $x^3+3x^2-5x+1=0$의 세 근을 α, β, γ라고 할 때, $\frac{1}{\alpha^2}+\frac{1}{\beta^2}+\frac{1}{\gamma^2}$의 값을 구하시오.

13. 다음 연립방정식의 해를 구하시오.

(1) $\begin{cases} x-2y-3z=-2 \\ 2x-y+z=1 \\ 5x-4y-z=-3 \end{cases}$

(2) $\frac{x-y}{6}=\frac{y-z}{3}=\frac{z+x}{5}=1$

(3) $\begin{cases} x^2-y^2=1 \\ x^2+2x=y^2+y \end{cases}$

(4) $\begin{cases} 2x^2-xy-y^2=0 \\ 2x^2-5xy+y^2=16 \end{cases}$

14. 다음 부등식의 해를 구하시오.

(1) $|2x+5|\le 7$

(2) $|x+1|+|3x+2|\le 8$

(3) $x^2+3x+4>0$

(4) $\begin{cases} x^2-2x-3>0 \\ -2x^2-x+10\ge 0 \end{cases}$

15. $a>0$, $b>0$일 때, $\left(a+\frac{1}{b}\right)\left(b+\frac{4}{a}\right)$의 최솟값을 구하시오.

16. 다음 부등식을 보이시오.

(1) $a>0,\ b>0$일 때, $\sqrt{ab} \ge \dfrac{2ab}{a+b}$

(2) $a>0,\ b>0,\ c>0$일 때, $a^2+b^2+c^2 \ge ab+bc+ca$

17. (1) 양수 $x,\ y$에 대하여 $xy=2$일 때, x^2+2y^2의 최솟값을 구하시오.

(2) 양수 $x,\ y$에 대하여 $4x^2+\dfrac{y}{2x}+\dfrac{4}{xy}$의 최솟값을 구하시오.

18. 둘레의 길이가 30cm이고 넓이가 30cm^2인 직각삼각형의 세 변의 길이를 구하시오.

19. $a_1,\ \cdots,\ a_n>0$이고 $a_1+\cdots+a_n=1$일 때 $\dfrac{1}{a_1}+\cdots+\dfrac{1}{a_n} \ge n^2$를 보이시오.

20. (1) $x>0$일 때, $x+\dfrac{1}{x}+\dfrac{4x}{x^2+1}$의 최솟값을 구하시오.

(2) $x>0,\ y>0$이고 $x+y=50$일 때, $\sqrt{x}+\sqrt{y}$의 최댓값을 구하시오.

(3) $x>0,\ y>0,\ z>0$이고 $x+3y+9z=9$일 때, xyz의 최댓값을 구하시오.

21. $-3 \le x \le -2$일 때, $\dfrac{x-1}{x}$의 최댓값과 최솟값의 곱을 구하시오.

22. (1) 양수 $a,\ b,\ c$에 대하여 $(a+b+c)\left(\dfrac{1}{a}+\dfrac{1}{b+c}\right)$의 최솟값을 구하시오.

(2) 양수 x에 대하여 $\dfrac{x}{x^2+2x+9}$의 최댓값을 구하시오.

(3) $2a+3b=6ab$를 만족하는 두 양수 $a,\ b$의 곱 ab의 최솟값을 구하시오.

(4) x가 양수일 때, $\dfrac{x^2+4x+16}{x}$의 최솟값을 구하시오.

23. 다음 방정식의 해를 모두 구하시오. (단, $[x]$는 x를 넘지 않는 최대 정수이다.)

(1) $2x^2=x+3[x]$

(2) $2x^2-[x]=2$

CHAPTER 4

도형

4.1 점과 좌표

수직선 위의 두 점 $A(x_1)$, $B(x_2)$ 사이의 거리는

$$\overline{AB} = |x_2 - x_1|$$

이고 좌표평면 위의 두 점 $A(x_1,\ y_1)$, $B(x_2,\ y_2)$ 사이의 거리는 피타고라스 정리에 의해

$$\overline{AB} = \sqrt{(x_2 - x_1)^2 + (y_2 - y_1)^2}$$

이다. 특히 원점 $O(0,\ 0)$과 점 $A(x_1,\ y_1)$ 사이의 거리는

$$\overline{OA} = \sqrt{x_1^2 + y_1^2}$$

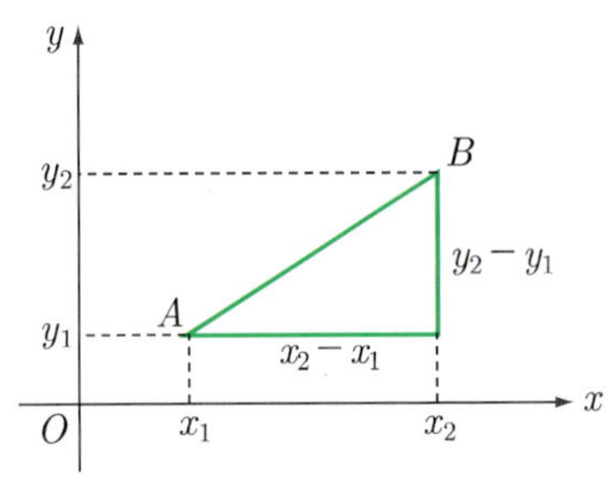

예제 1 중선정리 또는 파포스(Pappos) 정리

삼각형 ABC에서 변 BC의 중점을 M이라 할 때, 다음을 보이시오.

$$\overline{AB}^2 + \overline{AC}^2 = 2(\overline{AM}^2 + \overline{BM}^2)$$

풀이 ·····

직선 BC를 x축, $\overline{BC}$의 수직이등분선을 y축으로 잡고 꼭짓점의 좌표를 각각

$$A(a,\ b),\ B(-c,\ 0),\ C(c,\ 0)$$

으로 놓으면

$$\begin{aligned}\overline{AB}^2 + \overline{AC}^2 &= (a+c)^2 + b^2 + (a-c)^2 + b^2 \\ &= 2(a^2 + b^2 + c^2)\end{aligned}$$

한편 $\overline{AM}^2 = a^2 + b^2$, $\overline{BM}^2 = c^2$

따라서 $\overline{AB}^2 + \overline{AC}^2 = 2(\overline{AM}^2 + \overline{BM}^2)$

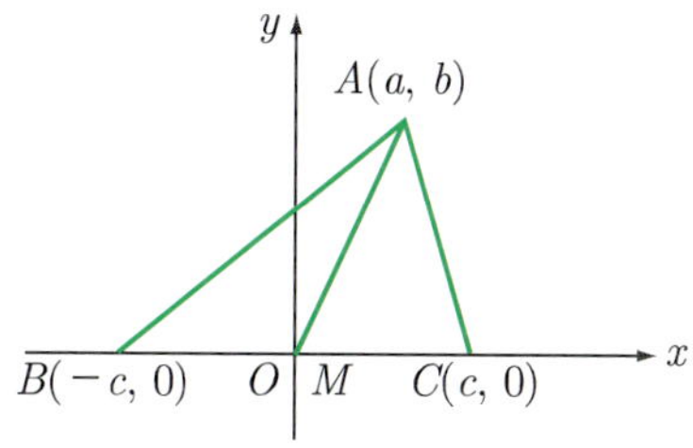

예제 2 세 점 $A(5,\ 2)$, $B(1,\ -1)$, $C(1,\ 4)$로부터 같은 거리에 있는 점의 좌표를 구하시오.

풀이 1 ····

구하는 점의 좌표를 $P(x,\ y)$라 하면

$$\overline{PA} = \overline{PB} = \overline{PC}$$

$\overline{PA}^2 = \overline{PB}^2$에서

$$(x-5)^2 + (y-2)^2 = (x-1)^2 + (y+1)^2$$
$$\therefore\ 8x + 6y = 27 \quad \cdots\ ①$$

$\overline{PB}^2 = \overline{PC}^2$에서

$$(x-1)^2 + (y+1)^2 = (x-1)^2 + (y-4)^2$$
$$10y = 15 \quad \therefore\ y = \frac{3}{2}$$

①에 의해 $x = \dfrac{9}{4}$

$$\therefore\ P\left(\frac{9}{4},\ \frac{3}{2}\right)$$

풀이 2 ····

구하는 점이 삼각형 ABC의 외심이므로 외심의 성질에 의해 선분 AB, BC의 수직 이등분선의 교점을 구하면 된다.

$\overline{AB}$의 수직이등분선은 중점 $\left(3,\ \frac{1}{2}\right)$을 지나고 기울기가 $-\frac{4}{3}$이므로 식은

$$y-\frac{1}{2}=-\frac{4}{3}(x-3)$$

$\overline{BC}$의 수직이등분선의 식은 $y=\frac{3}{2}$

따라서 두 수직이등분선의 교점은 $\left(\frac{9}{4},\ \frac{3}{2}\right)$ ·····◀

선분 AB 위의 점 P에 대하여

$$\overline{AP}:\overline{PB}=m:n\ (m,\ n>0)$$

일 때, 점 P는 선분 AB를 $m:n$으로 내분한다고 하고, 점 P를 내분점이라 한다.

두 점 $A(x_1,\ y_1)$, $B(x_2,\ y_2)$에 대하여 $\overline{AB}$를 $m:n(m,\ n>0)$으로 내분하는 점 P의 좌표는

$$P\left(\frac{mx_2+nx_1}{m+n},\ \frac{my_2+ny_1}{m+n}\right)$$

특히 선분 AB의 중점 M의 좌표는

$$M\left(\frac{x_1+x_2}{2},\ \frac{y_1+y_2}{2}\right)$$

선분 AB의 연장선 위의 점 Q에 대하여

$$\overline{AQ}:\overline{QB}=m:n\ \ (m,\ n>0)$$

일 때, 점 Q는 선분 AB를 $m:n$으로 외분한다고 하고, 점 Q를 외분점이라 한다.

두 점 $A(x_1,\ y_1)$, $B(x_2,\ y_2)$에 대하여 $\overline{AB}$를 $m:n(m,\ n>0)$으로 외분하는 점 Q의 좌표는

$$Q\left(\frac{mx_2-nx_1}{m-n},\ \frac{my_2-ny_1}{m-n}\right)$$

참고 $\overline{AB}$를 $2:1$로 외분하는 점이 P이면 $\overline{AP}$의 중점이 B이다.

예제 3 점 $(1,\ 2)$와 점 $(x,\ y)$가 점 $(-1,\ 4)$에 대하여 대칭이 되도록 $(x,\ y)$를 구하시오.

풀이 ·····

점 $(-1,\ 4)$가 점 $(1,\ 2)$와 점 $(x,\ y)$의 중점이므로

$$\left(\frac{1+x}{2},\ \frac{2+y}{2}\right)=(-1,\ 4)$$

이다. 따라서 $x=-3,\ y=6$, 즉 $(x,\ y)=(-3,\ 6)$ ·····◀

예제 4 세 점 $A(x_1,\ y_1)$, $B(x_2,\ y_2)$, $C(x_3,\ y_3)$을 꼭짓점으로 하는 삼각형 ABC의 무게중심 G의 좌표는

$$\left(\frac{x_1+x_2+x_3}{3},\ \frac{y_1+y_2+y_3}{3}\right)$$

임을 보이시오.

풀이 ·····

변 BC의 중점을 M이라 하면

$$M\left(\frac{x_2+x_3}{2},\ \frac{y_2+y_3}{2}\right)$$

무게중심 G는 선분 AM를 $2:1$로 내분하는 점이므로 $G(x,\ y)$의 좌표는

$$x=\frac{2\cdot\dfrac{x_2+x_3}{2}+x_1}{2+1}=\frac{x_1+x_2+x_3}{3}$$

$$y=\frac{2\cdot\dfrac{y_2+y_3}{2}+y_1}{2+1}=\frac{y_1+y_2+y_3}{3}$$

따라서 $G\left(\dfrac{x_1+x_2+x_3}{3},\ \dfrac{y_1+y_2+y_3}{3}\right)$ ·····◀

예제 5 정삼각형 ABC의 한 꼭짓점이 $(2,\ 2)$이고 무게중심이 원점일 때, 이 정삼각형의 한 변의 길이를 구하시오.

풀이 ·····

$A(2,\ 2)$로 놓고 변 BC의 중점을 $M(x,\ y)$라 하면 원점 O는 $\overline{AM}$을 $2:1$로 내분하므로 $\left(\dfrac{2x+2}{3},\ \dfrac{2y+2}{3}\right)=(0,\ 0)\quad \therefore\ (x,\ y)=(-1,\ -1)$

$$\therefore\ \overline{AM}=\sqrt{(2+1)^2+(2+1)^2}=3\sqrt{2}$$

따라서 구하는 답은 $\dfrac{2}{\sqrt{3}}\cdot\overline{AM}=\dfrac{2}{\sqrt{3}}\cdot 3\sqrt{2}=2\sqrt{6}$ ·····◀

예제 6 꼭짓점이 $A(-1,\ 0)$, $B(0,\ 4)$, $C(1,\ -1)$인 삼각형 ABC의 넓이를 구하시오.

풀이 1 ····

$D(-1,\ -1)$, $E(-1,\ 4)$, $F(1,\ 4)$라 할 때, 직사각형 $CDEF$의 넓이는 $2\times 5=10$ 삼각형 ABC의 넓이는 직사각형 $CDEF$의 넓이에서 삼각형 ADC의 넓이, 삼각형 AEB의 넓이, 삼각형 BFC의 넓이를 뺀 것이므로 구하는 답은

$$10-1-2-\frac{5}{2}=\frac{9}{2}$$

풀이 2 ····

원점을 O라 할 때, 삼각형 ABC의 넓이는 삼각형 AOB의 넓이, 삼각형 BOC의 넓이, 삼각형 COA의 넓이를 더한 것이므로 구하는 답은

$$2+2+\frac{1}{2}=\frac{9}{2}$$

풀이 3 ····

먼저 선분 BC의 길이는 $\sqrt{(0-1)^2+(4+1)^2}=\sqrt{26}$

직선 BC의 식은 $y=-5x+4$, 즉 $5x+y-4=0$

이제 $A(-1,\ 0)$에서 직선 BC까지의 거리는 $\dfrac{|-5+0-4|}{\sqrt{5^2+1^2}}=\dfrac{9}{\sqrt{26}}$

따라서 삼각형 ABC의 넓이는 $\dfrac{1}{2}\cdot\sqrt{26}\cdot\dfrac{9}{\sqrt{26}}=\dfrac{9}{2}$ ·····◀

4.2 직선의 방정식

두 점 (x_1, y_1), (x_2, y_2)를 지나는 수직이 아닌 직선의 기울기(slope) m은

$$m = \frac{y_2 - y_1}{x_2 - x_1}$$

이다. 수직인 직선의 기울기는 정의하지 않으며 수평인 직선의 기울기는 $m = 0$이다.

기울기가 m이고 점 (x_1, y_1)을 지나는 직선의 방정식을 구하여 보자. 직선 위의 임의의 좌표를 (x, y)라 하면

$$\frac{y - y_1}{x - x_1} = m$$

이므로

$$y - y_1 = m(x - x_1)$$

한 점과 기울기가 주어진 직선의 방정식
점 (x_1, y_1)을 지나고 기울기가 m인 직선의 방정식은

$$y - y_1 = m(x - x_1)$$

기울기가 m이고 y절편이 b인 직선의 방정식을 구하여 보자. y절편이 b라는 것은 점 $(0, b)$를 지나는 것이므로 기울기가 m이고 점 $(0, b)$를 지나는 직선의 방정식을 구하면

$$y - b = m(x - 0), \quad 즉 \quad y = mx + b$$

기울기와 y절편이 주어진 직선의 방정식
기울기가 m이고 y절편이 b인 직선의 방정식은

$$y = mx + b$$

두 점 $A(x_1,\ y_1)$, $B(x_2,\ y_2)$를 지나는 직선의 방정식을 구하여 보자.

$x_1 \neq x_2$일 때, 직선 AB의 기울기는

$$m = \frac{y_2 - y_1}{x_2 - x_1}$$

따라서 직선 AB의 방정식은 다음과 같다.

$$y - y_1 = \frac{y_2 - y_1}{x_2 - x_1}(x - x_1)$$

한편 $x_1 = x_2$일 때, 직선 AB는 y축에 평행하므로 그 방정식은 다음과 같다.

$$x = x_1$$

두 점을 지나는 직선의 방정식

두 점 $(x_1,\ y_1)$, $(x_2,\ y_2)$를 지나는 직선의 방정식은

$x_1 \neq x_2$일 때, $y - y_1 = \dfrac{y_2 - y_1}{x_2 - x_1}(x - x_1)$

$x_1 = x_2$일 때, $x = x_1$

x절편이 a이고 y절편이 b인 직선의 방정식을 구하여 보자. x절편이 a라는 것은 점 $(a,\ 0)$를 지나는 것이고 y절편이 b라는 것은 점 $(0,\ b)$를 지나는 것이므로, 두 점 $(a,\ 0)$, $(0,\ b)$를 지나는 직선의 방정식을 구하면 (단, $a \neq 0,\ b \neq 0$)

$$y - 0 = \frac{b - 0}{0 - a}(x - a), \quad \text{즉} \quad \frac{x}{a} + \frac{y}{b} = 1$$

x절편과 y절편이 주어진 직선의 방정식

x절편이 a이고 y절편이 b인 직선의 방정식은

$$\frac{x}{a} + \frac{y}{b} = 1$$

일차방정식 $ax+by+c=0$의 그래프에 대하여 알아보자.

a, b, c가 실수이고 a, b 중 적어도 하나가 0이 아닐 때

$$ax+by+c=0 \quad \cdots \text{①}$$

의 꼴로 변형되는 방정식을 x, y에 대한 일차방정식이라 하고, ①의 해 (x, y)를 좌표로 하는 점 전체의 집합을 일차방정식 ①의 그래프라고 한다.

일차방정식 ①의 그래프를 다음 세 가지 경우로 나누어 생각할 수 있다.

(1) $a\neq 0$, $b\neq 0$인 경우, $ax+by+c=0$은

$$y=-\frac{a}{b}x-\frac{c}{b}$$

꼴의 일차함수로 변형되므로 ①의 그래프는 어느 좌표축에도 평행이 아닌 직선이다.

(2) $a\neq 0$, $b=0$인 경우, $ax+by+c=0$은

$$ax+c=0, \quad \text{즉} \quad x=-\frac{c}{a}$$

로 변형되므로 ①의 그래프는 y축에 평행한 직선이다.

(3) $a=0$, $b\neq 0$인 경우, $ax+by+c=0$은

$$by+c=0, \quad \text{즉} \quad y=-\frac{c}{b}$$

로 변형되므로 ①의 그래프는 x축에 평행한 직선이다.

(1), (2), (3)에 의해 다음을 알 수 있다.

일차방정식의 그래프

x, y에 대한 일차방정식 $ax+by+c=0$의 그래프는 직선이다.

예제 1 네 점 $O(0, 0)$, $A(0, 4)$, $B(2, 0)$, $C(0, 1)$이 있다. 점 C를 지나고 삼각형 OAB의 넓이를 이등분하는 직선의 방정식을 구하시오.

풀이 ·····

점 $C(0,\ 1)$을 지나는 직선의 방정식을 $y=mx+1$로 놓자.

두 점 $A(0,\ 4)$, $B(2,\ 0)$을 잇는 직선의 방정식은

$$\frac{x}{2}+\frac{y}{4}=1, \quad 즉 \quad y=-2x+4$$

두 직선의 교점을 D라 할 때 D의 x좌표는 $mx+1=-2x+4$에서 $x=\frac{3}{m+2}$ 문제의 조건으로부터 $\triangle ACD=\frac{1}{2}\triangle AOB$, 즉 $\frac{1}{2}(4-1)\cdot\frac{3}{m+2}=\frac{1}{2}\cdot\frac{1}{2}\cdot4\cdot2$이므로 $\frac{9}{m+2}=4 \quad \therefore m=\frac{1}{4}$

따라서 구하는 직선의 방정식은 $y=\frac{1}{4}x+1$ ·····◀

예제 2 두 직선 $4x-3y+2=0$, $2x+y-4=0$의 교점과 점 $(2,\ 3)$을 지나는 직선의 방정식을 구하시오.

풀이 1 ····

두 직선 $4x-3y+2=0$, $2x+y-4=0$의 교점을 구하면 교점은 $(1,\ 2)$. 두 점 $(1,\ 2)$, $(2,\ 3)$을 지나는 직선의 방정식은

$$y-2=\frac{3-2}{2-1}(x-1), \quad 즉 \quad x-y+1=0$$

풀이 2 ····

두 직선 $4x-3y+2=0$, $2x+y-4=0$의 교점을 지나는 직선의 방정식은

$$4x-3y+2+k(2x+y-4)=0 \ (단,\ k는\ 상수)$$

그런데 이 직선이 점 $(2,\ 3)$을 지나므로 $1+3k=0$, 즉 $k=-\frac{1}{3}$

따라서 구하는 직선의 방정식은 $x-y+1=0$ ·····◀

예제 3 평면 위에 서로 다른 세 점 $A(1,\ k)$, $B(k,\ k-2)$, $C(-k+1,\ k+4)$가 동일 직선 위에 있을 때, 상수 k의 값을 구하시오.

풀이 ·····

$k=1$일 때, $A(1,\ 1)$, $B(1,\ -1)$, $C(0,\ 5)$이므로 주어진 세 점을 지나는 직선

은 없다.

$k \neq 1$일 때, 두 점 A, B를 지나는 직선의 방정식은

$$y-k=\frac{(k-2)-k}{k-1}(x-1), \quad \text{즉} \quad y-k=\frac{-2}{k-1}(x-1)$$

이 직선 위에 점 $C(-k+1,\ k+4)$가 있으므로 대입하면

$$k+4-k=\frac{-2}{k-1}(-k+1-1), \quad \text{즉} \quad 4(k-1)=2k$$

따라서 $k=2$ ······◀

4.3 두 직선의 위치 관계

평면 위의 두 직선은 평행하거나 일치하거나 한 점에서 만난다. 이 절에서는 두 직선의 여러 위치 관계에 대하여 알아보자.

두 직선이 평행한 경우, 다음은 자명하다.

정리 1 두 직선이 평행하기 위한 필요충분조건은 두 직선의 기울기가 같거나 두 직선이 모두 x축에 수직인 것이다.

두 직선이 수직인 경우, 두 직선의 교점을 원점으로 이동하여 생각해 보자. 두 직선 $y=m_1x$와 $y=m_2x$가 서로 수직이라 하자.

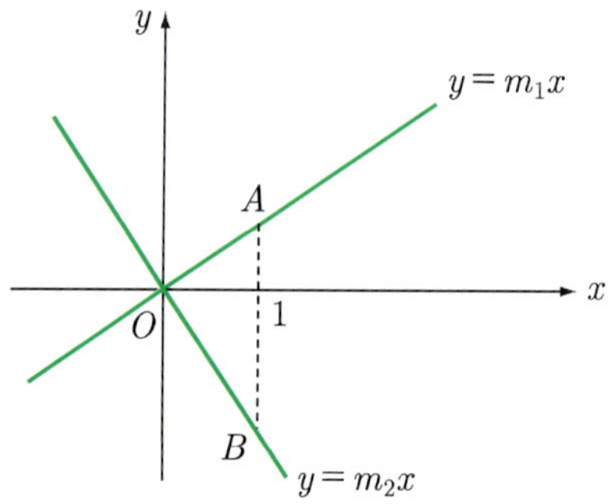

위의 그림과 같이 두 직선 위의 점 $A(1,\ m_1)$, $B(1,\ m_2)$를 택하면, 삼각형 OAB는 직각삼각형이므로 피타고라스 정리에 의하여

$$\overline{OA}^2+\overline{OB}^2=\overline{AB}^2$$

이다. 즉,

$$(1+m_1^2)+(1+m_2^2)=(m_1-m_2)^2$$

이므로 양변을 정리하면

$$m_1 m_2 = -1$$

이다. 따라서 다음 정리를 얻는다.

정리 2

기울기가 각각 m_1, m_2인 두 직선이 수직이기 위한 필요충분조건은

$$m_1 m_2 = -1$$

이다. 또 x축에 평행한 직선과 y축에 평행한 직선은 서로 수직이다.

예제 1 두 점 $(1,\ 2)$, $(2,\ -5)$를 지나는 직선과 수직이며 점 $(7,\ 2)$를 지나는 직선의 방정식을 구하시오.

풀이 ·····

주어진 두 점을 지나는 직선의 기울기는

$$m = \frac{-5-2}{2-1} = -7$$

이므로 구하는 직선의 기울기는 $\frac{1}{7}$이다. 따라서 구하는 직선의 방정식은

$$y-2 = \frac{1}{7}(x-7)$$

이므로 정리하면

$$y = \frac{1}{7}x + 1$$

·····◀

한 점 $P(x_0,\ y_0)$에서 직선 l : $ax+by+c=0$에 이르는 거리를 구하여 보자.

점 $P(x_0,\ y_0)$가 직선 l : $ax+by+c=0$ 위에 있지 않은 점이라 하고 점 P에서 직선 l에 내린 수선의 발을 $Q(x_1,\ y_1)$이라 하자.

직선 l의 기울기가 $-\frac{a}{b}$이므로 직선 PQ의 기울기는 $\frac{b}{a}$이다. 따라서

$$\frac{y_1 - y_0}{x_1 - x_0} = \frac{b}{a} \quad \cdots ①$$

점 Q는 직선 l 위에 있으므로

$$ax_1 + by_1 + c = 0 \quad \cdots ②$$

①, ②를 연립하여 풀면

$$x_1 = \frac{b^2 x_0 - aby_0 - ac}{a^2 + b^2}, \qquad y_1 = \frac{-abx_0 + a^2 y_0 - bc}{a^2 + b^2}$$

점 P에서 직선 l까지의 거리 d는 선분 PQ의 길이와 같으므로

$$\begin{aligned} d &= \sqrt{(x_1 - x_0)^2 + (y_1 - y_0)^2} \\ &= \sqrt{\left(\frac{b^2 x_0 - aby_0 - ac}{a^2 + b^2} - x_0\right)^2 + \left(\frac{-abx_0 + a^2 y_0 - bc}{a^2 + b^2} - y_0\right)^2} \\ &= \sqrt{\frac{(-a^2 x_0 - aby_0 - ac)^2 + (-abx_0 - b^2 y_0 - bc)^2}{(a^2 + b^2)^2}} \\ &= \sqrt{\frac{(a^2 + b^2)(ax_0 + by_0 + c)^2}{(a^2 + b^2)^2}} \\ &= \frac{|ax_0 + by_0 + c|}{\sqrt{a^2 + b^2}} \end{aligned}$$

따라서 다음 정리를 얻는다.

정리 3

점 $(x_0,\ y_0)$와 직선 $ax + by + c = 0$ 사이의 거리 d는 다음과 같다.

$$d = \frac{|ax_0 + by_0 + c|}{\sqrt{a^2 + b^2}}$$

예제 2 평행한 두 직선 $x - 2y + 2 = 0$, $x - 2y - 4 = 0$ 사이의 거리를 구하시오.

풀이 ·····

두 직선이 평행하므로 두 직선 사이의 거리는 직선 $x - 2y + 2 = 0$ 위의 한 점

$(0,\ 1)$에서 다른 직선 $x-2y-4=0$까지의 거리와 같다.

따라서 구하는 거리는

$$d=\frac{|0-2\cdot 1-4|}{\sqrt{1+(-2)^2}}=\frac{6}{\sqrt{5}}.$$ ◀

예제 3 $\triangle ABC$의 각 꼭짓점에서 대변 또는 그 연장선에 내린 세 수선은 한 점에서 만남을 보이시오.

증명

직선 BC를 x축, 꼭짓점 A를 y축 위의 점으로 잡고 세 꼭짓점을 $A(0,\ a)$, $B(b,\ 0)$, $C(c,\ 0)$이라 하자. 또 점 C에서 직선 AB에 내린 수선의 발을 M이라 하고 점 B에서 직선 AC에 내린 수선의 발을 N이라 하자.

(i) $b\neq 0$이고 $c\neq 0$일 때,

직선 AB의 기울기는 $-\frac{a}{b}$이므로 직선 CM의 방정식은

$$y=\frac{b}{a}(x-c),\quad 즉\quad y=\frac{b}{a}x-\frac{bc}{a}$$

같은 방법으로 직선 BN의 방정식은

$$y=\frac{c}{a}(x-b),\quad 즉\quad y=\frac{c}{a}x-\frac{bc}{a}$$

이 두 직선의 y절편은 모두 $-\frac{bc}{a}$이므로 세 수선은 y축 위의 한 점 $\left(0,\ -\frac{bc}{a}\right)$에서 만난다.

(ii) $b=0$ 또는 $c=0$일 때,

$\triangle ABC$는 직각삼각형이므로 세 수선은 원점 O에서 만난다.

따라서 (i), (ii)에 의하여 $\triangle ABC$의 세 수선은 한 점에서 만난다. ◀

4.4 원과 타원의 방정식

평면에서 한 점으로부터 같은 거리에 있는 점들의 집합을 원(circle)이라 한다.

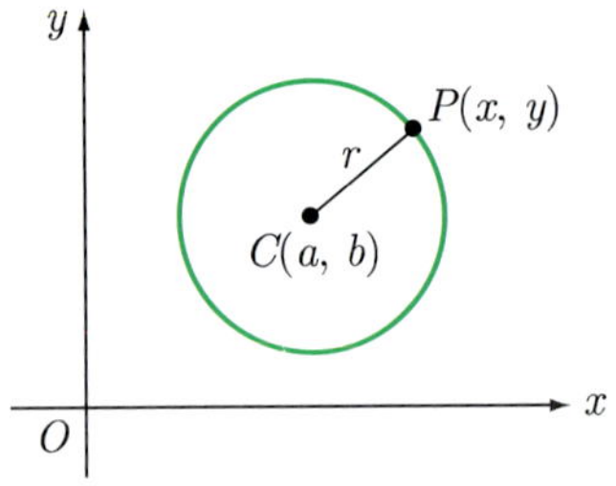

중심이 $C(a,\ b)$이고 반지름의 길이가 r인 원 위의 점 $P(x,\ y)$에 대하여

$$\overline{CP} = r$$

이므로

$$\sqrt{(x-a)^2+(y-b)^2} = r$$

양변을 제곱하면

$$(x-a)^2+(y-b)^2 = r^2$$

역으로, $(x-a)^2+(y-b)^2 = r^2$을 만족하는 점 $P(x,\ y)$는 중심이 $C(a,\ b)$이고 반지름의 길이가 r인 원 위에 있다.

원의 방정식

중심이 $C(a,\ b)$이고 반지름의 길이가 r인 원의 방정식은

$$(x-a)^2+(y-b)^2 = r^2$$

특히, 중심이 원점이고 반지름의 길이가 r인 원의 방정식은

$$x^2+y^2 = r^2$$

예제 1 두 점 $A(-1,\ 3)$, $B(5,\ -1)$를 지름의 양 끝점으로 하는 원의 방정식을 구하시오.

풀이 ·····

선분 AB의 중점을 $C(a,\ b)$라고 하면

$$a = \frac{-1+5}{2} = 2, \qquad b = \frac{3+(-1)}{2} = 1$$

따라서 원의 중심의 좌표는 $(2,\ 1)$이고, 반지름의 길이는

$$\overline{AC} = \sqrt{(2+1)^2 + (1-3)^2} = \sqrt{13}$$

이므로 구하는 원의 방정식은

$$(x-2)^2 + (y-1)^2 = 13$$

·····◀

원의 방정식 $(x-a)^2 + (y-b)^2 = r^2$의 좌변을 전개하여 정리하면

$$x^2 + y^2 - 2ax - 2by + a^2 + b^2 - r^2 = 0$$

이 되므로 원의 방정식은 다음과 같은 꼴로 나타낼 수 있다.

$$x^2 + y^2 + Ax + By + C = 0 \quad \cdots \text{①}$$

이 식의 특징은 x, y에 관한 이차방정식이며, x^2의 계수와 y^2의 계수가 같고 xy의 항이 없다.

역으로, ①을 변형하면

$$\left(x + \frac{A}{2}\right)^2 + \left(y + \frac{B}{2}\right)^2 = \frac{A^2 + B^2 - 4C}{4}$$

이므로 $A^2 + B^2 - 4C > 0$이면 방정식 ①은

중심 : $\left(-\frac{A}{2},\ -\frac{B}{2}\right)$

반지름의 길이 : $\frac{\sqrt{A^2 + B^2 - 4C}}{2}$

인 원을 나타낸다.

예제 2 다음 세 점을 지나는 원의 방정식을 구하시오.

$$P(1,\ 5),\ Q(-2,\ -4),\ R(5,\ 3)$$

풀이 1 ····

구하는 원의 방정식을

$$x^2+y^2+Ax+By+C=0$$

으로 놓자.

세 점 P, Q, R가 이 원 위에 있으므로

$$\begin{cases} 26+A+5B+C=0 \\ 20-2A-4B+C=0 \\ 34+5A+3B+C=0 \end{cases}$$

이것을 풀면

$$A=-2,\ B=0,\ C=-24$$

따라서 구하는 원의 방정식은

$$x^2+y^2-2x-24=0$$

풀이 2 ····

$\overline{PQ}$의 수직이등분선과 $\overline{PR}$의 수직이등분선의 교점 C가 원의 중심이다.

$\overline{PQ}$의 수직이등분선 l은 기울기가 $-\dfrac{1}{3}$이고 점 $\left(-\dfrac{1}{2},\ \dfrac{1}{2}\right)$을 지나므로 l의 방정식은

$$x+3y=1 \quad \cdots \text{①}$$

$\overline{PR}$의 수직이등분선 m은 기울기가 2이고 점 $(3,\ 4)$를 지나므로 m의 방정식은

$$2x-y=2 \quad \cdots \text{②}$$

①, ②를 연립하여 풀면

$$x=1,\ y=0 \quad \therefore\ C(1,\ 0)$$

한편, 반지름의 길이는 $\overline{PC}=5$이므로 구하는 원의 방정식은

$$(x-1)^2+y^2=25$$
$$\therefore\ x^2+y^2-2x-24=0$$
……◀

예제 3 원 $x^2+y^2=1$과 직선 $y=kx-2$가 서로 다른 두 점에서 만나도록 k의 값의 범위를 구하시오.

풀이 ……

$y=kx-2$를 $x^2+y^2=1$에 대입하면

$$x^2+(kx-2)^2=1$$
$$(1+k^2)x^2-4kx+3=0$$

이고 $\frac{D}{4}=4k^2-3(1+k^2)>0$이므로 $k^2-3>0$

$$\therefore\ k<-\sqrt{3}\ \text{ 또는 }\ k>\sqrt{3}$$
……◀

이제 원 $x^2+y^2=r^2$에 접하고 기울기가 m인 직선의 방정식을 구하여 보자.
구하는 접선의 방정식을

$$y=mx+n$$

이라 하고 이것을 원 $x^2+y^2=r^2$에 대입하면

$$x^2+(mx+n)^2=r^2,\quad \text{즉}\quad (m^2+1)x^2+2mnx+n^2-r^2=0$$

직선 $y=mx+n$이 원 $x^2+y^2=r^2$에 접하므로

$$\frac{D}{4}=m^2n^2-(m^2+1)(n^2-r^2)=r^2(m^2+1)-n^2=0$$

그러므로 $n^2=r^2(m^2+1)$에서

$$n=\pm r\sqrt{m^2+1}$$

따라서 구하는 접선의 방정식은

$$y=mx\pm r\sqrt{m^2+1}$$

기울기가 m인 원의 접선

원 $x^2+y^2=r^2$에 접하고 기울기가 m인 직선의 방정식은

$$y=mx\pm r\sqrt{m^2+1}$$

원 $x^2+y^2=r^2$ 위의 점 $P(x_1,\ y_1)$에서의 접선의 방정식을 구하여 보자.

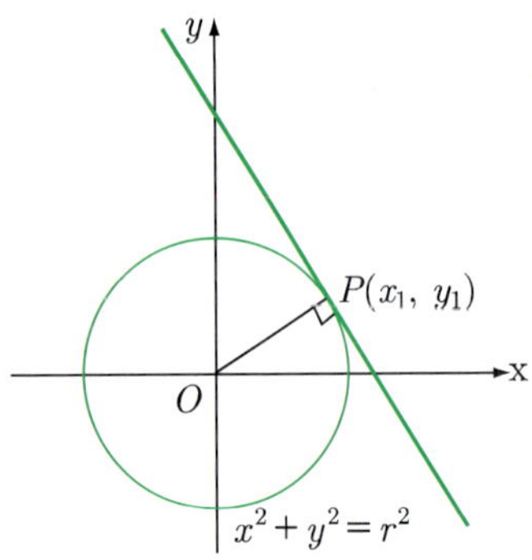

$x_1y_1\neq 0$이면 직선 OP의 기울기는 $\dfrac{y_1}{x_1}$이고, 점 P를 지나는 접선은 직선 OP에 수직이므로 접선의 기울기는 $-\dfrac{x_1}{y_1}$이다. 그러므로 접선의 방정식은

$$y-y_1=-\frac{x_1}{y_1}(x-x_1)$$

이것을 정리하면 $x_1x+y_1y=x_1^2+y_1^2$

그런데 $P(x_1,\ y_1)$은 원 위의 점이므로 $x_1^2+y_1^2=r^2$

따라서 구하는 접선의 방정식은 $x_1x+y_1y=r^2$이다.

$x_1=0$ 또는 $y_1=0$이면 점 P가 좌표축 위에 있으므로 접선의 방성식은 $y=y_1$ 또는 $x=x_1$이다. 이것은 $x_1x+y_1y=r^2$을 성립시킨다.

접점이 주어진 원의 접선

원 $x^2+y^2=r^2$ 위의 점 $(x_1,\ y_1)$에서의 접선의 방정식은

$$x_1x+y_1y=r^2$$

예제 4 점 (1, 3)에서 원 $x^2+y^2=5$에 그은 접선의 방정식을 구하시오.

풀이 ·····

접점을 $(x_1,\ y_1)$이라 하면 구하는 접선의 방정식은

$$x_1x+y_1y=5 \quad \cdots \text{①}$$

점 (1, 3)은 직선 ① 위의 점이므로

$$x_1+3y_1=5 \quad \cdots \text{②}$$

또 점 $(x_1,\ y_1)$은 원 $x^2+y^2=5$ 위의 점이므로

$$x_1^2+y_1^2=5 \quad \cdots \text{③}$$

②와 ③을 연립하여 풀면

$$\begin{cases} x_1=2 \\ y_1=1 \end{cases} \quad \text{또는} \quad \begin{cases} x_1=-1 \\ y_1=2 \end{cases}$$

$x_1=2,\ y_1=1$을 ①에 대입하면 $2x+y=5$

$x_1=-1,\ y_1=2$를 ①에 대입하면 $-x+2y=5$

따라서 구하는 방정식은 $2x+y=5$ 또는 $-x+2y=5$ ·····◀

예제 5 좌표평면에서 원 $x^2+y^2-8y-9=0$ 위를 움직이는 점 P와 직선 $3x-4y-24=0$ 위를 움직이는 점 Q가 있다. 선분 PQ의 길이의 최솟값을 구하시오.

풀이 ·····

$x^2+y^2-8y-9=0$에서

$$x^2+(y-4)^2=5^2$$

이므로 원의 중심을 C라 하면 $C(0,\ 4)$이고, 반지름의 길이가 5이다.

직선 PQ가 주어진 직선에 수직이고, 점 C를 지날 때, 선분 PQ의 길이는 최소가 된다.

그런데

$$\overline{CQ}=\frac{|3\cdot 0-4\cdot 4-24|}{\sqrt{3^2+(-4)^2}}=8$$

이므로 선분 PQ의 길이의 최솟값은

$$\overline{PQ}=\overline{CQ}-\overline{CP}=8-5=3$$ ◀

예제 6 두 원 $x^2+y^2+4x-6y-96=0$, $x^2+y^2-18x-8y+48=0$의 교점과 원점을 지나는 원의 방정식을 구하시오.

풀이

두 원의 교점을 지나는 원의 방정식은

$$(x^2+y^2+4x-6y-96)+m(x^2+y^2-18x-8y+48)=0$$

으로 놓을 수 있고, 이 원이 점 $(0,\ 0)$을 지나므로

$$-96+48m=0 \quad \therefore\ m=2$$

대입하고 정리하면

$$3x^2+3y^2-32x-22y=0$$ ◀

평면 위에서 두 개의 점을 고정한 후 두 점을 실로 느슨하게 연결하고 연필 끝으로 실을 당기면서 그리면 어떤 곡선이 그려질지 생각해 보자.

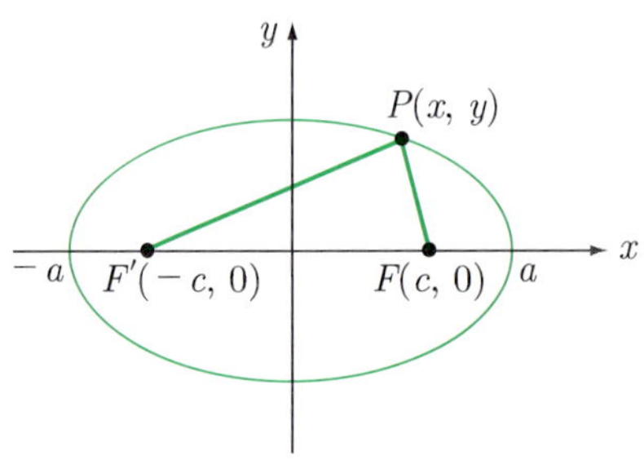

위의 그림과 같이 두 점 $F(c,\ 0)$, $F'(-c,\ 0)$을 고정하고 길이가 $2a$인 실로 연결했다(여기서, $a>c>0$). 실을 당긴 점 $P(x,\ y)$를 이동시킬 때 그려지는 곡선을 타원(ellipse)이라 한다. 즉, 두 점으로부터의 거리의 합이 일정한 점들의 집합이 타원이다.

이제 타원의 방정식을 구해보자. 타원의 정의로부터

$$\overline{PF}+\overline{PF'}=2a$$

이므로

$$\sqrt{(x-c)^2+y^2}+\sqrt{(x+c)^2+y^2}=2a$$
$$\sqrt{(x-c)^2+y^2}=2a-\sqrt{(x+c)^2+y^2}$$

양변을 제곱하여 정리하면

$$(a^2-c^2)x^2+a^2y^2=a^2(a^2-c^2)$$

이다. $a>c$이므로 $a^2-c^2>0$이다. $b^2=a^2-c^2$이라 놓고, 양변을 a^2b^2으로 나누면

$$\frac{x^2}{a^2}+\frac{y^2}{b^2}=1$$

을 얻게 되고 이것이 타원의 방정식이다. 타원의 x절편은 $\pm a$이고 y절편은 $\pm b$임을 쉽게 알 수 있다. 또 F와 F'을 타원의 초점(focus)이라 한다. 타원의 초점을 잇는 직선이 타원과 만나는 점을 각각 A, A'이라 하고, 선분 FF'의 수직이등분선이 타원과 만나는 점을 각각 B, B'이라 할 때, 네 점 A, A', B, B'을 타원의 꼭짓점이라 하고 선분 AA'을 장축, 선분 BB'을 단축이라고 한다. 또 장축과 단축의 교점을 타원의 중심이라고 한다.

특히 $a=b=r$일 때 타원의 방정식 $\frac{x^2}{a^2}+\frac{y^2}{b^2}=1$은 원의 방정식 $x^2+y^2=r^2$이 된다.

예제 7 두 정점 $F(2,\ 0)$, $F'(-2,\ 0)$에서의 거리의 합이 8이 되는 점들의 자취의 방정식을 구하시오.

풀이 ·····

$a=4$이고 $c=2$이므로 $b=2\sqrt{3}$이다. 따라서 구하는 점들의 자취는 타원으로서 그 방정식은 $\frac{x^2}{16}+\frac{y^2}{12}=1$이다.

예제 8 한 변의 길이가 2인 정삼각형의 두 꼭짓점을 두 초점으로 하고 나머지 꼭짓점을 지나는 타원이 있다. 이 타원의 장축의 길이를 l, 단축의 길이를 m라 할 때, l^2+m^2의 값을 구하시오.

풀이 ·····

한 변의 길이가 2인 정삼각형의 꼭짓점을 $A(0,\ \sqrt{3})$, $B(-1,\ 0)$, $C(1,\ 0)$라

하자.

타원의 두 초점을 B, C라 하면 꼭짓점 A에서 두 점 B, C까지의 거리의 합은 4이다.

구하는 타원의 방정식을 $\frac{x^2}{a^2}+\frac{y^2}{b^2}=1\,(a>b>0)$이라 하면 $2a=4$에서 $a=2$

또한 $a^2-b^2=1^2$에서 $b=\sqrt{3}$

이때 장축의 길이 $l=2a=4$이고 단축의 길이 $m=2b=2\sqrt{3}$이므로 구하는 답은

$$l^2+m^2=28$$ ……◀

대학 기초 수학

행렬 | 벡터

| 윤영진 |

KM경문사

CHAPTER 9

벡터

벡터(vector)의 개념은 뉴턴, 갈릴레이 등에 의하여 처음으로 생겨났으며 그 이름은 해밀턴에 의해 붙여졌다. 이러한 벡터는 현대 물리학이나 공학의 여러 분야에서 널리 사용되고 있으며 수학의 많은 부분에서 벡터의 개념을 기초로 하고 있다.

벡터는 크기뿐 아니라 방향을 가지는데 벡터의 시점을 항상 원점으로 생각하면 그 벡터의 종점은 좌표공간의 한 점에 대응된다. 이러한 벡터의 연산은 공간을 이해하는데 핵심적인 역할을 한다.

9.1 벡터의 정의와 연산

어떤 도형을 평행이동시킬 때, 이동한 거리뿐만 아니라 이동한 방향도 생각해야 한다. 일반적으로, 크기뿐만 아니라 방향을 가진 양을 벡터라고 한다. 예를 들면 힘, 속도, 가속도 등은 벡터이다. 이에 대하여 온도, 부피, 질량 등과 같이 크기 만을 가지는 양을 스칼라라고 한다.

벡터는 아래 그림과 같이 점 A에서 점 B까지 화살표를 사용하여 나타내며, 이때 화살표의 방향이 이 벡터의 방향이다.

화살표의 길이, 즉 선분 AB의 길이를 이 벡터의 크기라고 한다. 점 A를 시점으로 하고, 점 B를 종점으로 하는 벡터를 기호로

$$\overrightarrow{AB}$$

로 나타낸다. 두 벡터 $\overrightarrow{AB}$와 $\overrightarrow{CD}$의 시점과 종점은 달라도 그 크기와 방향이 같으면 두 벡터는 같다고 말한다.

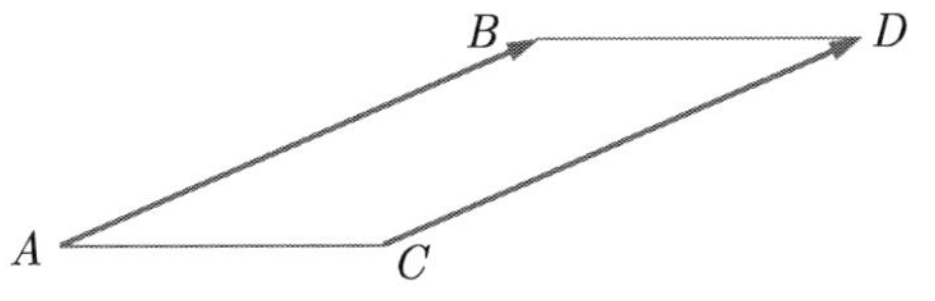

두 벡터 $\overrightarrow{AB}$와 $\overrightarrow{BC}$에 대하여 그 합을 $\overrightarrow{AC}$로 정의하고, 이를

$$\overrightarrow{AB}+\overrightarrow{BC}=\overrightarrow{AC}$$

라 쓴다. 이 정의에서 벡터 $\overrightarrow{AB}$의 종점과 벡터 $\overrightarrow{BC}$의 시점이 일치하는 경우 그 합을 정의하였다. 임의의 두 벡터 $\overrightarrow{AB}$와 $\overrightarrow{DE}$가 주어지더라도 벡터 $\overrightarrow{DE}$를 평행이동하여 점 B와 D가 겹치도록 하면 두 벡터의 합을 정의할 수 있다.

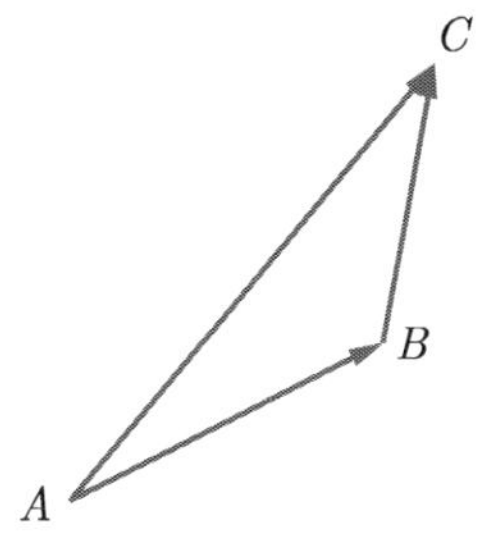

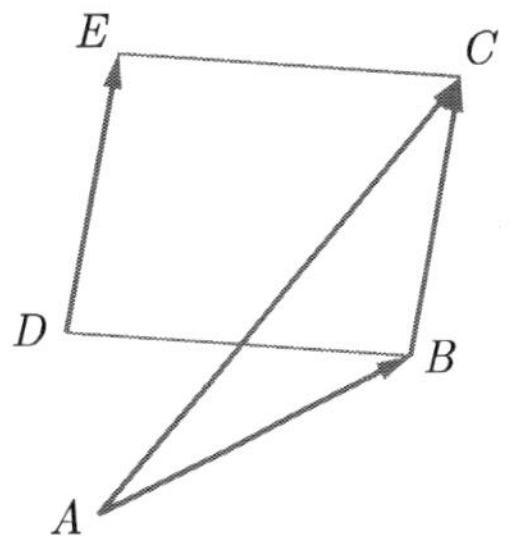

특히 시점이 일치하는 두 벡터 $\overrightarrow{AB}$와 $\overrightarrow{AC}$의 합을 구하려면, 그림과 같이 선분 BC를 대각선으로 하고 A를 한 꼭짓점으로 하는 평행사변형을 그리고 나머지 한 꼭짓점을 D라 두면

$$\overrightarrow{AB}+\overrightarrow{AC}=\overrightarrow{AB}+\overrightarrow{BD}=\overrightarrow{AD}$$

가 된다.

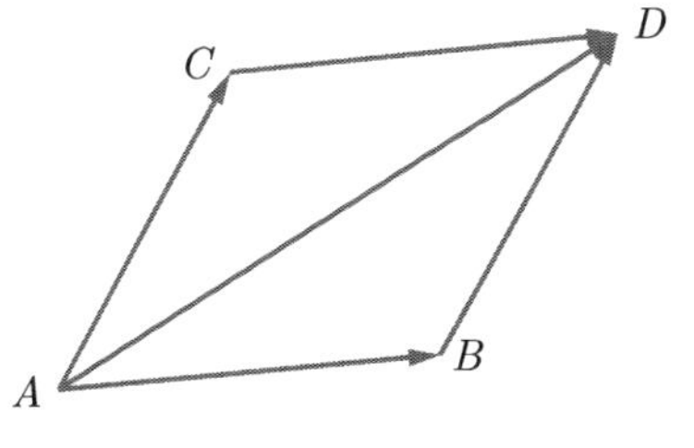

이제부터 좌표가 주어진 좌표평면 혹은 좌표공간에서 생각하는데, 편의상 좌표평면을 생

각하자. 이 경우, 특별한 역할을 하는 원점 $O(0,\ 0)$이 있다. 이 좌표평면 위의 두 점

$$A(a_1,\ a_2),\quad B(b_1,\ b_2)$$

가 주어졌을 때, 벡터 $\overrightarrow{OA}$와 $\overrightarrow{OB}$의 합 $\overrightarrow{OC}$의 종점 C의 좌표는

$$C(a_1+b_1,\ a_2+b_2)$$

로 주어진다.

좌표평면 위의 두 점 $A(a_1,\ a_2)$와 $B(b_1,\ b_2)$를 시점과 종점으로 하는 벡터 $\overrightarrow{AB}$가 주어졌을 때 이를 평행이동시켜서 그 시점이 O가 되도록 하면, 그 종점 D의 좌표는

$$D(b_1-a_1,\ b_2-a_2)$$

로 주어지고, $\overrightarrow{AB}=\overrightarrow{OD}$이다. 이와 같이 모든 벡터는 그 시점이 O가 되도록 할 수 있는데, 이렇게 되면 굳이 시점을 밝힐 필요가 없게 된다.

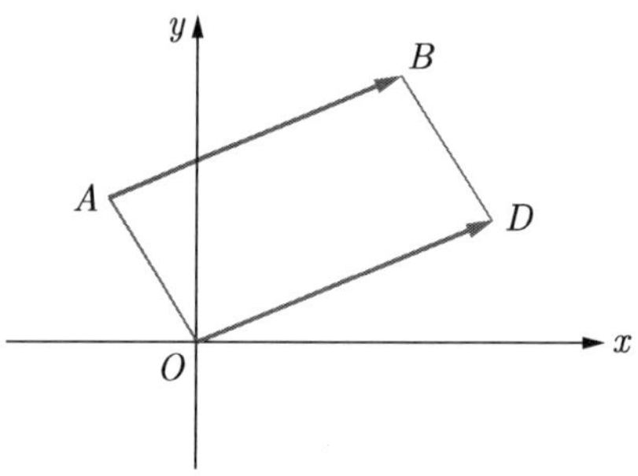

따라서 앞으로 좌표평면의 한 점 A가 주어지면 이를 벡터 $\overrightarrow{OA}$로 이해한다. 이 경우, 위에서 한 이야기를 다시 쓰면

$$(a_1,\ a_2)+(b_1,\ b_2)=(a_1+b_1,\ a_2+b_2)$$

가 된다. 만일 좌표평면의 한 점 $(a,\ b)$와 복소평면의 한 점 $a+bi$를 대응시켜서 생각하면 위 등식은 복소평면에서 두 복소수를 더하는 것과 마찬가지이다.

벡터 $A=\overrightarrow{OA}=(a_1,\ a_2)$의 두 배는 당연히 방향은 그대로이고 그 길이가 두 배로 늘어난 벡터 $A+A=(2a_1,\ 2a_2)$를 의미한다. 일반적으로 스칼라 c가 주어졌을 때, 그 스칼라곱 cA를

$$cA = c\overrightarrow{OA} = (ca_1,\ ca_2)$$

로 정의한다.

이제 자연수 n을 고정하고 실수 n개를 순서대로 늘어놓은

$$(a_1,\ a_2,\ \ldots,\ a_n)$$

을 생각하자. 여기서

$$(a_1,\ a_2,\ \ldots,\ a_n) = (b_1,\ b_2,\ \ldots,\ b_n)$$

일 필요충분조건은

$$a_1 = b_1,\ a_2 = b_2,\ \ldots,\ a_n = b_n$$

인 것으로 이해한다. 이러한 것을 모두 모은 집합을 $\mathbb{R}^n$이라 쓴다. 즉,

$$\mathbb{R}^n = \{(a_1,\ a_2,\ \ldots,\ a_n)\ :\ a_i \in \mathbb{R},\ i = 1,\ 2,\ \ldots,\ n\}$$

이다. 만일 $n=1$이면 $\mathbb{R}^1 = \mathbb{R}$은 직선의 점들을 실수와 일대일대응시키는 실직선이다. 만일 $n=2$이면 $\mathbb{R}^2$는 좌표평면이고, $n=3$이면 $\mathbb{R}^3$는 좌표공간이다. 이제 $\mathbb{R}^2$에 정의된 합과 스칼라곱을 염두에 두고, 집합 $\mathbb{R}^n$에 그 합과 스칼라곱을 정의할 수 있다. 즉, 두 벡터 $A = (a_1,\ a_2,\ \ldots,\ a_n)$, $B = (b_1,\ b_2,\ \ldots,\ b_n)$와 스칼라 c에 대하여

$$A + B = (a_1 + b_1,\ a_2 + b_2,\ \ldots,\ a_n + b_n)$$
$$cA = (ca_1,\ ca_2,\ \ldots,\ ca_n)$$

라 정의한다.

이제 이러한 연산에 대하여 다음이 성립한다.

(1) 임의의 $A,\ B \in \mathbb{R}^n$에 대하여 $A + B = B + A$

(2) 임의의 $A,\ B,\ C \in \mathbb{R}^n$에 대하여 $(A+B)+C = A+(B+C)$

(3) 임의의 $A \in \mathbb{R}^n$에 대하여 $A + O = O + A = A$인 O가 존재한다.

(4) 임의의 $A \in \mathbb{R}^n$에 대하여 $A + (-A) = (-A) + A = O$인 $-A$가 존재한다.

(5) 임의의 $A,\ B \in \mathbb{R}^n$와 스칼라 c에 대하여 $c(A+B) = cA + cB$

(6) 임의의 $A \in \mathbb{R}^n$와 스칼라 c, d에 대하여 $(c+d)A = cA + dA$

(7) 임의의 $A \in \mathbb{R}^n$와 스칼라 c, d에 대하여 $(cd)A = c(dA) = d(cA)$

이와 같이 $\mathbb{R}^n$의 각 원소를 원점을 시점으로 하는 벡터로 이해하고 그 합과 스칼라곱과 같은 연산이 정의되었을 때, 이를 벡터공간이라 한다.

예제 1 $\overrightarrow{AB} + \overrightarrow{BC} + \overrightarrow{CA} = O$임을 보이시오.

풀이 ·····

계산하면

$$\overrightarrow{AB} + \overrightarrow{BC} + \overrightarrow{CA} = (\overrightarrow{AB} + \overrightarrow{BC}) + \overrightarrow{CA} = \overrightarrow{AC} - \overrightarrow{AC} = O$$

이 된다. ·····◀

벡터의 연산은 공간을 이해하는 데에 매우 유용하다. 예를 들어, 세 점 A, B, C가 동일 직선 위에 있기 위한 필요충분조건은

$$\overrightarrow{AC} = k\overrightarrow{AB}$$

인 실수 k가 존재하는 것이다. 이 식을 다음과 같이 표현할 수 있다.

$$\overrightarrow{OC} = (1-k)\overrightarrow{OA} + k\overrightarrow{OB}$$

제4장 도형에서 내분점과 외분점에 대한 개념을 공부했는데 이를 벡터로 표현하면 다음과 같다. 두 점 A, B의 위치벡터를 $\vec{a}$, $\vec{b}$라 하고 선분 AB를 $m:n$으로 내분하는 점을 P, $m:n$으로 외분하는 점을 Q라 할 때 $\overrightarrow{OP}$, $\overrightarrow{OQ}$를 $\vec{a}$, $\vec{b}$로 나타내면 다음과 같다.

$$\overrightarrow{OP} = \frac{m\vec{b} + n\vec{a}}{m+n}, \quad \overrightarrow{OQ} = \frac{m\vec{b} - n\vec{a}}{m-n}$$

예제 2 세 점 A, B, $nA+3B$가 동일 직선 위에 있도록 n의 값을 정하시오.

풀이 ·····

세 점 O, A, B가 동일 직선 위에 있는 경우 $C = nA + 3B$도 같은 직선 위에 있게 된다. 이제 세 점 O, A, B가 동일 직선 위에 있지 않다고 가정하자.

그러면 $C-A=\overrightarrow{AC}=k\overrightarrow{AB}=k(B-A)$에서

$$nA+3B-A=k(B-A)=kB-kA$$

이고, 이를 정리하면

$$(n-1+k)A=(k-3)B$$

를 얻는다. 따라서

$$n-1+k=0, \quad k-3=0$$

임을 알 수 있고 $n=-2$이다. ⋯⋯◀

벡터 $A=\overrightarrow{OA}$의 길이를 $\|A\|$로 표시한다. 만일 $A=(a_1, a_2)$이면

$$\|A\|=\sqrt{a_1^2+a_2^2}$$

으로 주어진다. 영벡터가 아닌 두 벡터 $A=\overrightarrow{OA}$와 $B=\overrightarrow{OB}$에 대하여

$$\angle AOB=\theta \ \ (0 \leq \theta \leq \pi)$$

를 두 벡터 A와 B가 이루는 각이라고 한다. 또한 두 벡터 $A=\overrightarrow{OA}$와 $B=\overrightarrow{OB}$의 내적 $A \cdot B$를

$$A \cdot B=\|A\|\,\|B\|\cos(\angle AOB)$$

로 정의한다. 만일 $A=O$이거나 $B=O$이면 $A \cdot B=0$이다. 정의에 의하여 두 벡터 A와 B가 수직일 필요충분조건, 즉 $\angle AOB=\frac{\pi}{2}$일 필요충분조건은 $A \cdot B=0$이다.

영벡터가 아닌 두 평면벡터

$$A=(a_1, a_2), \quad B=(b_1, b_2)$$

가 이루는 각의 크기를 θ라 하자. 이때, $\triangle OAB$에 대하여 코사인법칙

$$\overline{AB}^2=\overline{OA}^2+\overline{OB}^2-2\overline{OA} \cdot \overline{OB}\cos\theta$$

을 이용하면

$$A \cdot B = \|A\|\,\|B\|\cos\theta = \frac{1}{2}(\|A\|^2 + \|B\|^2 - \|B - A\|^2)$$

이다. 그런데

$$\|A\|^2 = a_1^2 + a_2^2, \quad \|B\|^2 = b_1^2 + b_2^2, \quad \|B - A\|^2 = (b_1 - a_1)^2 + (b_2 - a_2)^2$$

이므로

$$A \cdot B = a_1 b_1 + a_2 b_2$$

임을 알게 된다. 물론 $A = O$이거나 $B = O$인 경우나 $\theta = 0$일 때에도 이 등식은 성립한다.

벡터공간 $\mathbb{R}^n$의 두 벡터 $A = (a_1, a_2, ..., a_n)$, $B = (b_1, b_2, ..., b_n)$의 내적은

$$A \cdot B = a_1 b_1 + a_2 b_2 + \cdots + a_n b_n$$

으로 정의한다. 그러면 내적은 다음 성질을 갖는다.

(1) $A \cdot B = B \cdot A$
(2) $(A + B) \cdot C = A \cdot C + B \cdot C$
(3) $c(A \cdot B) = (cA) \cdot B = A \cdot (cB)$
(4) $A \cdot A \geqq 0$이고, $A \cdot A = 0$일 필요충분조건은 $A = O$이다.

각 벡터 $A = (a_1, a_2, ..., a_n)$에 대하여

$$\|A\| = \sqrt{A \cdot A} = \sqrt{a_1^2 + a_2^2 + \cdots + a_n^2}$$

을 정의할 수 있는데, 이는 벡터 A의 길이를 나타낸다.

임의의 실수 t에 대하여

$$0 \leqq (A + tB) \cdot (A + tB) = A \cdot A + 2t(A \cdot B) + t^2(B \cdot B)$$

따라서 판별식에서

$$(A \cdot B)^2 - (A \cdot A)(B \cdot B) \leqq 0$$

을 얻는다. 그런데 $A \cdot A = \|A\|^2$이므로 다음 부등식을 얻는다.

정리 1

슈바르츠 부등식

다항식 $f(x)$를 일차식 $x-a$로 나누었을 때의 나머지는 $f(a)$이다.

임의의 벡터 A, B에 대하여 다음 부등식이 성립한다.

$$|A \cdot B| \leq \|A\|\|B\|$$

슈바르츠 부등식을 내적의 정의에 의해 다시 쓰면

$$(a_1b_1 + a_2b_2 + \cdots + a_nb_n)^2 \leqq (a_1^2 + a_2^2 + \cdots + a_n^2)(b_1^2 + b_2^2 + \cdots + b_n^2)$$

이다. 슈바르츠 부등식을 이용하면

$$\begin{aligned}\|A+B\|^2 &= (A+B) \cdot (A+B) \\ &= A \cdot A + 2A \cdot B + B \cdot B \\ &\leqq \|A\|^2 + 2\|A\|\|B\| + \|B\|^2 \\ &= (\|A\| + \|B\|)^2\end{aligned}$$

이므로 부등식

$$\|A+B\| \leqq \|A\| + \|B\|$$

을 얻는데, 이를 삼각부등식이라 부른다.

두 벡터 A, B에 대하여(단, $A \neq O$), 벡터 A를 연장하여 얻어지는 직선을 생각하자. 점 B에서 이 직선에 내린 수선의 발을 나타내는 벡터를 $P_A(B)$로 나타내고, 이를 A에 대한 B의 정사영이라고 한다. 이제 $P_A(B)$는 A와 나란한 벡터이므로 이를 tA라 두자. 그러면 이 벡터에서 B까지의 거리 $\|tB-A\|$는 tA가 정사영일 때 최소가 된다. 그런데

$$f(t) = \|tA - B\|^2 = t^2(A \cdot A) - 2t(A \cdot B) + B \cdot B$$

이므로 $t = \dfrac{A \cdot B}{A \cdot A}$일 때 그 값이 최소이다. 따라서

$$P_A(B) = \frac{A \cdot B}{A \cdot A}A$$

임을 알 수 있다.

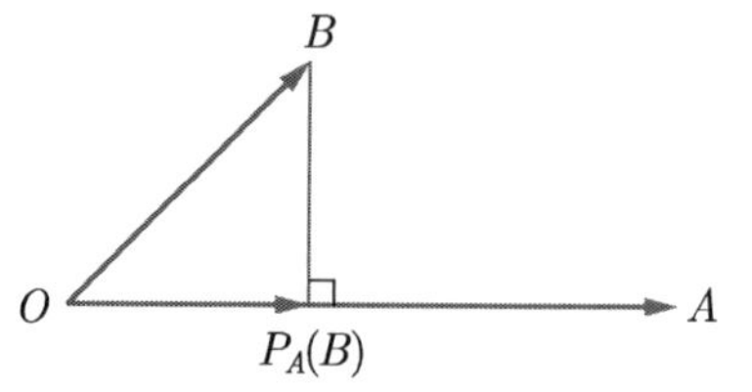

공간에서 영이 아닌 두 벡터 A, B가 이루는 각의 크기를 θ라 두면

$$P_A(B) = (\|B\|\cos\theta)\frac{A}{\|A\|}$$

이므로,

$$\frac{A \cdot B}{\|A\|^2} = \frac{\|B\|\cos\theta}{\|A\|}$$

에서

$$A \cdot B = \|A\|\|B\|\cos\theta$$

를 얻는다.

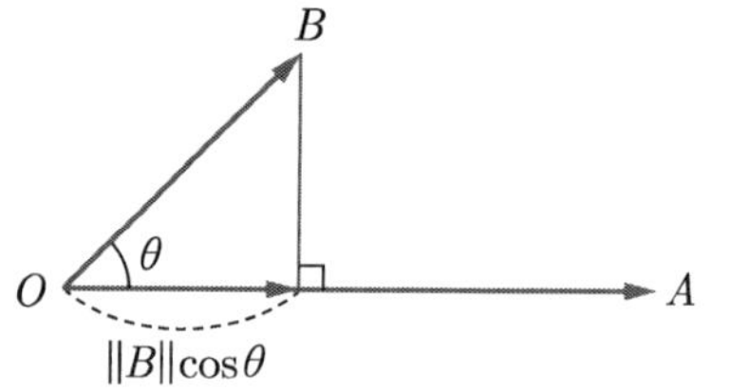

예제 3 영벡터가 아닌 두 평면벡터 $A=(a_1,\ a_2)$, $B=(b_1,\ b_2)$에 대하여 $\triangle OAB$의 넓이를 구하시오.

풀이 1 ……

점 B에서 직선 OA에 내린 수선의 발을 H라 할 때, $\overline{BH} = \dfrac{|a_2b_1 - a_1b_2|}{\sqrt{a_2^2 + a_1^2}}$

그리고 $\overline{OA} = \sqrt{a_1^2 + a_2^2}$ 이므로

$$\triangle OAB = \frac{1}{2}\overline{OA} \cdot \overline{BH} = \frac{1}{2}|a_1b_2 - a_2b_1|$$

풀이 2 ·····

두 벡터 A, B가 이루는 각의 크기를 θ라 두면

$$\triangle OAB = \frac{1}{2}\|A\|\|B\|\sin\theta = \frac{1}{2}\sqrt{\|A\|^2\|B\|^2-(A\cdot B)^2}$$

$$= \frac{1}{2}\sqrt{(a_1^2+a_2^2)(b_1^2+b_2^2)-(a_1b_1+a_2b_2)^2}$$

$$= \frac{1}{2}\sqrt{(a_1b_2-a_2b_1)^2}$$

$$= \frac{1}{2}|a_1b_2-a_2b_1| \qquad \cdots\cdots◀$$

9.2 벡터방정식

벡터 $\overrightarrow{OA}$의 종점 A를 지나고, 벡터 B와 평행한 직선을 L이라 하자(단, $B \neq O$). 직선 L위의 임의의 점 X에 대하여

$$\overrightarrow{OX} = \overrightarrow{OA} + \overrightarrow{AX}$$

이고 $\overrightarrow{AX}$와 B가 평행이므로

$$X - A = \overrightarrow{AX} = tB$$

이다. 여기서, t는 실수이다. 따라서

$$X = A + tB$$

가 되는데, 이를 직선의 벡터방정식이라고 한다.

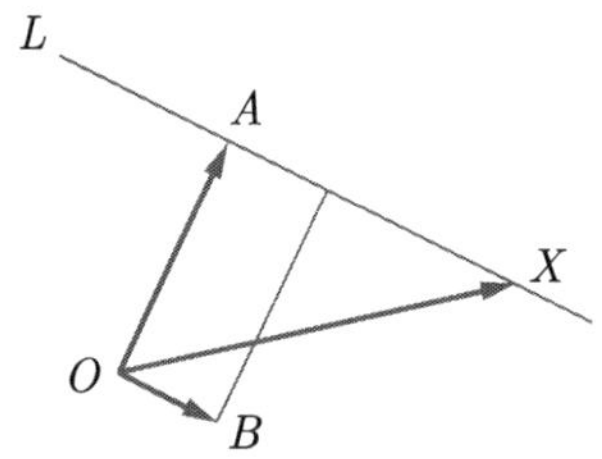

평면에서 점 $A = (x_0,\ y_0)$를 지나고 벡터 $B = (a,\ b)$에 평행한 직선 위의 임의의 점 $X(x,\ y)$는 벡터방정식

$$X = A + tB$$

의 한 점이므로, 이를 다시 쓰면

$$(x,\ y) = (x_0,\ y_0) + t(a,\ b) = (x_0 + ta,\ y_0 + tb)$$

이다. 이를 성분별로 쓰면

$$x = x_0 + ta, \quad y = y_0 + tb$$

와 같이 된다. 만일 $ab \neq 0$이면 변수 t를 소거하여 다음과 같이 $x,\ y$에 관한 직선의 방정

식을 얻는다.

점 $A=(x_0,\ y_0)$를 지나고 벡터 $B=(a,\ b)$에 평행한 직선의 방정식은

$$\frac{x-x_0}{a}=\frac{y-y_0}{b} \quad \text{또는} \quad y-y_0=\frac{b}{a}(x-x_0)$$

이다. (단, $ab\neq 0$)

공간에서 점 $A=(x_0,\ y_0,\ z_0)$를 지나고 벡터 $B=(l,\ m,\ n)$에 평행한 직선 위의 임의의 점 $X(x,\ y,\ z)$는 벡터방정식

$$X=A+tB$$

의 한 점이고 이를 성분별로 쓰면

$$x=x_0+tl, \quad y=y_0+tm, \quad z=z_0+tn$$

와 같이 된다. 따라서 이 직선의 방정식에서 변수 t를 소거하면 다음과 같이 공간에서 직선의 방정식을 얻는다.

점 $A=(x_0,\ y_0,\ z_0)$를 지나고 벡터 $B=(l,\ m,\ n)$에 평행한 직선의 방정식은

$$\frac{x-x_0}{l}=\frac{y-y_0}{m}=\frac{z-z_0}{n}$$

이다. (단, $lmn\neq 0$) 이때 $l:m:n$을 이 직선의 방향비라 한다.

서로 다른 두 점 $A=(x_0,\ y_0,\ z_0)$, $B=(x_1,\ y_1,\ z_1)$을 지나는 직선 L은 벡터 $(x_1-x_0,\ y_1-y_0,\ z_1-z_0)$에 평행하므로, 직선 L의 방정식은

$$\frac{x-x_0}{x_1-x_0}=\frac{y-y_0}{y_1-y_0}=\frac{z-z_0}{z_1-z_0} \quad (x_0\neq x_1,\ y_0\neq y_1,\ z_0\neq z_1)$$

이다.

예제 1 두 점 $A(2,\ 5,\ 3)$, $B(3,\ 1,\ 2)$를 지나는 직선이 xy평면과 만나는 점의 좌표를 구하시오.

풀이 ·····

두 점을 지나는 직선은 점 $A(2,\ 5,\ 3)$를 지나고 $\overrightarrow{AB}=(1,\ -4,\ -1)$에 평행한 직선이므로

$$(x,\ y,\ z)=(2,\ 5,\ 3)+t(1,\ -4,\ -1)=(2+t,\ 5-4t,\ 3-t)$$

이고, xy평면 위의 점은 $z=0$이므로 $z=3-t=0$에서 $t=3$이다. 따라서 xy평면과 만나는 점은

$$(x,\ y,\ z)=(2+3,\ 5-4\cdot 3,\ 0)=(5,\ -7,\ 0)$$

이다. ·····◀

예제 2 두 직선

$$\frac{x-3}{2}=y-1=\frac{z}{2},\quad \frac{x-1}{-2}=\frac{y+3}{3}=z$$

이 이루는 각을 θ라 할 때, $\cos\theta$의 값을 구하시오.

풀이 ·····

두 직선은 각각 두 벡터 $(2,\ 1,\ 2)$, $(-2,\ 3,\ 1)$에 평행하므로 구하는 $\cos\theta$의 값은

$$\cos\theta=\frac{-4+3+2}{\sqrt{9}\cdot\sqrt{14}}=\frac{1}{3\sqrt{14}}$$

이다. ·····◀

이제 한 점 $A=(x_0,\ y_0,\ z_0)$를 지나고 벡터 $N=(a,\ b,\ c)$ (단, $N\neq O$)에 수직인 평면의 방정식을 구하여 보자. 벡터 N은 평면 α와 수직이므로 평면 위에 있는 임의의 직선과 수직이다. 따라서 평면 α 위의 임의의 점 $X=(x,\ y,\ z)$에 대하여 $\overrightarrow{AX}$와 N은 수직이다. 그러므로

$$(X-A)\cdot N=\overrightarrow{AX}\cdot N=0$$

이다. 이를 다시 쓰면

$$(x-x_0,\ y-y_0,\ z-z_0)\cdot(a,\ b,\ c)=0$$

이고

$$ax+by+cz-(ax_0+by_0+cz_0)=a(x-x_0)+b(y-y_0)+c(z-z_0)=0$$

이 된다. 여기서 $-(ax_0+by_0+cz_0)=d$라고 놓으면, 방정식

$$ax+by+cz+d=0$$

을 얻는다. 역으로 a, b, c 중 적어도 하나는 0이 아닌 일차방정식

$$ax+by+cz+d=0$$

은 평면의 방정식이다. 예를 들어, $a\neq 0$이면 이 일차방정식은

$$a\left(x+\frac{d}{a}\right)+by+cz=0$$

과 같이 나타낼 수 있고, 이 일차방정식은 점 $\left(-\frac{d}{a},\ 0,\ 0\right)$을 지나고 벡터 $N=(a,\ b,\ c)$에 수직인 평면의 방정식이 된다.

이를 정리하면 다음과 같다.

> 점 $A=(x_0,\ y_0,\ z_0)$를 지나고 벡터 $N=(a,\ b,\ c)$에 수직인 평면의 방정식은
>
> $$a(x-x_0)+b(y-y_0)+c(z-z_0)=0$$
>
> 이다. 한편, x, y, z에 관한 일차방정식
>
> $$ax+by+cz+d=0$$
>
> 은 벡터 $N=(a,\ b,\ c)$에 수직인 평면의 방정식이다.

예제 3 세 점 $A=(2,\ 0,\ 0)$, $B=(0,\ 1,\ 0)$, $C=(0,\ 0,\ 2)$를 지나는 평면의 방정식을 구하시오.

풀이 ·····

구하는 평면의 방정식을

$$ax+by+cz+d=0$$

이라 하면, 이 평면이 세 점 A, B, C를 지나야 하므로

$$2a+d=0, \quad b+d=0, \quad 2c+d=0$$

을 만족해야 하고, 이를 풀면

$$a=-\frac{d}{2}, \quad b=-d, \quad c=-\frac{d}{2}$$

를 얻는다. 따라서 구하는 평면의 방정식은 $-\frac{1}{2}x-y-\frac{1}{2}z+1=0$, 즉

$$x+2y+z-2=0$$

이다. ·····◀

공간에서 한 점 $P(x_0,\ y_0,\ z_0)$와 평면 $ax+by+cz+d=0$ 사이의 거리를 구하여 보자. 점 P에서 이 평면에 내린 수선의 발을 H라고 하자. 그러면 $N=(a,\ b,\ c)$는 이 평면에 수직인 벡터이므로 $\overrightarrow{PH}$와 N은 평행이다. 따라서

$$\overrightarrow{PH}=kN$$

을 만족하는 실수 k가 존재한다. 그런데

$$H=P+\overrightarrow{PH}=(x_0,\ y_0,\ z_0)+k(a,\ b,\ c)=(x_0+ka,\ y_0+kb,\ z_0+kc)$$

는 평면 위의 점이므로

$$a(x_0+ka)+b(y_0+kb)+c(z_0+kc)+d=0$$

이다. 이를 k에 관하여 정리하면

$$(ax_0+by_0+cz_0+d)+(a^2+b^2+c^2)k=0$$

이므로

$$k = \frac{-(ax_0 + by_0 + cz_0 + d)}{a^2 + b^2 + c^2}$$

이다. 이제 $\|\overrightarrow{PH}\| = |k|\,\|N\|$이고 $\|N\| = \sqrt{a^2+b^2+c^2}$ 이므로, 점 P와 평면 사이의 거리는

$$\|\overrightarrow{PH}\| = \frac{|ax_0 + by_0 + cz_0 + d|}{\sqrt{a^2+b^2+c^2}}$$

공간좌표에서 점 $(x_0,\ y_0,\ z_0)$와 평면 $ax+by+cz+d=0$ 사이의 거리는

$$\frac{|ax_0 + by_0 + cz_0 + d|}{\sqrt{a^2+b^2+c^2}}$$

이다.

예제 4 점 $A=(1,\ 1,\ 1)$에서 평면 $\alpha: 2x+y+z-2=0$에 내린 수선의 발의 좌표를 구하시오.

풀이 ⋯⋯

점 A에서 평면 α에 내린 수선의 발을 B라고 하면, $\overrightarrow{AB}$는 평면 α에 수직인 벡터 $N=(2,\ 1,\ 1)$과 평행하므로, $\overrightarrow{AB}=kN$이고

$$B = A + \overrightarrow{AB} = A + kN = (1+2k,\ 1+k,\ 1+k)$$

이다. 점 $B=(1+2k,\ 1+k,\ 1+k)$는 평면 α 위에 있으므로

$$2(1+2k)+(1+k)+(1+k)-2=0$$

에서 $k=-\dfrac{1}{3}$을 얻는다. 따라서 수선의 발 B의 좌표는 $\left(\dfrac{1}{3},\ \dfrac{2}{3},\ \dfrac{2}{3}\right)$이다.

⋯⋯◀

이제, 방향비가 $l:m:n$인 직선 L과 벡터 $N=(a,\ b,\ c)$에 수직인 평면 α의 위치 관계에 대하여 알아보자. 직선 L은 벡터 $B=(l,\ m,\ n)$에 평행하고, 벡터 $N=(a,\ b,\ c)$은 평면 α에 수직이다.

만일 직선 L과 평면 α가 수직으로 만나면 B와 N이 서로 평행하므로 $B=kN$이다. 따라서

$$l = ka, \quad m = kb, \quad n = kc$$

이고, 여기서

$$\frac{l}{a} = \frac{m}{b} = \frac{n}{c}$$

임을 알게 된다.

만일 직선 L과 평면 α가 평행하면 B와 N이 수직이므로 $B \cdot N = 0$이다. 따라서

$$al + bm + cn = 0$$

임을 알 수 있다.

예제 5 다음 두 평면

$$2x - y - 2z = -1, \quad x + y - 4z = -3$$

이 이루는 예각의 크기를 구하시오.

풀이 ……

각 평면에 수직인 두 벡터

$$(2, -1, -2), \quad (1, 1, -4)$$

가 이루는 각의 크기를 θ라고 하면

$$\cos\theta = \frac{2\times1+(-1)\times1+(-2)\times(-4)}{\sqrt{2^2+(-1)^2+(-2)^2}\sqrt{1^2+1^2+(-4)^2}} = \frac{1}{\sqrt{2}}$$

이다. 따라서 구하는 예각은 $\theta = \frac{\pi}{4}$이다. ……◀

예제 6 평행사변형 $ABCD$에서 변 AB의 중점을 E, 대각선 AC를 $1:2$로 내분하는 점을 F라고 할 때, 세 점 E, F, D는 일직선 위에 있음을 보이시오.

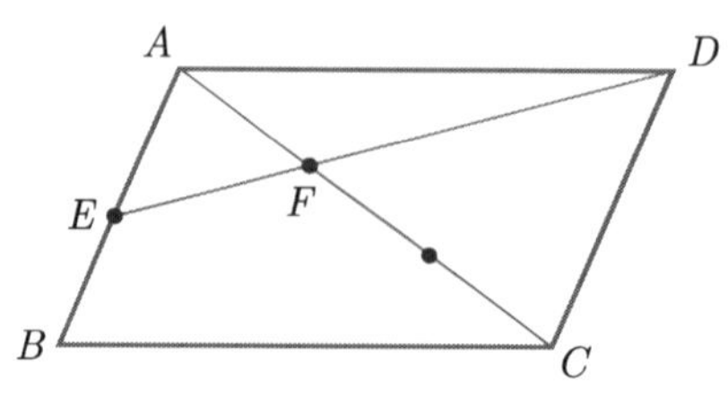

풀이 ·····

기호를 간편하게 하기 위하여 $\overrightarrow{AB}=P$, $\overrightarrow{AD}=Q$라고 하면, $\overrightarrow{BA}=-P$, $\overrightarrow{BC}=Q$이다.

이때, 점 F는 선분 AC를 $1:2$로 내분하므로

$$\overrightarrow{BF}=\frac{2\overrightarrow{BA}+\overrightarrow{BC}}{3}=\frac{Q-2P}{3}$$

이다. 또한 $\overrightarrow{EB}=\frac{1}{2}P$이므로

$$\overrightarrow{EF}=\overrightarrow{EB}+\overrightarrow{BF}=\frac{1}{2}P+\frac{Q-2P}{3}=\frac{-P+2Q}{6}$$

이다. 한편

$$\overrightarrow{ED}=\overrightarrow{EA}+\overrightarrow{AD}=-\frac{1}{2}P+Q=\frac{-P+2Q}{2}$$

이므로, $\overrightarrow{ED}=3\overrightarrow{EF}$이고, 따라서 세 점 E, F, D는 일직선 위에 있다. ·····◀

예제 7 $\triangle ABC$의 각 꼭짓점에서 대변에 내린 수선은 한 점에서 만남을 보이시오.

풀이 ·····

삼각형을 평행이동하면, 점 B에서 변 AC에 내린 수선과 점 C에서 변 AB에 내린 수선의 교점을 원점 O라 가정해도 된다.

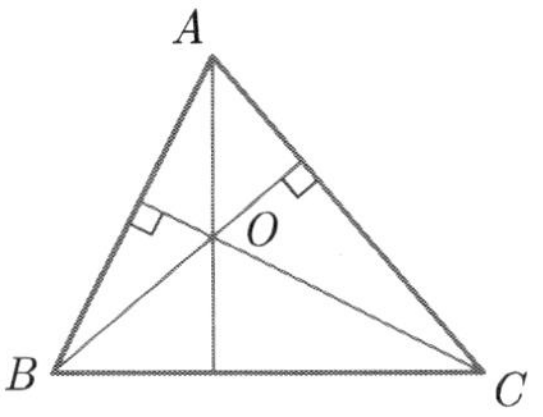

직선 OB는 변 AC에 수직이므로 $0=B\cdot\overrightarrow{AC}=B\cdot(C-A)$에서

$$B\cdot C=B\cdot A$$

이다. 한편 직선 OC는 변 AB에 수직이므로 $0=C\cdot\overrightarrow{AB}=C\cdot(B-A)$에서

$$C\cdot B=C\cdot A$$

이다. 따라서 $B \cdot A = C \cdot A$를 얻고 $A \cdot (C-B)=0$이므로 직선 OA는 변 BC에 수직임을 알게 된다. 따라서 각 꼭짓점에서 대변에 내린 수선은 한 점에서 만난다. ·····◀

예제 8 정사면체 $OABC$에서 직선 AB와 직선 OC는 서로 수직임을 보이시오.

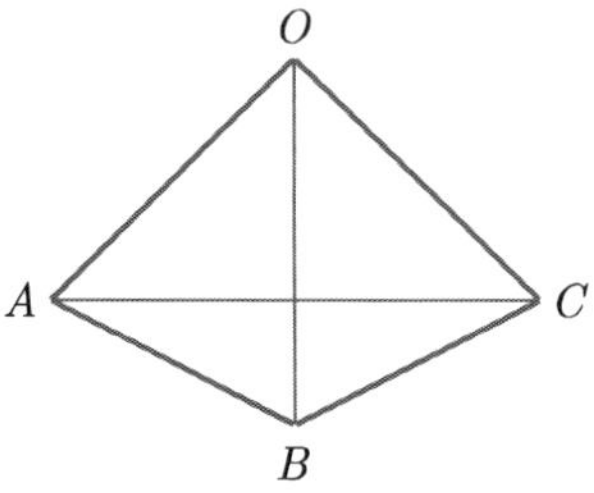

풀이 ·····

먼저

$$\overrightarrow{OC} \cdot \overrightarrow{OA} = \| \overrightarrow{OC} \| \| \overrightarrow{OA} \| \cos 60° = \| \overrightarrow{OA} \|^2 \cos 60°$$
$$\overrightarrow{OC} \cdot \overrightarrow{OB} = \| \overrightarrow{OC} \| \| \overrightarrow{OB} \| \cos 60° = \| \overrightarrow{OA} \|^2 \cos 60°$$

이므로

$$\overrightarrow{OC} \cdot \overrightarrow{AB} = \overrightarrow{OC} \cdot (\overrightarrow{OB} - \overrightarrow{OA}) = \overrightarrow{OC} \cdot \overrightarrow{OB} - \overrightarrow{OC} \cdot \overrightarrow{OA} = 0$$

즉, 직선 AB와 직선 OC는 서로 수직이다. ·····◀

예제 9 점 $P=(1,\ 2,\ 1)$를 지나고 벡터 $N=(1,\ 1,\ 2)$에 수직인 평면과 점 $A=(1,\ 1,\ 1)$를 지나고 벡터 $B=(0,\ 1,\ 1)$와 평행한 직선이 만나는 점을 구하시오.

풀이 ·····

점 A를 지나고 벡터 B와 평행한 직선 $\overrightarrow{OX} = \overrightarrow{OA} + tB$와, 점 P를 지나고 벡터 N에 수직인 평면 $(X-P) \cdot N = 0$의 교점을 구하려면, 직선의 방정식을 평면의 방정식에 대입하여

$$(A + tB - P) \cdot N = 0$$

에서 $t = -\dfrac{(A-P) \cdot N}{B \cdot N}$을 얻는다.

대입하면 $t=\frac{1}{3}$이므로 구하는 점은

$$(x,\ y,\ z)=(1,\ 1,\ 1)+\frac{1}{3}(0,\ 1,\ 1)=\left(1,\ \frac{4}{3},\ \frac{4}{3}\right)$$

이다. ⋯⋯◀

예제 10 세 점 $P=(2,\ 1,\ 1)$, $Q=(1,\ 2,\ 1)$, $R=(1,\ 1,\ 2)$를 지나는 평면과 점 $A=(1,\ 1,\ 1)$을 지나고 벡터 $B=(0,\ 1,\ 1)$과 평행한 직선이 만나는 점을 구하시오.

풀이 ⋯⋯

두 벡터 $\overrightarrow{PQ}=(-1,\ 1,\ 0)$, $\overrightarrow{PR}=(-1,\ 0,\ 1)$에 수직인 벡터 $N=(a,\ b,\ c)$를 구하기 위하여

$$0=\overrightarrow{PQ}\cdot N=-a+b,\quad 0=\overrightarrow{PR}\cdot N=-a+c$$

을 연립하여 풀면, $N=(1,\ 1,\ 1)$을 얻는다. 그런데 평면은 $P=(2,\ 1,\ 1)$을 지나므로 구하는 평면의 방정식은

$$(X-P)\cdot N=0$$

이다. 여기에 직선의 방정식 $X=A+tB$를 대입하면

$$(A+tB-P)\cdot N=0$$

에서

$$t=-\frac{(A-P)\cdot N}{B\cdot N}=-\frac{(-1,\ 0,\ 0)(1,\ 1,\ 1)}{(0,\ 1,\ 1)(1,\ 1,\ 1)}=\frac{1}{2}$$

이므로 만나는 점은

$$X=A+\frac{1}{2}B=(1,\ 1,\ 1)+\frac{1}{2}(0,\ 1,\ 1)=\left(1,\ \frac{3}{2},\ \frac{3}{2}\right)$$ ⋯⋯◀

예제 11 좌표공간의 점 $A(3,\ 6,\ 0)$에서 평면 $\sqrt{3}y-z=0$에 내린 수선의 발을 B라 할 때, $\overrightarrow{OA}\cdot\overrightarrow{OB}$의 값을 구하시오. (단, O는 원점이다.)

풀이 ⋯⋯

점 $A(3,\ 6,\ 0)$을 지나고 평면 $\sqrt{3}y-z=0$의 법선벡터와 평행한 직선의 방정

식은 $x=3$, $\frac{y-6}{\sqrt{3}}=\frac{z}{-1}$, $\frac{y-6}{\sqrt{3}}=\frac{z}{-1}=t$로 놓으면 점 B의 좌표는 $(3,\ \sqrt{3}t+6,\ -t)$로 나타낼 수 있다.

점 B는 평면 $\sqrt{3}y-z=0$ 위의 점이므로

$$\sqrt{3}(\sqrt{3}t+6)-(-t)=0 \Rightarrow 3t+6\sqrt{3}+t=0 \quad \therefore t=-\frac{3\sqrt{3}}{2}$$

따라서 점 B의 좌표가 $\left(3,\ \frac{3}{2},\ \frac{3\sqrt{3}}{2}\right)$이므로

$$\overrightarrow{OA}\cdot\overrightarrow{OB}=(3,\ 6,\ 0)\cdot\left(3,\ \frac{3}{2},\ \frac{3\sqrt{3}}{2}\right)=18 \qquad \cdots\cdots◀$$

CH·9 연습문제

1. 사각형 $ABCD$에서 다음 등식이 성립함을 보이시오.

$$\overrightarrow{AB} + \overrightarrow{CD} = \overrightarrow{AD} + \overrightarrow{CB}$$

2. $A=(1,\ 1,\ 1)$, $B=(2,\ 3,\ 3)$, $C=(4,\ 5,\ 1)$일 때 $\triangle ABC$의 넓이를 구하시오.

3. $\triangle ABC$의 무게중심을 G라 할 때, 다음을 보이시오.

$$\overrightarrow{OG} = \frac{1}{3}(\overrightarrow{OA} + \overrightarrow{OB} + \overrightarrow{OC})$$

4. 두 벡터 $A=(1,\ 2)$, $B=(-1,\ 3)$에 대하여 다음 등식

$$mA+nB=(-4,\ 6)$$

을 만족시키는 m, n을 구하시오.

5. 두 직선

$$x-1=3(y-4)=2z, \quad 3(x-6)=y-1=-z$$

이 이루는 예각의 크기를 θ라고 할 때, $\cos\theta$를 구하여라.

6. 두 평면

$$x-4y+z-1=0, \quad 2x+y-z-6=0$$

이 이루는 예각의 크기를 θ라고 할 때, $\cos\theta$를 구하시오.

7. 다음 두 평면

$$x+y+z=1, \quad 2x+y-z=5$$

이 만나는 교선의 방정식을 구하시오.

8. 다음 직선의 방정식을 구하시오.

(1) 점 $(1,\ -1,\ 3)$을 지나고 방향비가 $2:1:3$인 직선

(2) 두 점 $(1,\ 1,\ 0)$, $(-1,\ 2,\ 3)$을 지나는 직선

(3) 점 $(1,\ 3,\ 1)$을 지나고 직선 $x-1=y-2=3(z-1)$에 평행한 직선

9. 다음 평면의 방정식을 구하시오.

(1) 세 점 $(-1,\ 1,\ 0)$, $(2,\ 3,\ -4)$, $(6,\ 1,\ 1)$을 지나는 평면

(2) 한 점에서 만나는 다음 두 직선을 포함하는 평면

$$\frac{x-1}{2}=\frac{y-1}{3}=\frac{z-2}{6}, \quad x-1=y-1=z-2$$

(3) 평행한 다음 두 직선을 포함하는 평면

$$\frac{x-6}{4}=y=\frac{z-1}{3}, \quad \frac{x}{4}=y-3=\frac{z-2}{3}$$

10. 꼬인 위치에 있는 두 직선 $\frac{x-1}{2}=y-1=\frac{z-1}{-2}$, $x=4-y=\frac{z}{2}$ 사이의 거리를 구하시오.

11. 점 $(1,\ 2,\ 3)$을 지나고 직선 $\frac{x-2}{3}=-y=\frac{z+1}{2}$과 평행한 직선 위의 점 P와 점 $A(3,\ -2,\ 5)$에 대하여 선분 AP의 길이의 최솟값을 구하시오.

12. 직선 $x-1=\frac{y-3}{2}=\frac{z+1}{3}$가 x축, y축, z축과 이루는 예각의 크기를 각각 α, β, γ라 할 때, $\cos\alpha+\cos\beta+\cos\gamma$의 값을 구하시오.

13. 중심이 $C(0,\ 1,\ 1)$이고 반지름의 길이가 $2\sqrt{2}$인 구와 직선 $\frac{x}{2}=y=-z$가 만나는 두 점을 A, B라 하자. 삼각형 CAB의 넓이를 구하시오.

14. 직선 $x=y=z$가 구 $(x-3)^2+(y-3)^2+z^2=r^2$에 접할 때, 양수 r의 값을 구하시오.

15. 좌표공간에서 점 $A(0,\ 0,\ 1)$과 직선 $\frac{x}{2}=1-y,\ z=0$ 위의 서로 다른 두 점 P, Q에 대하여 $\overline{AP}=\overline{AQ}=2$이다. 선분 PQ의 길이를 구하시오.

16. 좌표공간의 두 점 $A(2,\ 4,\ 0)$, $B(0,\ 2,\ 2)$와 직선 $\frac{x-1}{2}=y=\frac{z-2}{2}$ 위의 점 P에 대하여 $|\overrightarrow{AP}+\overrightarrow{BP}|$가 최소일 때, 점 P의 좌표는 $(a,\ b,\ c)$이다. $9(a+b+c)$의 값을 구하시오.

17. 좌표공간에서 직선 $y=x,\ z=0$ 위의 점 P에서 직선 $y=z,\ x=0$에 내린 수선의 발을 Q라 하자. 점 Q의 y좌표가 2일 때, $\overline{PQ}^2$의 값을 구하시오.

18. 서로 다른 세 점 A, B, C에 대하여 $\overrightarrow{AB}=3\vec{a}-4\vec{b}$, $\overrightarrow{BC}=(k-3)\vec{a}+7\vec{b}$일 때, 세 점 A, B, C가 한 직선 위에 있도록 하는 상수 k에 대하여 $16k^2$의 값을 구하시오. (단, $\vec{a}\neq\vec{0}$, $\vec{b}\neq\vec{0}$이고, $\vec{a}$와 $\vec{b}$는 평행하지 않다.)

19. 삼각형 ABC에서

$$\overline{AB}=2,\quad \angle B=90^\circ,\quad \angle C=30^\circ$$

이다. 점 P가 $\overrightarrow{PB}+\overrightarrow{PC}=\vec{0}$을 만족시킬 때, $|\overrightarrow{PA}|^2$의 값을 구하시오.

20. 좌표공간의 점 $A(3,\ 3,\ 3)$과 중심이 원점 O인 구 $x^2+y^2+z^2=9$ 위를 움직이는 점 P에 대하여 $\left|\frac{2}{3}\overrightarrow{OA}+\frac{1}{3}\overrightarrow{OP}\right|$의 최대값은 $a+b\sqrt{3}$이다. $10(a+b)$의 값을 구하시오. (단, a, b는 유리수이다.)

21. 아래 그림과 같은 직육면체 $ABCD-EFGH$에서

$$\overrightarrow{AC}+\overrightarrow{AF}+\overrightarrow{AH}=m\overrightarrow{AG}$$

를 만족시키는 실수 m의 값을 구하시오.

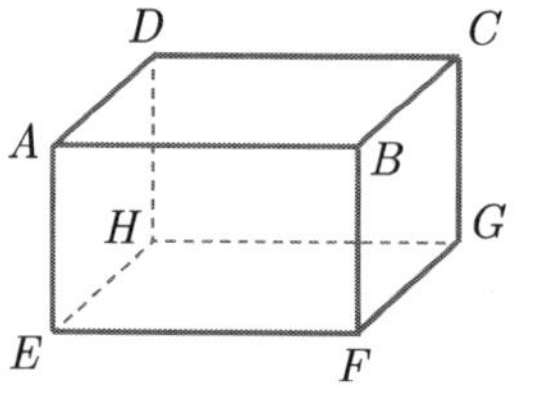

22. 정육각형 $ABCDEF$에서

$$|\overrightarrow{AB}+\overrightarrow{AC}+\overrightarrow{AD}+\overrightarrow{AE}+\overrightarrow{AF}|=12$$

일 때, 정육각형 $ABCDEF$의 넓이를 구하시오.

23. 평면 위의 점 P와 삼각형 ABC에 대하여 $2\overrightarrow{PA}+\overrightarrow{PB}+3\overrightarrow{PC}=\vec{0}$일 때,

(1) $\dfrac{\triangle PAB}{\triangle PBC}$의 값을 구하시오.

(2) $\dfrac{\triangle PAB}{\triangle PAD}$의 값을 구하시오.

24. 예각삼각형 ABC에서 $\overline{AB}=\overline{AC}=2$이고 삼각형 ABC의 넓이가 $\dfrac{1}{2}$일 때, $\overrightarrow{AB}\cdot\overrightarrow{AC}$의 값을 구하시오.

25. 두 벡터 $\vec{a}$, $\vec{b}$가 이루는 각의 크기가 $\dfrac{2}{3}\pi$이고, $|\vec{a}|=2$, $|\vec{a}+2\vec{b}|=2\sqrt{3}$일 때, $|\vec{b}|$의 값을 구하시오.

26. 두 벡터 $\vec{a}$, $\vec{b}$에 대하여 $|\vec{a}|=4$, $|\vec{b}|=3$, $\vec{a}\cdot\vec{b}=3$이다. 실수 t에 대하여 벡터 $\vec{x}$를 $\vec{x}=\vec{a}+t\vec{b}$라 할 때 $|\vec{x}|$은 $t=\alpha$일 때 최솟값 m을 갖는다. $m+\alpha$의 값을 구하시오.

27. 좌표평면 위의 두 점 $A(2,\ 5)$, $B(10,\ 11)$에 대하여 점 P가 $\overrightarrow{AP} \cdot \overrightarrow{BP} = 0$을 만족시킬 때, $|\overrightarrow{OP}|$의 최댓값을 구하시오. (단, O는 원점이다.)

28. 좌표공간에서 점 $A(1,\ 3,\ -2)$를 지나고 직선 $\dfrac{x+1}{2} = \dfrac{y-2}{2} = z$를 포함하는 평면의 방정식은 $ax+by+cz+17=0$이다. 세 상수 $a,\ b,\ c$의 합 $a+b+c$의 값을 구하시오.

29. 점 $A(1,\ 2,\ 3)$를 지나고 직선 $l:\ x-1 = \dfrac{y-2}{-2} = \dfrac{z-3}{3}$에 수직인 평면을 α라 하자. 평면 α와 직선 $m:\ x-2 = y = \dfrac{z-6}{5}$의 교점을 B라 할 때, 선분 AB의 길이를 구하시오.

30. 좌표공간에서 평면 $x=3$과 평면 $z=1$의 교선을 l이라 하자. 점 P가 직선 l 위를 움직일 때, 선분 OP의 길이의 최솟값을 구하시오.

CHAPTER 10

행렬

10.1 행렬의 기본 개념

수를 직사각형의 모양으로 배열하여 괄호로 묶어서 나타낸 것을 행렬(matrix)이라고 한다. 이때 괄호 안에 있는 수를 그 행렬의 성분이라 한다. 행렬에서 성분의 가로줄을 행이라 하고 위에서부터 차례로 제1행, 제2행, $\cdots$이라 한다. 또 성분의 세로줄을 열이라 하고 왼쪽에서부터 차례로 제1열, 제2열, $\cdots$이라 한다. 그리고 행렬의 제i행과 제j열이 만나는 위치에 있는 성분을 간단히 $(i,\ j)$ 성분이라 한다.

행의 개수가 m개이고 열의 개수가 n개인 행렬을 $m \times n$행렬이라 한다. 이 행의 개수와 열의 개수를 행렬의 차원(dimension) 또는 크기(size)라고 한다. 특히 행과 열의 개수가 같은 행렬을 정사각행렬이라 하고 $n \times n$행렬을 n차정사각행렬이라 한다.

두 행렬이 같다는 것은 먼저 행의 수와 열의 수가 같고 각 대응하는 성분이 같은 것을 말한다.

행렬 A의 $(i,\ j)$ 성분이 a_{ij}일 때, $A=(a_{ij})$로 표시한다. 행렬 A가 정사각행렬일 때 대각선에 있는 성분 $a_{ij}(i=j)$를 대각성분이라 한다.

[행렬의 실수배] 행렬 A, 실수 k에 대하여 A의 각 성분에 k를 곱하여 얻어진 행렬을 $kA=(ka_{ij})$로 나타낸다.

임의의 $n \times m$행렬의 행과 열을 바꾼 $m \times n$행렬에 대하여 알아보도록 하자.

$m \times n$행렬 A에 대하여 A의 행과 열을 바꾼 행렬을 A의 전치행렬(transpose matrix)이라 하고, 이 전치행렬은 $n \times m$행렬이고 A^T로 나타낸다.

[행렬의 덧셈] $m \times n$행렬 $A=(a_{ij}),\ B=(b_{ij})$에 대하여 $m \times n$행렬 $A+B$는 각각에 대응하는 성분끼리의 덧셈으로 계산한다.
즉 $A+B=(c_{ij})$ 여기서 $c_{ij}=a_{ij}+b_{ij}\,(1 \le i \le m,\ 1 \le j \le n)$이다.

[행렬의 곱셈] A가 $m \times n$행렬이고 B가 $n \times k$행렬일 때, 두 행렬 A와 B의 곱 AB는 $m \times k$행렬로서 행렬 A의 i행의 성분과 행렬 B의 j행의 성분을 차례로 곱하여 더한 것을 (i,j) 성분으로 하는 행렬이다.

전치행렬의 성질은 다음과 같다.

1. $(A^T)^T = A$
2. $(kA)^T = kA^T$ (단, k는 실수)
3. $(A+B)^T = A^T + B^T$
4. $(AB)^T = B^T A^T$

행렬의 모든 성분이 0인 행렬을 영행렬(zero matrix)이라 하고 O로 나타낸다.

일반적으로 행렬의 곱에 대하여 다음을 주의해야 한다.
1. 행렬의 곱은 교환법칙이 성립하지 않는다. 즉 $AB \neq BA$
2. $AB = O$이라도 반드시 $A = O$이거나 $B = O$은 아니다.
3. $AB = AC$이고 $A \neq O$일지라도 $B = O$이라고 할 수 없다.

대각성분은 모두 1이고 그 외의 성분은 모두 0인 행렬을 단위행렬(unit matrix)이라 하고 I 또는 E로 나타낸다.
1. 행렬 A에 대하여 $AI = A = IA$가 성립한다.
2. 행렬 A가 정사각행렬일 때 $A^0 = I$이고 $A^n = AA \cdots A$(n개 A의 곱)으로 정의한다.

다음은 행렬의 덧셈, 곱셈, 실수배에 관한 연산법칙이다. 여기서 행렬 A, B, C는 잘 정의되어 있고 h, k는 실수이다.

1. $(A+B)+C = A+(B+C)$
2. $A+B = B+A$
3. $A+O = A = O+A$
4. $A+(-A) = O = (-A)+A$
5. $(AB)C = A(BC)$
6. $AI = A = IA$
7. $A(B+C) = AB+AC$
8. $(A+B)C = AC+BC$
9. $k(AB) = (kA)B = A(kB)$

정사각행렬 A에 대하여 $AB = BA = I$를 만족하는 행렬 B가 존재할 때, A는 가역적(invertible)이라 하고, 행렬 B를 행렬 A의 역행렬(inverse matrix)이라 하며 $B = A^{-1}$로 나타낸다. 가역적인 행렬을 정칙행렬(regular matrix, nonsingular matrix)이라 한다.

정리 1

(1) 정사각행렬의 역행렬이 존재한다면 그 역행렬은 유일하다.

(2) 2차정사각행렬 $A=\begin{pmatrix} a & b \\ c & d \end{pmatrix}$는 $ad-bc\neq 0$일 때 가역이고 이때 A의 역행렬은

$$A^{-1}=\frac{1}{ad-bc}\begin{pmatrix} d & -b \\ -c & a \end{pmatrix}$$

만약 $ad-bc=0$이면 A의 역행렬은 존재하지 않는다.

(3) 차원이 같은 두 가역행렬 A, B에 대하여 AB도 가역행렬이고

$$(AB)^{-1}=B^{-1}A^{-1}$$

(4) $(A^{-1})^{-1}=A$, $(A^T)^{-1}=(A^{-1})^T$, $(kA)^{-1}=\frac{1}{k}A^{-1}$ (단, k는 상수)

풀이 ·····

(1) B와 C가 정사각행렬 A의 역행렬이라 하자. 그러면 $AB=I=BA$이고 $AC=I=CA$이다. 따라서 $B=IB=(CA)B=C(AB)=CI=C$

(2) 행렬 $A=\begin{pmatrix} a & b \\ c & d \end{pmatrix}$의 역행렬을 $A^{-1}=\begin{pmatrix} x & y \\ z & u \end{pmatrix}$라 하면 $AA^{-1}=I$이므로

$$\begin{pmatrix} a & b \\ c & d \end{pmatrix}\begin{pmatrix} x & y \\ z & u \end{pmatrix}=\begin{pmatrix} ax+bz & ay+bu \\ cx+dz & cy+du \end{pmatrix}=\begin{pmatrix} 1 & 0 \\ 0 & 1 \end{pmatrix}$$

따라서 $\begin{cases} ax+bz=1 \\ cx+dz=0 \end{cases}$에서 $(ad-bc)x=d$, $(ad-bc)z=-c$

이고 $\begin{cases} ay+bu=0 \\ cy+du=1 \end{cases}$에서 $(ad-bc)y=-b$, $(ad-bc)u=a$

$ad-bc\neq 0$일 때 $x=\frac{d}{ad-bc}$, $y=\frac{-b}{ad-bc}$, $z=\frac{-c}{ad-bc}$, $u=\frac{a}{ad-bc}$

$\therefore A^{-1}=\begin{pmatrix} x & y \\ z & u \end{pmatrix}=\frac{1}{ad-bc}\begin{pmatrix} d & -b \\ -c & a \end{pmatrix}$

만약 $ad-bc=0$이면 연립방정식의 해가 존재하지 않으므로 x, y, z, u의 값을 구할 수 없다. 따라서 A의 역행렬은 존재하지 않는다.

(3) $(B^{-1}A^{-1})(AB)=B^{-1}(A^{-1}A)B=B^{-1}IB=B^{-1}B=I$

$(AB)(B^{-1}A^{-1})=A(BB^{-1})A^{-1}=AIA^{-1}=AA^{-1}=I$

이므로 AB는 가역이다. ·····◀

10.2 행렬과 일차변환

좌표평면 위의 두 점 $P(x,\ y)$, $P'(x',\ y')$에 대하여 점 P를 점 P'에 대응시키는 함수를 $f:(x,\ y)\rightarrow(x',\ y')$으로 나타내고 함수 f를 좌표평면 위에서의 변환이라고 한다. 이때 점 P는 변환 f에 의해 점 P'으로 옮겨진다고 한다.

변환 $f:(x,\ y)\rightarrow(x',\ y')$이 $\begin{cases}x'=ax+by\\y'=cx+dy\end{cases}$ (단, $a,\ b,\ c,\ d$는 상수)와 같은 꼴로 표현될 때, 이 변환을 일차변환이라 하고 이 식을 일차변환 f의 변환식이라고 한다.

특히, 변환 f를 행렬로 나타내면 $\begin{pmatrix}x'\\y'\end{pmatrix}=\begin{pmatrix}a&b\\c&d\end{pmatrix}\begin{pmatrix}x\\y\end{pmatrix}$와 같이 나타낼 수 있고 행렬 $\begin{pmatrix}a&b\\c&d\end{pmatrix}$를 일차변환을 나타내는 행렬 또는 일차변환 f의 행렬이라고 한다.

$$\begin{cases}x'=ax+by\\y'=cx+dy\end{cases}\Leftrightarrow\begin{pmatrix}x'\\y'\end{pmatrix}=\begin{pmatrix}a&b\\c&d\end{pmatrix}\begin{pmatrix}x\\y\end{pmatrix}$$

일차변환의 기본 성질은 다음과 같다.

일차변환 f와 임의의 2×1행렬 $X_1,\ X_2$에 대하여

(i) $f(X_1+X_2)=f(X_1)+f(X_2)$

(ii) $f(kX_1)=kf(X_1)$ (단, k는 실수)

좌표평면 위의 점 $P(x,\ y)$를 한 점 또는 직선에 대하여 대칭인 점 $P'(x',\ y')$으로 옮기는 변환을 대칭변환이라고 한다. 좌표평면 위에서 x축, y축, 원점, 직선 $y=x$, 직선 $y=-x$에 대한 대칭변환은 모두 일차변환이고, 이들 대칭변환을 나타내는 행렬은 다음과 같다.

x축에 대한 대칭변환 $\begin{cases}x'=x\\y'=-y\end{cases}$의 행렬은 $\begin{pmatrix}1&0\\0&-1\end{pmatrix}$

y축에 대한 대칭변환 $\begin{cases}x'=-x\\y'=y\end{cases}$의 행렬은 $\begin{pmatrix}-1&0\\0&1\end{pmatrix}$

원점에 대한 대칭변환 $\begin{cases}x'=-x\\y'=-y\end{cases}$의 행렬은 $\begin{pmatrix}-1&0\\0&-1\end{pmatrix}$

직선 $y=x$에 대한 대칭변환 $\begin{cases}x'=y\\y'=x\end{cases}$의 행렬은 $\begin{pmatrix}0&1\\1&0\end{pmatrix}$

직선 $y=-x$에 대한 대칭변환 $\begin{cases} x'=-y \\ y'=-x \end{cases}$의 행렬은 $\begin{pmatrix} 0 & -1 \\ -1 & 0 \end{pmatrix}$

k가 0이 아닌 실수일 때, 변환 $f:(x,\ y)\rightarrow(kx,\ ky)$를 원점을 닮음의 중심으로 하고 닮음비가 k인 닮음변환이라고 한다.

$$\begin{cases} x'=kx \\ y'=ky \end{cases} \Leftrightarrow \begin{pmatrix} x' \\ y' \end{pmatrix}=\begin{pmatrix} k & 0 \\ 0 & k \end{pmatrix}\begin{pmatrix} x \\ y \end{pmatrix} \text{ (단, } k\text{는 0이 아닌 실수)}$$

이때, 닮음변환 f는 일차변환이고 이 닮음변환을 나타내는 행렬은 $\begin{pmatrix} k & 0 \\ 0 & k \end{pmatrix}$이다.

특히 $k=1$이면 항등변환, 즉 각 점을 자기 자신으로 옮기는 일차변환이 된다.

좌표평면 위의 점 $P(x,\ y)$를 원점을 중심으로 각 θ만큼 회전하여 점 $P(x',\ y')$으로 옮기는 변환을 회전변환이라고 한다.

$$\begin{cases} x'=x\cos\theta-y\sin\theta \\ y'=x\sin\theta+y\cos\theta \end{cases} \Leftrightarrow \begin{pmatrix} x' \\ y' \end{pmatrix}=\begin{pmatrix} \cos\theta & -\sin\theta \\ \sin\theta & \cos\theta \end{pmatrix}\begin{pmatrix} x \\ y \end{pmatrix} \qquad \cdots (*)$$

이때 점 $P(x,\ y)$를 원점을 중심으로 각 θ만큼 회전하여 점 $P(x',\ y')$으로 옮기는 변환을 회전변환은 일차변환이고 이 회전변환을 나타내는 행렬은 $\begin{pmatrix} \cos\theta & -\sin\theta \\ \sin\theta & \cos\theta \end{pmatrix}$이다.

아래 그림에서 점 P, Q, R을 원점을 중심으로 각 θ만큼 회전시킨 점을 P', Q', R'이라 하면 $Q'(x\cos\theta,\ x\sin\theta)$이고

$$R'(y\cos(\theta+90°),\quad y\sin(\theta+90°))=R'(-y\sin\theta,\ y\cos\theta)$$

그런데 직사각형 $OQ'P'R'$에서 두 대각선 $\overline{OP'}$, $\overline{Q'R'}$의 중점이 일치하므로

$$\begin{cases} x'=x\cos\theta-y\sin\theta \\ y'=x\sin\theta+y\cos\theta \end{cases}$$

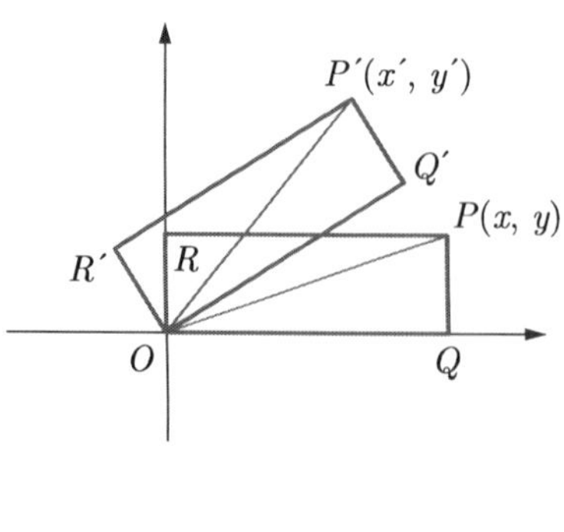

좌표평면 위의 두 일차변환 $f:(x,\ y)\to(x',\ y')$, $g:(x',\ y')\to(x'',\ y'')$에 대하여 점 $(x,\ y)$를 점 $(x'',\ y'')$으로 옮기는 변환을 f와 g의 합성변환이라 하고, 기호로 $g\circ f$와 같이 나타낸다. 즉, $g\circ f:(x,\ y)\to(x'',\ y'')$

두 일차변환 $f,\ g$를 나타내는 행렬을 각각 $A,\ B$라 하면 f와 g의 합성변환 $g\circ f$를 나타내는 행렬은 BA이다. 이때 합성변환 $g\circ f$는 일차변환이다.

세 일차변환 $f,\ g,\ h$에 대하여

① 일반적으로 $f\circ g\neq g\circ f$

② $h\circ(g\circ f)=(h\circ g)\circ f$

일차변환 $f:(x,\ y)\to(x',\ y')$에 대하여 점 $(x',\ y')$을 점 $(x,\ y)$로 옮기는 변환이 존재할 때, 이 변환을 f의 역변환이라 하고, 기호로, f^{-1}와 같이 나타낸다.

즉, $f^{-1}:(x',\ y')\to(x,\ y)$

일차변환 f를 나타내는 행렬이 A일 때, A의 역행렬 A^{-1}가 존재하면 f의 역변환 f^{-1}가 존재하고 행렬은 A^{-1}이다. 이때, 역변환 f^{-1}는 일차변환이다.

두 일차변환 $f,\ g$의 역변환 $f^{-1},\ g^{-1}$가 존재할 때

① $(f^{-1})^{-1}=f$

② $(g\circ f)^{-1}=f^{-1}\circ g^{-1}$

일차변환 $f:\begin{pmatrix}x\\y\end{pmatrix}\to\begin{pmatrix}a&b\\c&d\end{pmatrix}\begin{pmatrix}x\\y\end{pmatrix}$에 의하여 방정식 $g(x,\ y)=0$이 나타나는 도형이 옮겨지는 도형의 방정식은 다음과 같이 구한다.

만약 $\begin{pmatrix}a&b\\c&d\end{pmatrix}$의 역행렬이 존재하면 $\begin{pmatrix}x\\y\end{pmatrix}=\begin{pmatrix}a&b\\c&d\end{pmatrix}^{-1}\begin{pmatrix}x'\\y'\end{pmatrix}$이므로 $x,\ y$를 $x',\ y'$에 대한 식으로 표현한 후 $g(x,\ y)=0$에 대입하여 구한다.

만약 $\begin{pmatrix}a&b\\c&d\end{pmatrix}$의 역행렬이 존재하지 않으면 $\begin{pmatrix}x'\\y'\end{pmatrix}=\begin{pmatrix}a&b\\c&d\end{pmatrix}\begin{pmatrix}x\\y\end{pmatrix}$를 이용하여 $x',\ y'$의 관계식을 구한다.

예제 1 일차변환 $f:(x,\ y)\to(x',\ y')$과 두 점 $X_1,\ X_2$에 대하여

$$f(2X_1+X_2)=(0,\ 7),\quad f(X_1-X_2)=(3,\ -1)$$

이 성립할 때, $f(5X_1-2X_2)$를 바르게 구한 것은?

① (1, 8)　　② (9, 4)　　③ (9, 11)　　④ (3, 7)　　⑤ (3, 8)

풀이 ·····

f가 일차변환이므로

$$f(2X_1+X_2)=2f(X_1)+f(X_2)=(0,\ 7)$$
$$f(X_1-X_2)=f(X_1)-f(X_2)=(3,\ -1)$$

두 식을 연립하여 풀면 $f(X_1)=(1,\ 2)$, $f(X_2)=(-2,\ 3)$

따라서 $f(5X_1-2X_2)=5f(X_1)-2f(X_2)$

$=5(1,\ 2)-2(-2,\ 3)=(9,\ 4)$ ·····◀

예제 2 두 점 (2, 1), (1, 1)을 각각 점 (3, −1), (−4, 2)로 옮기는 일차변환 f에 의하여 점 (3, 2)가 옮겨지는 섬의 좌표를 구하시오.

풀이 1 ·····

일차변환 f를 나타내는 행렬을 $\begin{pmatrix} a & b \\ c & d \end{pmatrix}$라 하면

$$\begin{pmatrix} a & b \\ c & d \end{pmatrix}\begin{pmatrix} 2 \\ 1 \end{pmatrix}=\begin{pmatrix} 3 \\ -1 \end{pmatrix},\quad \begin{pmatrix} a & b \\ c & d \end{pmatrix}\begin{pmatrix} 1 \\ 1 \end{pmatrix}=\begin{pmatrix} -4 \\ 2 \end{pmatrix}$$

즉 $2a+b=3$, $2c+d=-1$, $a+b=-4$, $c+d=2$

이것을 연립하여 풀면 $a=7$, $b=-11$, $c=-3$, $d=5$ 즉 $\begin{pmatrix} a & b \\ c & d \end{pmatrix}=\begin{pmatrix} 7 & -11 \\ -3 & 5 \end{pmatrix}$

이때 $\begin{pmatrix} 7 & -11 \\ -3 & 5 \end{pmatrix}\begin{pmatrix} 3 \\ 2 \end{pmatrix}=\begin{pmatrix} -1 \\ 1 \end{pmatrix}$이므로 일차변환 f에 의하여 점 (3, 2)가 옮겨지는 점의 좌표는 (−1, 1)이다.

풀이 2 ·····

일차변환 f를 나타내는 행렬을 A라 하면

$$A\begin{pmatrix} 2 \\ 1 \end{pmatrix}=\begin{pmatrix} 3 \\ -1 \end{pmatrix},\ A\begin{pmatrix} 1 \\ 1 \end{pmatrix}=\begin{pmatrix} -4 \\ 2 \end{pmatrix},\ \text{즉 } A\begin{pmatrix} 2 & 1 \\ 1 & 1 \end{pmatrix}=\begin{pmatrix} 3 & -4 \\ -1 & 2 \end{pmatrix}$$

$$\therefore A=\begin{pmatrix} 3 & -4 \\ -1 & 2 \end{pmatrix}\begin{pmatrix} 2 & 1 \\ 1 & 1 \end{pmatrix}^{-1}=\begin{pmatrix} 3 & -4 \\ -1 & 2 \end{pmatrix}\begin{pmatrix} 1 & -1 \\ -1 & 2 \end{pmatrix}=\begin{pmatrix} 7 & -11 \\ -3 & 5 \end{pmatrix}$$

이때 $\begin{pmatrix} 7 & -11 \\ -3 & 5 \end{pmatrix}\begin{pmatrix} 3 \\ 2 \end{pmatrix}=\begin{pmatrix} -1 \\ 1 \end{pmatrix}$이므로 일차변환 f에 의하여 점 (3, 2)가 옮겨지는 점의 좌표는 (−1, 1)이다. ·····◀

예제 3 좌표평면 위의 점 $P(x,\ y)$에서 직선 $y=3x$에 내린 수선의 발을 $P'(x',\ y')$이라 하자. 점 P를 점 P'으로 옮기는 일차변환을 나타내는 행렬의 모든 성분의 합을 구하시오. (단, 점 P는 직선 $y=3x$ 위에 있지 않은 임의의 점이다.)

풀이 ·····

점 $P'(x',\ y')$은 직선 $y=3x$ 위의 점이므로 $y'=3x'$ … (1)

직선 PP'은 직선 $y=3x$와 수직이므로 $\dfrac{y-y'}{x-x'}=-\dfrac{1}{3}$ … (2)

(1), (2)를 연립하여 풀면 $x'=\dfrac{1}{10}(x+3y),\ y'=\dfrac{1}{10}(3x+9y)$

따라서 점 P를 점 P'으로 옮기는 일차변환을 나타내는 행렬은 $\dfrac{1}{10}\begin{pmatrix}1 & 3\\ 3 & 9\end{pmatrix}$이므로 구하는 행렬의 모든 성분의 합은 $\dfrac{1}{10}(1+3+3+9)=\dfrac{16}{10}=\dfrac{8}{5}$ ·····◀

예제 4 그림과 같이 정사각형 $OABC$의 한 꼭짓점 $A(3,\ 1)$에서 x축에 내린 수선의 발을 H라 하자. 점 H를 점 A로, 점 A를 점 B로 옮기는 일차변환 f에 의하여 점 C가 옮겨지는 점의 좌표는 $(a,\ b)$이다. $a+b$의 값을 구하시오. (단, O는 원점이다.)

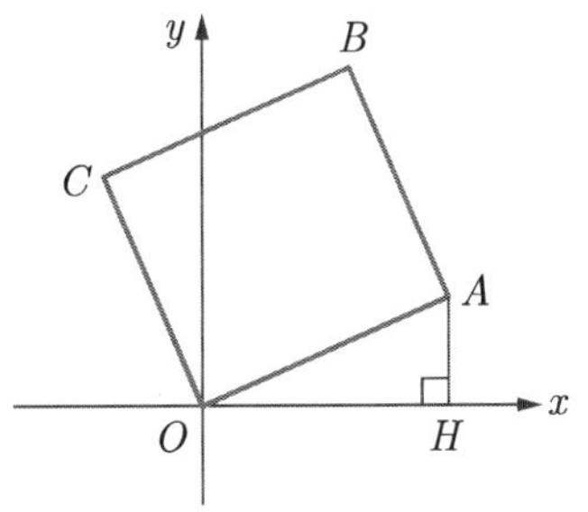

풀이 ·····

점 C에서 x축에 내린 수선의 발을 D라 하면 $\triangle AOH\equiv\triangle OCD$이므로 $C(-1,\ 3)$ 점 B에서 직선 AH에 내린 수선의 발을 E라 하면 $\triangle AOH\equiv\triangle BAE$이므로 $B(2,\ 4)$ 일차변환 f를 나타내는 행렬을 M이라 하면 $M\begin{pmatrix}3\\0\end{pmatrix}=\begin{pmatrix}3\\1\end{pmatrix}$, $M\begin{pmatrix}3\\1\end{pmatrix}=\begin{pmatrix}2\\4\end{pmatrix}$, 즉 $M\begin{pmatrix}3 & 3\\0 & 1\end{pmatrix}=\begin{pmatrix}3 & 2\\1 & 4\end{pmatrix}$

$$\therefore M=\begin{pmatrix}3 & 2\\1 & 4\end{pmatrix}\begin{pmatrix}3 & 3\\0 & 1\end{pmatrix}^{-1}=\frac{1}{3}\begin{pmatrix}3 & 2\\1 & 4\end{pmatrix}\begin{pmatrix}1 & -3\\0 & 3\end{pmatrix}=\frac{1}{3}\begin{pmatrix}3 & -3\\1 & 9\end{pmatrix}$$

이때 $\frac{1}{3}\begin{pmatrix} 3 & -3 \\ 1 & 9 \end{pmatrix}\begin{pmatrix} -1 \\ 3 \end{pmatrix} = \begin{pmatrix} -4 \\ \frac{26}{3} \end{pmatrix}$이므로 일차변환 f에 의하여 점 C가 옮겨지는 점의 좌표는 $\left(-4,\ \frac{26}{3}\right)$이고 $a+b=\frac{14}{3}$ ……◀

예제 5 좌표평면에서 행렬 $\begin{pmatrix} k & 0 \\ 0 & k \end{pmatrix}$ $(k>1)$로 나타나는 일차변환에 의하여 세 점 $A(3,\ 0)$, $B(3,\ 3)$, $C(0,\ 3)$이 옮겨진 점을 각각 A', B', C'이라 하자. 삼각형 ABC의 내부와 삼각형 $A'B'C'$의 내부의 공통부분의 넓이가 $\frac{1}{2}$일 때, k의 값을 구하시오.

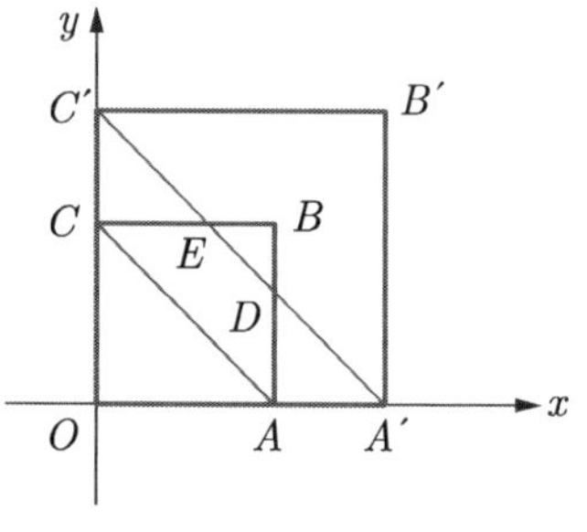

풀이 1 ……

$A'(3k,\ 0)$, $C'(0,\ 3k)$이므로 직선 $A'C'$의 방정식은 $x+y=3k$

두 선분 AB, $A'C'$의 교점을 D라 하면 공통부분은 직각이등변삼각형이므로 그 넓이는

$$\frac{1}{2}\overline{BD}^2=\frac{1}{2} \quad \therefore \overline{BD}=1$$

따라서 $D(3,\ 2)$가 직선 $x+y=3k$ 위의 점이므로 $3+2=3k$ $\therefore k=\frac{5}{3}$

풀이 2 ……

$A'(3k,\ 0)$, $C'(0,\ 3k)$이므로 직선 $A'C'$의 방정식은 $x+y=3k$

이 직선이 두 선분 AB, BC와 만나는 점을 각각 D, E라 하면

$$D(3,\ -3+3k),\ E(-3+3k,\ 3)\ (1<k<2)$$

이때 삼각형 ABC의 내부와 삼각형 $A'B'C'$의 내부의 공통부분인 삼각형

BDE의 넓이는 $\frac{1}{2}(6-3k)^2=\frac{1}{2}$ 즉 $(6-3k)^2=1$에서 $6-3k=1$

$\therefore\ k=\frac{5}{3}$ ……◀

예제 6 행렬 $\begin{pmatrix}1 & 0\\0 & -1\end{pmatrix}$로 나타나는 일차변환에 의하여 점 $P(4,\ -2)$가 옮겨진 점을 Q, 직선 $y=-x$에 대한 대칭변환에 의하여 점 Q가 옮겨진 점을 R라 하자. 삼각형 PQR의 넓이를 구하시오.

풀이 ……

$\begin{pmatrix}1 & 0\\0 & -1\end{pmatrix}\begin{pmatrix}4\\-2\end{pmatrix}=\begin{pmatrix}4\\2\end{pmatrix}$에서 $Q(4,\ 2)$ 직선 $y=-x$에 대한 대칭변환의 행렬은 $\begin{pmatrix}0 & -1\\-1 & 0\end{pmatrix}$이므로 $\begin{pmatrix}0 & -1\\-1 & 0\end{pmatrix}\begin{pmatrix}4\\2\end{pmatrix}=\begin{pmatrix}-2\\-4\end{pmatrix}$에서 $R(-2,\ -4)$ 따라서 삼각형 PQR의 넓이는 $\frac{1}{2}\times4\times6=12$ ……◀

예제 7 좌표평면에서 원점을 중심으로 하는 회전변환 f에 의하여 점 $(1,\ 0)$이 제1사분면 위의 점 $\left(\frac{\sqrt{3}}{2},\ a\right)$로 옮겨진다. 회전변환 f를 나타내는 행렬의 모든 성분의 합을 b라 할 때, a^2+b^2의 값을 구하시오.

풀이 ……

$\begin{pmatrix}\frac{\sqrt{3}}{2}\\a\end{pmatrix}=\begin{pmatrix}\cos\theta & -\sin\theta\\\sin\theta & \cos\theta\end{pmatrix}\begin{pmatrix}1\\0\end{pmatrix}=\begin{pmatrix}\cos\theta\\\sin\theta\end{pmatrix}$에서 $\cos\theta=\frac{\sqrt{3}}{2}$, $\sin\theta=a$

$\therefore\ a^2=\sin^2\theta=1-\cos^2\theta=1-\frac{3}{4}=\frac{1}{4}$

또한 $b=2\cos\theta=\sqrt{3}$이므로 $b^2=3$ 따라서 $a^2+b^2=\frac{13}{4}$ ……◀

예제 8 행렬 $A=\begin{pmatrix}0 & -1\\1 & 0\end{pmatrix}$으로 나타내는 일차변환에 의하여 직선 $x-2y+5=0$이 직선 $ax+by+5=0$으로 옮겨질 때, 상수 a,b의 합 $a+b$의 값을 구하시오.

풀이 ……

$A=\begin{pmatrix}0 & -1\\1 & 0\end{pmatrix}$으로 나타내는 일차변환에 의하여 직선 $x-2y+5=0$ 위의 점 $(x,$

y)가 직선 $ax+by+5=0$ 위의 점 $(x',\ y')$으로 옮겨진다고 하면 $\begin{pmatrix} x' \\ y' \end{pmatrix}=\begin{pmatrix} 0 & -1 \\ 1 & 0 \end{pmatrix}\begin{pmatrix} x \\ y \end{pmatrix}$

$\therefore \begin{pmatrix} x \\ y \end{pmatrix}=\begin{pmatrix} 0 & -1 \\ 1 & 0 \end{pmatrix}\begin{pmatrix} x' \\ y' \end{pmatrix}=\begin{pmatrix} 0 & 1 \\ -1 & 0 \end{pmatrix}\begin{pmatrix} x' \\ y' \end{pmatrix}=\begin{pmatrix} y' \\ -x' \end{pmatrix}$ 즉, $x=y'$, $y=-x'$

$y'-2(-x')+5=0$에서 $2x'+y'+5=0$

따라서 직선 $x-2y+5=0$이 직선 $2x+y+5=0$으로 옮겨지므로 $a=2$, $b=1$

즉 $a+b=3$ ·····◀

예제 9 원점을 중심으로 $90°$만큼 회전하는 회전변환을 나타내는 행렬을 A라 하자. 일차 변환 f를 나타내는 행렬이 $A+A^2+A^3+A^4+A^5$과 같을 때, f에 의하여 점 $(2,\ 0)$이 점 $(a,\ b)$로 옮겨진다. $a+b$의 값을 구하시오.

풀이 ·····

$A=\begin{pmatrix} \cos 90° & -\sin 90° \\ \sin 90° & \cos 90° \end{pmatrix}=\begin{pmatrix} 0 & -1 \\ 1 & 0 \end{pmatrix}$, $A^2=\begin{pmatrix} 0 & -1 \\ 1 & 0 \end{pmatrix}\begin{pmatrix} 0 & -1 \\ 1 & 0 \end{pmatrix}=\begin{pmatrix} -1 & 0 \\ 0 & -1 \end{pmatrix}=-E$,

$A^3=A^2A=(-E)A=-A$, $A^4=(A^2)^2=(-E)^2=E$, $A^5=A^4A=A$

$\therefore A+A^2+A^3+A^4+A^5=A+(-E)+(-A)+E+A=A$

즉, 일차변환 f를 나타내는 행렬이 A이므로 $\begin{pmatrix} a \\ b \end{pmatrix}=\begin{pmatrix} 0 & -1 \\ 1 & 0 \end{pmatrix}\begin{pmatrix} 2 \\ 0 \end{pmatrix}=\begin{pmatrix} 0 \\ 2 \end{pmatrix}$

따라서 $a+b=0+2=2$ ·····◀

예제 10 두 일차변환 f, g를 나타내는 행렬이 각각 $\begin{pmatrix} 2 & 3 \\ -1 & -2 \end{pmatrix}$, $\begin{pmatrix} -5 & 1 \\ 4 & -1 \end{pmatrix}$일 때, 일차변환 $g^{-1}\circ f^{-1}$에 의하여 점 $(-4,\ 2)$가 옮겨지는 점의 좌표가 $(a,\ b)$이다. $a+b$의 값을 구하시오.

풀이 ·····

$g^{-1}\circ f^{-1}=(f\circ g)^{-1}$이므로 일차변환 $g^{-1}\circ f^{-1}$를 나타내는 행렬은

$\begin{pmatrix} 2 & 3 \\ -1 & -2 \end{pmatrix}\begin{pmatrix} -5 & 1 \\ 4 & -1 \end{pmatrix}=\begin{pmatrix} 2 & -1 \\ -3 & 1 \end{pmatrix}$의 역행렬인 $\begin{pmatrix} -1 & -1 \\ -3 & -2 \end{pmatrix}$이다.

이때, $\begin{pmatrix} a \\ b \end{pmatrix}=\begin{pmatrix} -1 & -1 \\ -3 & -2 \end{pmatrix}\begin{pmatrix} -4 \\ 2 \end{pmatrix}=\begin{pmatrix} 2 \\ 8 \end{pmatrix}$이므로 $a+b=10$ ·····◀

예제 11 행렬 $\begin{pmatrix} a & -2 \\ 3 & 1 \end{pmatrix}$로 나타내는 일차변환 f에 의하여 좌표평면 위의 모든 점이 한 직선으로 옮겨질 때, 이 직선의 방정식을 구하시오.

풀이 ·····

좌표평면 위의 모든 점이 한 직선으로 옮겨지므로 일차변환 f를 나타내는 행렬 $\begin{pmatrix} a & -2 \\ 3 & 1 \end{pmatrix}$의 역행렬이 존재하지 않는다. 즉 $a+6=0$이므로 $a=-6$ 좌표평면 위의 점 $(x,\ y)$가 직선 위의 점 $(x',\ y')$으로 옮겨진다고 하면

$\begin{pmatrix} x' \\ y' \end{pmatrix} = \begin{pmatrix} -6 & -2 \\ 3 & 1 \end{pmatrix}\begin{pmatrix} x \\ y \end{pmatrix} = \begin{pmatrix} -6x-2y \\ 3x+y \end{pmatrix}$ 즉 $x'=-6x-2y$, $y'=3x+y$이므로 x, y의 값에 관계없이 $y'=-\frac{1}{2}x'$이 성립한다. 따라서 좌표평면 위의 모든 점은 원점을 지나는 직선 $y=-\frac{1}{2}x$로 옮겨진다. ·····◀

CH·10 연습문제

1. 일차변환 f를 나타내는 행렬이 $\begin{pmatrix} a & 4 \\ 3 & b \end{pmatrix}$이고 일차변환 f에 의하여 점 $(-1,\ 2)$가 점 $(6,\ 5)$로 옮겨질 때, 일차변환 f에 의하여 점 $(5,\ -2)$가 옮겨지는 점의 좌표는?

① $(0,\ 3)$ ② $(1,\ 5)$ ③ $(2,\ 7)$ ④ $(3,\ 9)$ ⑤ $(4,\ 11)$

2. 일차변환 f에 의하여 두 점 $(1,\ 1)$, $(2,\ 3)$이 각각 두 점 P, Q로 옮겨지고, 원점을 중심으로 $60°$만큼 회전하는 회전변환에 의하여 두 점 P, Q가 각각 두 점 $(-1,\ \sqrt{3})$, $(\sqrt{3},\ -1)$로 옮겨진다. 일차변환 f를 나타내는 행렬의 모든 성분의 합은?

① $1+\sqrt{3}$ ② $2+\sqrt{3}$ ③ $3+\sqrt{3}$ ④ $4+\sqrt{3}$ ⑤ $5+\sqrt{3}$

3. 행렬 $\begin{pmatrix} a & a+1 \\ 1 & 1 \end{pmatrix}$로 나타내는 일차변환 f에 의하여 직선 $x-y+1=0$이 옮겨지는 도형이 원 $x^2+y^2+2x-6y+1=0$의 넓이를 이등분할 때, 상수 a의 값을 구하시오.

4. 행렬 $\begin{pmatrix} 2 & a \\ b & 4 \end{pmatrix}$로 나타내는 일차변환 f에 의하여 직선 $y=2x+1$이 직선 $y=3x+1$로 옮겨질 때, $a+b$의 값을 구하시오.

5. 좌표평면 위에 정삼각형 OAB가 있다. 점 A의 좌표가 $(6,\ 4)$일 때, 제2사분면에 있는 점 B의 좌표는 $(a,\ b)$이다. $a+b$의 값은? (단, O는 원점이다.)

① $3+\sqrt{3}$ ② $4+\sqrt{3}$ ③ $5+\sqrt{3}$ ④ $6+\sqrt{3}$ ⑤ $7+\sqrt{3}$

6. 두 일차변환 f, g를 나타내는 행렬이 각각 $\begin{pmatrix} 2 & 0 \\ 0 & 2 \end{pmatrix}$, $\begin{pmatrix} \frac{\sqrt{3}}{2} & -\frac{1}{2} \\ \frac{1}{2} & \frac{\sqrt{3}}{2} \end{pmatrix}$이다. 두 일차변환의 합성변환 $f \circ g$를 일차변환 h라 할 때, 합성변환 $h \circ h \circ h \circ h$에 의하여 점 $(1,\ \sqrt{3})$이 옮겨지는 점의 좌표는?

① $(-32,\ 0)$ ② $(-16,\ 0)$ ③ $(-8,\ 8)$ ④ $(0,\ 16)$ ⑤ $(0,\ 32)$

7. 일차변환 f를 나타내는 행렬을 A라 할 때, 행렬 A와 일차변환 f가 다음 조건을 만족시킨다.

> (가) $A^2 - A - E = O$
> (나) 일차변환 f에 의하여 점 $(-1,\ 4)$는 점 $(5,\ 2)$로 옮겨진다.

일차변환 f에 의하여 점 $(5,\ 2)$가 옮겨지는 점의 좌표를 $(a,\ b)$라 할 때, $a+b$의 값을 구하시오. (단, E는 단위행렬이고 O는 영행렬이다.)

8. 행렬 $\begin{pmatrix} 1 & 2 \\ 2 & -1 \end{pmatrix}$이 나타내는 일차변환에 의하여 점 A는 점 B로, 점 B는 점 C로 옮겨진다. 점 B의 좌표가 $(-1,\ 8)$일 때, 선분 AC의 중점의 좌표를 구하시오.

9. 좌표평면 위의 두 점 $(1,\ -2)$, $(2,\ 3)$을 각각 두 점 $(-3,\ 4)$, $(8,\ 1)$로 옮기는 일차변환 f에 의하여 점 $(-2,\ 1)$이 옮겨지는 점의 좌표를 구하시오.

10. 일차변환 $f : (x,\ y) \to (x-2y,\ -2x-2y)$에 의하여 직선 $y=kx$가 자기 자신으로 옮겨질 때, 양수 k의 값을 구하시오.

11. 일차변환 $\begin{pmatrix} x' \\ y' \end{pmatrix} = \begin{pmatrix} -2 & 1 \\ 2 & 1 \end{pmatrix}\begin{pmatrix} x \\ y \end{pmatrix}$에 의하여 세 점 $O(0,\ 0)$, $A(0,\ 1)$, $B(1,\ 0)$이 옮겨지는 점을 각각 O', A', B'이라 할 때, 삼각형 $O'A'B'$의 넓이를 구하시오.

12. 일차변환 f와 세 행렬 $A=\begin{pmatrix} 1 \\ 2 \end{pmatrix}$, $B=\begin{pmatrix} 2 \\ 4 \end{pmatrix}$, $C=\begin{pmatrix} -1 \\ -2 \end{pmatrix}$에 대하여 $f(A)=B$일 때, $f(B)-f(C)$를 구하시오.

13. 일차변환 f'에 의하여 두 점 A, B가 각각 $A'(5,\ -2)$, $B'(1,\ 5)$로 옮겨질 때, f'에 의하여 삼각형 OAB의 무게중심 G가 옮겨지는 점의 좌표를 구하시오.
(단, O는 원점이다.)

14. 정삼각형 OAB에서 점 A의 좌표가 $(4,\ 2)$이고 점 B가 제1사분면에 있을 때, 점 B의 x좌표와 y좌표의 합을 구하시오. (단, O는 원점이다.)

15. 행렬 $\begin{pmatrix} \cos\theta & -\sin\theta \\ \sin\theta & \cos\theta \end{pmatrix}$로 나타내는 회전변환에 의하여 점 $(\sqrt{3},\ 1)$이 옮겨지는 점을 P라 할 때, 점 P가 그리는 도형의 길이를 구하시오. (단, $0 \leqq \theta \leqq \frac{2}{3}\pi$)

16. 행렬 $\begin{pmatrix} -2 & 2 \\ -3 & 2 \end{pmatrix}$로 나타내는 일차변환에 의하여 직선 l이 직선 m으로 옮겨지고, 두 직선 $l,\ m$의 교점이 $(2,\ 3)$이다. 이때 두 직선 $l,\ m$ 및 x축으로 둘러싸인 부분의 넓이를 구하시오.

17. 두 일차변환 $f,\ g$에 대하여 f의 행렬이 $\begin{pmatrix} 1 & 0 \\ 2 & -1 \end{pmatrix}$이고 합성변환 $g \circ f$의 행렬이 $\begin{pmatrix} 4 & -1 \\ -5 & 3 \end{pmatrix}$일 때, 일차변환 g의 행렬의 모든 성분의 합을 구하시오.

18. 직선 $y=x$에 대한 대칭변환을 f, 원점을 중심으로 $\frac{\pi}{4}$만큼 회전하는 회전변환을 g, y축에 대한 대칭변환을 h라 할 때, 합성변환 $h \circ g \circ f$를 T라 하자. 합성변환 T를 5회 시행하였을 때, 점 $(1,\ 2)$가 옮겨지는 점의 좌표를 구하시오.

19. 일차변환 f의 행렬 $A=\begin{pmatrix} 2 & 7 \\ -1 & -3 \end{pmatrix}$에 대하여 행렬 A^{23}이 나타내는 일차변환은 점 $P(2,\ -1)$을 점 $(1,\ 0)$으로 옮긴다. 점 P가 행렬 A^{24}이 나타내는 일차변환에 의하여 옮겨지는 점을 Q, 행렬 A^{22}이 나타내는 일차변환에 의하여 옮겨지는 점을 R라 할 때, 선분 QR의 길이를 구하시오.

20. 행렬 $\begin{pmatrix} 3 & -2 \\ 2 & -1 \end{pmatrix}$이 나타내는 일차변환에 의하여 직선 $2x+y-1=0$이 직선 $ax+by+1=0$으로 옮겨진다고 할 때, ab의 값을 구하시오.

21. 일차변환 f에 의하여 직선 $x+3y+2=0$이 한 점 $(-4,\ -2)$로 옮겨진다고 한다. 이때 f에 의하여 원 $x^2+y^2=1$이 옮겨지는 도형의 길이를 구하시오.

22. 점 $O(0,\ 0)$, $A(2,\ 0)$, $B(1,\ \sqrt{3})$으로 이루어진 정삼각형 OAB와 이 정삼각형을 원점 O를 중심으로 $30°$ 만큼 회전이동시킨 정삼각형 $OA'B'$이 겹치는 부분의 넓이를 구하시오.

연습문제 해답

CH. 9 연습문제

1. 평행사변형 $BCDE$를 만들면

$\overrightarrow{AB}+\overrightarrow{CD}=\overrightarrow{AB}+\overrightarrow{BE}=\overrightarrow{AE}$

$\overrightarrow{AD}+\overrightarrow{CB}=\overrightarrow{AD}+\overrightarrow{DE}=\overrightarrow{AE}$

이므로 $\overrightarrow{AB}+\overrightarrow{CD}=\overrightarrow{AD}+\overrightarrow{CB}$

2. $\sqrt{26}$

3. 변 BC의 중점을 D라고 하면

$\overrightarrow{OD}=\frac{1}{2}(\overrightarrow{OB}+\overrightarrow{OC})$

이때, G는 선분 AD를 $2:1$로 내분하는 점이므로

$\overrightarrow{OG}=\frac{2\overrightarrow{OD}+1\overrightarrow{OA}}{2+1}=\frac{2\overrightarrow{OD}+\overrightarrow{OA}}{3}$

따라서 $\overrightarrow{OG}=\frac{1}{3}\left\{2\times\frac{1}{2}(\overrightarrow{OB}+\overrightarrow{OC})+\overrightarrow{OA}\right\}$

$=\frac{1}{3}(\overrightarrow{OA}+\overrightarrow{OB}+\overrightarrow{OC})$

4. $m=-\frac{6}{5},\ n=\frac{14}{5}$

5. $\frac{3}{7\sqrt{19}}$

6. $\frac{\sqrt{3}}{6}$

7. $\frac{x-4}{2}=\frac{y+3}{-3}=z$

8. (1) $\frac{x-1}{2}=y+1=\frac{z-3}{3}$

(2) $\frac{x+1}{2}=-y+2=\frac{z-3}{-3}$

(3) $\frac{x-1}{3}=\frac{y-3}{3}=z-1$

9. (1) $2x-31y-14z+33=0$

(2) $3x-4y+z-1=0$

(3) $4x+11y-9z-15=0$

10. $\sqrt{5}$

11. $\sqrt{10}$

12. $\frac{6}{\sqrt{14}}$

13. $2\sqrt{3}$

14. $\sqrt{6}$

15. $\frac{2\sqrt{55}}{5}$

16. 32

17. 24

18. 81

19. 7

20. 30

21. 2

22. $6\sqrt{3}$

23. (1) $\frac{3}{2}$ (2) 5

24. $\sqrt{15}$

25. 2

26. $\sqrt{15}-\frac{1}{3}$

27. 15

28. 1

29. $\sqrt{13}$

30. $\sqrt{10}$

연습문제 해답

CH. 10 연습문제

1. ③
2. ①
3. -1
4. 5
5. ③
6. ①
7. 10
8. $(9,\ -6)$
9. $(0,\ -5)$
10. 2
11. 2
12. $\begin{pmatrix} 6 \\ 12 \end{pmatrix}$
13. $(2,\ 1)$
14. $3+\sqrt{3}$
15. $\frac{4\pi}{3}$
16. $\frac{9}{2}$
17. 1
18. $\left(\frac{\sqrt{2}}{2},\ -\frac{3\sqrt{2}}{2}\right)$
19. $\sqrt{29}$
20. -28
21. $10\sqrt{2}$
22. $6-3\sqrt{3}$

CH· 4 연습문제

1. 두 점 $(6,\ -2)$, $(8,\ 4)$에서 같은 거리에 있는 x축 및 y축 위의 점의 좌표를 각각 구하시오.

2. 평행사변형 $ABCD$의 세 꼭짓점의 좌표가 $A(x_1,\ y_1)$, $B(x_2,\ y_2)$, $C(x_3,\ y_3)$일 때, 꼭짓점 D의 좌표를 구하시오.

3. 두 점 $A(-1,\ 2)$, $B(3,\ 1)$에 대하여 점 C가 x축 위의 점일 때, $\overline{AC}+\overline{BC}$의 최솟값을 구하시오.

4. 세 점 $(4,\ a)$, $(1,\ -1)$, $(-3,\ -2)$가 한 직선 위에 있도록 실수 a를 구하시오.

5. 두 점 $(a,\ b)$, $(b,\ a)$를 지나는 직선의 방정식을 구하시오. (단, $a \neq b$)

6. 점 $(2,\ 3)$을 지나고 점 $(3,\ 4)$까지의 거리가 $\dfrac{1}{\sqrt{5}}$인 직선의 방정식을 구하시오.

7. 두 직선 $y=0$과 $y=\dfrac{4}{3}x$가 이루는 각을 이등분하는 직선의 방정식을 구하시오.

8. 세 점 $O(0,\ 0)$, $A(x_1,\ y_1)$, $B(x_2,\ y_2)$를 꼭짓점으로 하는 삼각형의 넓이 S는

$$S=\frac{1}{2}|x_1y_2-x_2y_1|$$

임을 보이시오.

9. 다음 조건을 만족시키는 원의 방정식을 구하시오.

(1) 원 $x^2+y^2-4x+6y-1=0$과 중심이 같고, 점 $(1,\ 2)$를 지난다.

(2) 점 $(0,\ 3)$을 지나며, 점 $(3,\ 0)$에서 x축에 접한다.

(3) 두 점 $(6,\ 4)$, $(3,\ -5)$를 지나고, 반지름이 5이다.

(4) 두 점 $(0,\ -3)$, $(1,\ 4)$를 지나고, 중심이 x축 위에 있다.

10. 점 $(2,\ 3)$을 중심으로 하고 직선 $3x+4y-3=0$에 접하는 원의 방정식을 구하시오.

11. 점 $(2,\ 1)$을 지나고 x축 및 y축에 접하는 원은 두 개 있다. 이 두 원의 중심 사이의 거리를 구하시오.

12. (1) 직선 $x+y-3=0$과 원 $x^2+y^2-2x-y-15=0$과의 두 교점과 원점을 지나는 원의 방정식을 구하시오.

(2) 두 원 $x^2+y^2-9=0$, $x^2+y^2-4x-2y+3=0$의 교점을 지나는 원 중에서 x축에 접하는 원의 방정식을 구하시오.

13. 세 점 $(4,\ 7)$, $(1,\ 1)$, $(8,\ 5)$를 꼭짓점으로 하는 삼각형의 넓이를 구하시오.

14. (1) 세 점 $A(-1,\ 4)$, $B(-2,\ -3)$, $C(4,\ 3)$를 꼭짓점으로 하는 $\triangle ABC$가 있다. 꼭짓점 A를 지나고 $\triangle ABC$의 넓이를 이등분하는 직선의 방정식을 구하시오.

(2) 세 점 $A(3,\ 8)$, $B(-2,\ -2)$, $C(3,\ 0)$를 꼭짓점으로 하는 $\triangle ABC$의 넓이를 직선 $y=a$가 이등분할 때, 상수 a의 값을 구하시오.

15. 두 점 $A(2,\ 95)$, $B(23,\ -3)$을 연결하는 선분 AB 위의 점으로 x좌표, y좌표가 모두 정수인 점의 개수를 구하시오.

16. 좌표평면 위의 두 점 $F(2,\ 0)$, $F'(-2,\ 0)$에서의 거리의 합이 일정한 점들이 그리는 도형이 점 $P(\sqrt{2},\ \sqrt{3})$을 지난다. 이 도형이 직선 $x=1$과 만나는 두 점을 A, B라 할 때, 선분 AB의 길이를 구하시오.

17. 두 초점이 $F(2,\ 0)$, $F'(-2,\ 0)$이고 점 $(0,\ 2)$를 지나는 타원 위의 점 P에 대하여

$\angle FPF' = 60°$일 때, 삼각형 FPF'의 넓이를 구하시오.

18. 두 직선 $x+y-3=0$, $x-y-1=0$의 교점을 지나고 점 $(5,\ 3)$으로부터의 거리가 2인 직선의 방정식을 구하시오.

19. 점 $A(-5,\ 0)$에서 원 $x^2+y^2-2x+4y=4$에 그은 접선의 접점을 B라 할 때 선분 AB의 길이를 구하시오.

20. 두 점 $\mathrm{A}(0,\ 0)$, $\mathrm{B}(4,\ 0)$으로부터의 거리의 합이 8인 점의 자취의 방정식을 구하시오.

21. 원 $(x-2)^2+(y-1)^2=4$에 대하여 다음 물음에 답하시오.

(1) 점 $A(6,\ 5)$에서 이 원에 그은 접선의 길이를 구하시오.

(2) x축 위의 점 A에서 이 원에 그은 접선의 길이가 $\sqrt{6}$일 때, 점 A의 좌표를 구하시오.

22. a, b가 실수일 때, $\sqrt{a^2+b^2}+\sqrt{(a-1)^2+(b-3)^2}$의 최솟값을 구하시오.

23. 두 점 $A(2,\ 4)$, $B(4,\ 1)$로부터 같은 거리에 있는 점의 자취의 방정식을 구하시오.

24. 세 점 $A(2,\ 5)$, $B(0,\ -2)$, $C(a,\ 0)$을 꼭짓점으로 하는 삼각형 ABC의 넓이가 12일 때, 정수 a의 값을 구하시오.

25. 두 원 $x^2+y^2=4$, $x^2+y^2+4x+4y=0$의 공통현의 길이를 구하시오.

26. 원 $x^2+(y-2)^2=12$와 직선 $2x+y+3=0$이 만나서 생기는 현의 길이를 구하시오.

27. 두 정점 $A(-3,\ 0)$, $B(2,\ 0)$에 대하여 점 P가 $2\overline{AP}=3\overline{BP}$를 만족시킬 때, $\triangle ABP$의 넓이의 최댓값을 구하시오.

CHAPTER 5

집합과 함수

5.1 집합

어떤 조건에 의하여 그 대상이 분명한 모임을 집합(set)이라 하고, 집합을 이루는 대상 하나하나를 그 집합의 원소(element)라고 한다.

A가 집합이고 a가 A의 원소일 때, a는 A에 속한다고 하며, b가 A의 원소가 아닐 때 b는 A에 속하지 않는다고 한다. 이것을 각각 기호로

$$a \in A, \ b \notin A$$

와 같이 나타낸다.

한편, 원소가 하나도 없는 집합을 공집합(empty set)이라 하고, 이것을 기호로

$$\varnothing$$

와 같이 나타낸다.

예를 들어, 5 이하의 자연수의 집합을 A라 하면 A를 나타내는 방법은 다음 두 가지가 있다.

$$A = \{1, \ 2, \ 3, \ 4, \ 5\}$$
$$A = \{x \mid x\text{는 자연수이고 } x \le 5\}$$

첫 번째 방법으로 집합을 나타내는 것을 원소나열법이라 하고, 두 번째 방법으로 집합을 나타내는 것을 조건제시법이라 한다.

자주 쓰이는 수 집합에는 다음과 같은 것들이 있다.

$\mathbb{N} = \{1, \ 2, \ 3, \ \cdots\}$	: 자연수(natural number)의 집합
$\mathbb{Z} = \{\cdots, \ -2, \ -1, \ 0, \ 1, \ 2, \ \cdots\}$	: 정수(integer)의 집합
$\mathbb{Q} = \left\{\dfrac{p}{q} : p, \ q\text{는 정수}, \ q \neq 0\right\}$	: 유리수(rational number)의 집합
$\mathbb{Q}^c$	: 무리수(irrational number)의 집합
$\mathbb{R} = \mathbb{Q} \cup \mathbb{Q}^c$	: 실수(real number)의 집합
$\mathbb{C}$	: 복소수(complex number)의 집합

두 집합 A, B에 대하여 A의 모든 원소가 B에 속할 때, A를 B의 부분집합(subset)이라 하고 A는 B에 포함된다고 한다. 이것을 기호로

$$A \subset B$$

와 같이 나타낸다. 또, $A \subset B$이고 $B \subset A$일 때, 두 집합은 서로 같다고 하며, 이것을 기호로

$$A = B$$

와 같이 나타낸다.

모든 집합 A에 대하여 $\varnothing \subset A$이고 $A \subset A$이다.

두 집합 A, B에 대하여 $A \subset B$이고 $A \neq B$일 때, A를 B의 진부분집합(proper subset)이라고 한다.

예를 들어, 집합 $\mathbb{N}$, $\mathbb{Z}$, $\mathbb{Q}$, $\mathbb{R}$, $\mathbb{C}$의 포함관계는 다음과 같다.

$$\mathbb{N} \subset \mathbb{Z} \subset \mathbb{Q} \subset \mathbb{R} \subset \mathbb{C}$$

집합들 사이의 연산은 다음과 같이 정의된다.

두 집합 A, B에 대하여

$A \cup B = \{x : x \in A$ 또는 $x \in B\}$: 합집합(union)

$A \cap B = \{x : x \in A$이고 $x \in B\}$: 교집합(intersection)

$A - B = \{x : x \in A$이고 $x \notin B\}$: 차집합(difference)

특히, 전체집합 U의 부분집합 A에 대하여 $U - A$를 A의 여집합(complement)이라 하고 이것을 기호로

$$A^c$$

와 같이 나타낸다.

또, $A \cap B = \varnothing$일 때, A와 B는 서로소라고 한다.

집합의 연산법칙

(1) $A \cup B = B \cup A$, $A \cap B = B \cap A$ (교환법칙)

(2) $(A \cup B) \cup C = A \cup (B \cup C)$, $(A \cap B) \cap C = A \cap (B \cap C)$ (결합법칙)

(3) $(A \cup B) \cap C = (A \cap C) \cup (B \cap C)$,
$(A \cap B) \cup C = (A \cup C) \cap (B \cup C)$ (분배법칙)

(4) $(A \cup B)^c = A^c \cap B^c$, $(A \cap B)^c = A^c \cup B^c$ (드 모르간의 법칙)

두 집합 A, B에 대하여 A의 원소와 B의 원소의 순서쌍들의 집합을 A와 B의 **데카르트 곱**(Cartesian product)이라 하고 $A \times B$로 나타낸다. 즉

$$A \times B = \{(a, b) : a \in A, b \in B\}$$

개구간 (a, b)와 순서쌍 (a, b)의 표현이 같기는 하지만 앞뒤의 문맥을 살피면 구분할 수 있으므로 혼동될 염려는 없다.

예를 들어, $A = \{1, 2\}$, $B = \{x, y\}$일 때, $A \times B$와 $B \times A$를 구해보면

$$A \times B = \{(1, x), (1, y), (2, x), (2, y)\}$$
$$B \times A = \{(x, 1), (x, 2), (y, 1), (y, 2)\}$$

따라서 일반적으로 $A \times B \neq B \times A$이다.

$\mathbb{R} \times \mathbb{R}$을 간단히 $\mathbb{R}^2$이라 나타낸다. 따라서 $\mathbb{R}^2$은 평면 위의 모든 점들의 집합이다. 마찬가지로 $\mathbb{R}^3$은 $\mathbb{R} \times \mathbb{R} \times \mathbb{R}$, 즉 공간의 모든 점들의 집합이다.

유한집합 A의 원소의 개수를 $n(A)$라 하면 다음이 성립한다.

유한집합 A, B에 대하여 다음 성질이 성립한다.

(1) $n(A \cup B) = n(A) + n(B) - n(A \cap B)$

(2) $A \cap B = \varnothing$이면 $n(A \cup B) = n(A) + n(B)$이다.

(3) $n(A \times B) = n(A)n(B)$

예제 1 한 마을 50가구의 집에서는 a, b의 두 가지 신문 중 적어도 한 신문은 반드시 구독하고 있다. a 신문을 구독하는 가구의 수가 35이고 b 신문을 구독하는 가구의 수가 31이라 할 때,

(1) a, b 신문 모두를 구독하는 가구의 수를 구하시오.

(2) a 신문만을 구독하는 가구의 수를 구하시오.

풀이 ·····

a 신문을 구독하는 가구의 집합을 A라 하고, b 신문을 구독하는 가구의 집합을 B라 하면,

$$n(A \cup B) = 50,\ \ n(A) = 35,\ \ n(B) = 31$$

(1) a, b 신문 모두를 구독하는 가구의 수 $n(A \cap B)$는

$$n(A \cup B) = n(A) + n(B) - n(A \cap B)$$

에서 $50 = 35 + 31 - n(A \cap B)$

$$\therefore\ n(A \cap B) = 16$$

(2) a 신문만을 구독하는 가구의 수 $n(A \cap B^c)$은

$$n(A \cap B^c) = n(A) - n(A \cap B) = 35 - 16 = 19$$ ·····◀

예제 2 집합 $A = \{a,\ b,\ c,\ d,\ e,\ f\}$의 부분집합 중에서 적어도 한 개의 모음을 포함하는 집합의 개수를 구하시오.

풀이 1 ····

여집합을 이용하면 구하는 답은

$$2^6 - 2^4 = 64 - 16 = 48$$

풀이 2 ····

a를 포함하는 부분집합의 개수가 $2^5 = 32$이고, e를 포함하는 부분집합의 개수가 $2^5 = 32$이고, a, e를 모두 포함하는 부분집합의 개수가 $2^4 = 16$이므로 구하는 답은

$$32 + 32 - 16 = 48$$ ·····◀

예제 3 전체집합 $U=\{1,\ 2,\ 3,\ 4,\ 5\}$의 두 부분집합 A, B에 대하여 $A=\{1,\ 2,\ 3\}$일 때, $n(A\cap B)\leq 2$를 만족시키는 집합 B의 개수를 구하시오.

풀이 1 ····

$n(A\cap B)=2$를 만족시키는 집합 B의 개수는 $2^2\times 3=12$

$n(A\cap B)=1$을 만족시키는 집합 B의 개수는 $2^2\times 3=12$

$n(A\cap B)=0$을 만족시키는 집합 B의 개수는 $2^2=4$

따라서 구하는 답은 28

풀이 2 ····

여집합을 이용하면 구하는 답은 $2^5-2^2=28$ ·····◀

5.2 함수

두 집합 X, Y가 있을 때, X의 원소에 Y의 원소를 짝지어 주는 것을 X에서 Y로의 대응이라고 한다.

두 집합 X, Y에서 X의 각 원소에 Y의 원소가 하나씩만 대응할 때, 이 대응을 X에서 Y로의 함수(function)라 하고, 이것을 기호로

$$f : X \to Y$$

와 같이 나타낸다.

이때, 집합 X를 함수 f의 정의역(domain)이라 하고, 집합 Y를 함수 f의 공역(codomain)이라고 한다.

함수 f에 의하여 정의역 X의 원소 x에 공역 Y의 원소 y가 대응할 때, 이것을 기호로

$$y = f(x)$$

와 같이 나타낸다.

이때, $f(x)$를 함수 f에 의한 x에서의 함숫값 또는 x의 상(image)이라고 한다. 또한 함수 f에 의한 함숫값 전체의 집합, 즉

$$\{f(x) : x \in X\}$$

를 함수 f 의 치역(range)이라고 한다.

보기 1 다음과 같은 4개의 대응 중 함수를 찾아보자.

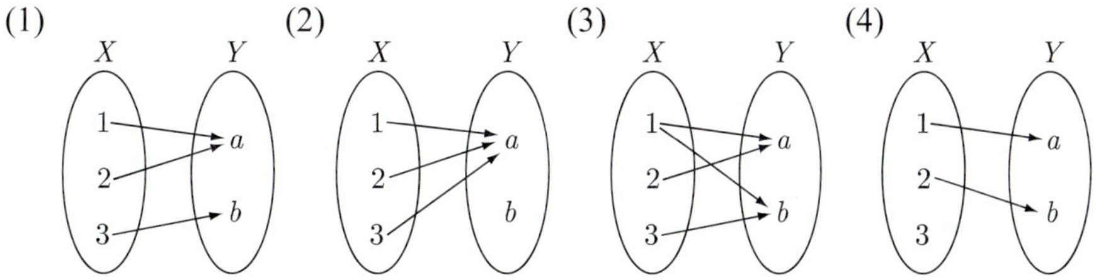

(1)과 (2)는 집합 X의 각 원소에 집합 Y의 원소가 오직 하나씩 대응되므로 함수이다.

(3)은 1에 대응되는 집합 Y의 원소가 두 개이므로 함수가 아니다.

(4)는 3에 대응되는 집합 Y의 원소가 없으므로 함수가 아니다. ◀

$y=f(x)$로 정의된 함수 $f: X \to Y$를 공역 Y가 실수 전체의 집합과 같이 분명하여 별도로 나타낼 필요가 없을 때는 Y를 생략하여 간단히

$$y=f(x)\ \ (x \in X)$$

와 같이 나타낸다. 또, 함수 f의 정의역 X가 함수값 $f(x)$가 정의될 수 있는 실수 x의 값 전체의 집합일 때에는 X를 생략하여 간단히

$$y=f(x)$$

와 같이 나타낸다. 함수 $y=f(x)$에서 x를 독립변수(independent variable), y를 종속변수(dependent variable)라 한다.

예제 1 다음 함수의 정의역과 치역을 구하시오.

(1) $f(x)=x+1$

(2) $f(x)=\dfrac{1}{x-2}$

(3) $f(x)=\dfrac{1}{x^2-3x}$

(4) $f(x)=\dfrac{1}{\sqrt{4-x^2}}$

(5) $f(x)=\dfrac{1}{x^2+2}$

풀이 ·····

(1) 모든 실수 x에 대하여 정의되므로 정의역은 $\mathbb{R}$이고 치역도 $\mathbb{R}$

(2) $x=2$에서 정의되지 않으므로 정의역은 $\mathbb{R}-\{2\}$이고 치역은 $\mathbb{R}-\{0\}$

(3) $x^2-3x \neq 0$이어야 하므로 $x \neq 0,\ 3$이므로 정의역은 $\mathbb{R}-\{0,\ 3\}$

또 $x^2-3x \geq -\dfrac{9}{4}$이므로 구하는 치역은 $\left(-\infty,\ -\dfrac{4}{9}\right] \cup (0,\ \infty)$

(4) $4-x^2>0$이어야 하므로 정의역은 $(-2,\ 2)$이고 치역은 $\left[\dfrac{1}{2},\ \infty\right)$ ◀

정의역과 치역이 같고 $f(x)=x$인 함수를 항등함수(identity function)라 하고 I라 나타낸

다. 즉, $I(x)=x$이다. 또 정의역의 모든 원소가 공역의 한 원소에 대응하는 함수를 상수함수(constant function)라고 한다.

기존의 함수들로 새로운 함수를 만드는 방법에는 몇 가지가 있다. 이제 두 함수의 합, 차, 곱, 몫, 합성에 대하여 알아보자.

두 함수 f, g에 대하여 합 $f+g$, 차 $f-g$, 곱 fg, 몫 $\dfrac{f}{g}$는 다음과 같이 정의된다.

$$(f+g)(x)=f(x)+g(x)$$
$$(f-g)(x)=f(x)-g(x)$$
$$(fg)(x)=f(x)g(x)$$
$$\left(\frac{f}{g}\right)(x)=\frac{f(x)}{g(x)}$$

이 함수들의 정의역은 f의 정의역과 g의 정의역의 교집합이고, 특히 $\dfrac{f}{g}$의 정의역은 $g(x)=0$인 x는 제외하여야 한다.

두 함수 f와 g의 합성함수(composite function) $f\circ g$는 다음과 같이 정의된다.

$$(f\circ g)(x)=f(g(x))$$

이 합성함수의 정의역은 g의 정의역의 원소 중에서 $g(x)$가 f의 정의역에 속하는 x의 집합이다.

예제 2 $f(x)=\sqrt{x}$, $g(x)=x-3$일 때, 다음을 구하시오.

(1) $(f\circ g)(4)$와 $(g\circ f)(4)$

(2) 함수 $f\circ g$, $g\circ f$ 와 각각의 정의역

풀이 ·····

(1) $(f\circ g)(4)=f(g(4))=f(1)=1$

$(g\circ f)(4)=g(f(4))=g(2)=-1$

(2) $(f\circ g)(x)=f(g(x))=f(x-3)=\sqrt{x-3}$이고, 정의역은 $x\geq 3$

$(g\circ f)(x)=g(f(x))=g(\sqrt{x})=\sqrt{x}-3$이고, 정의역은 $x\geq 0$ ·····◀

위의 예제에서 알 수 있듯이

$$f \circ g \neq g \circ f$$

이다. 일반적으로 함수의 합성에 대하여는 교환법칙이 성립하지 않는다. 하지만

$$\begin{aligned}(f \circ (g \circ h))(x) &= f((g \circ h)(x)) = f(g(h(x))) \\ &= (f \circ g)(h(x)) = ((f \circ g) \circ h)(x)\end{aligned}$$

이므로 함수의 합성에 대하여 결합법칙이 성립한다.

함수 $f : X \rightarrow Y$에서

(1) 치역과 공역이 같고

(2) X의 임의의 두 원소 x_1, x_2에 대하여

$$x_1 \neq x_2 \text{이면 } f(x_1) \neq f(x_2)$$

일 때, 함수 f를 일대일 대응(one-to-one correspondence) 또는 전단사함수(bijective function)이라고 한다. 특히, 조건 (1)을 만족하는 함수를 전사함수(surjective function)라고 하고, 조건 (2)를 만족하는 함수를 일대일 함수(one-to-one function) 또는 단사함수(injective function)라고 한다.

함수 $f : X \rightarrow Y$, $y = f(x)$가 일대일 대응일 때, Y의 임의의 원소 y에 대하여 $f(x) = y$인 X의 원소 x가 오직 하나 존재한다. 그러므로 Y의 원소 y에 $f(x) = y$인 X의 원소 x를 대응시켜 Y를 정의역, X를 공역으로 하는 새로운 함수를 정의할 수 있다. 이 새로운 함수를 함수 f의 역함수(inverse function)라고 하며, 기호로

$$f^{-1} : Y \rightarrow X$$

와 같이 나타낸다.

함수 $y = f(x)$의 역함수가 존재하면

$$y = f(x) \iff x = f^{-1}(y)$$

가 성립한다. 이로부터 다음 사실을 알 수 있다.

$$(f^{-1} \circ f)(x) = f^{-1}(f(x)) = f^{-1}(y) = x \quad (x \in X)$$

$$(f \circ f^{-1})(y) = f(f^{-1}(y)) = f(x) = y \quad (y \in Y)$$

즉, 합성함수 $f^{-1} \circ f$는 X에서의 항등함수이고, $f \circ f^{-1}$는 Y에서의 항등함수이다.

역함수를 구할 때는 다음 순서대로 하면 편리하다.

1. 함수를 $y = f(x)$ 형태로 쓴다.
2. 이 식을 x에 대하여 풀어서 $x = g(y)$ 형태로 나타낸다.
3. x와 y를 바꾸면 $y = g(x)$가 $f(x)$의 역함수이다. 즉 $g(x) = f^{-1}(x)$이다.

예제 3 다음 함수의 역함수를 구하시오.

(1) $f(x) = 2x + 3$

(2) $f(x) = \dfrac{x}{x+4}$

풀이 ·····

(1) 주어진 함수를 $y = f(x)$라 놓으면 $y = 2x + 3$이다.

이것을 x에 대하여 풀면 $x = \dfrac{1}{2}y - \dfrac{3}{2}$

여기서 두 변수 x, y를 서로 바꾸어서 나타내면 $y = \dfrac{1}{2}x - \dfrac{3}{2}$

따라서 구하는 역함수는 $f^{-1}(x) = \dfrac{1}{2}x - \dfrac{3}{2}$

(2) $y = \dfrac{x}{x+4}$라 하고 x에 대하여 풀면

$$(x+4)y = x$$
$$(1-y)x = 4y$$
$$x = \frac{4y}{1-y}$$

x, y를 서로 바꾸어서 나타내면 $y = \dfrac{4x}{1-x}$

따라서 $f^{-1}(x) = \dfrac{4x}{1-x}$

예제 4 두 함수 f, g의 역함수가 존재할 때, 다음을 보이시오.

$$(f \circ g)^{-1} = g^{-1} \circ f^{-1}$$

풀이 ·····

함수의 합성은 결합법칙이 성립하므로

$$(g^{-1} \circ f^{-1}) \circ (f \circ g) = g^{-1} \circ (f^{-1} \circ f) \circ g = g^{-1} \circ I \circ g$$
$$= g^{-1} \circ g = I$$
$$(f \circ g) \circ (g^{-1} \circ f^{-1}) = f \circ (g \circ g^{-1}) \circ f^{-1} = f \circ I \circ f^{-1}$$
$$= f \circ f^{-1} = I$$

따라서 $(f \circ g)^{-1} = g^{-1} \circ f^{-1}$ ·····◀

예제 5 두 집합 $X = \{a, b, c\}$, $Y = \{1, 2, 3\}$에 대하여

(1) X에서 Y로의 함수의 개수를 구하시오.

(2) X에서 Y로의 일대일 대응의 개수를 구하시오.

풀이 ·····

(1) Y의 원소 1, 2, 3에서 세 개를 뽑아 다음의 □ 안에 늘어 놓는 방법의 수를 구하는 것이다.

$$a \to \square, \quad b \to \square, \quad c \to \square$$

이때, 뽑은 세 개의 수가 모두 다를 때는 말할 것도 없지만, 어느 두 수가 같거나 세 수가 모두 같아도 좋다.
따라서 a에는 1, 2, 3의 세 가지, b에는 a와 같은 수가 와도 좋으므로 역시 세 가지, 마찬가지로 c에 a, b와 같은 수가 와도 좋으므로 세 가지씩이 있다.

$$\therefore \ 3 \times 3 \times 3 = 27(\text{개})$$

(2) a와 같은 수가 b에 와서는 안 되고, a, b와 같은 수가 c에 와서는 안 되므로

$$\therefore \ 3 \times 2 \times 1 = 6(\text{개})$$ ·····◀

5.3 함수의 그래프

함수 $f: X \to Y$에 대하여, 정의역 X의 원소 x와 이에 대응하는 함숫값 $f(x)$의 순서쌍 $(x,\ f(x))$ 전체의 집합

$$G = \{(x,\ f(x)):\ x \in X\}$$

를 함수 f 의 그래프(graph)라고 한다.

특히, 함수 $y=f(x)$의 정의역과 공역이 모두 실수 전체의 집합일 때, 이 함수의 그래프는 직선이나 곡선과 같이 좌표평면의 부분집합이 된다. 그러나 좌표평면 위의 모든 직선이나 곡선이 항상 어떤 함수의 그래프가 될 수 있는 것은 아니다.

보기 1 다음 그림에서 함수의 그래프를 나타내고 있는 것은 (1)뿐이고 (2)와 (3)은 함수의 그래프가 아니다.

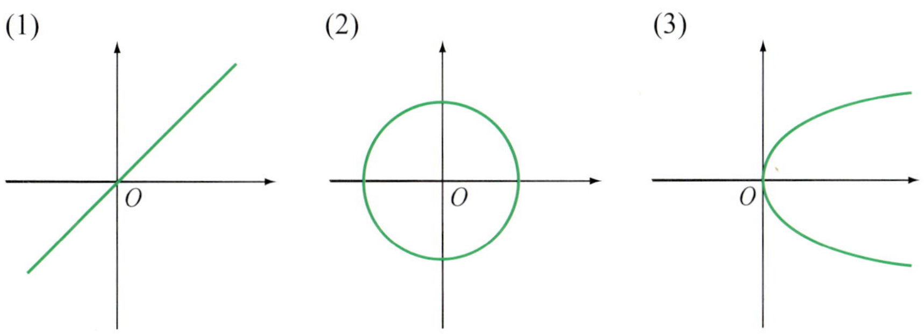

가우스 함수 $y=[x]$는 다음과 같이 정의되는 함수이다.

$[x]$는 x를 넘지 않는 최대 정수

예를 들면, $[2]=2,\ [2.5]=2,\ [\pi]=3,\ [-1.5]=-2$이다. ·····◀

예제 1 가우스 함수 $y=[x]$의 그래프를 그리시오.

풀이 ·····

그래프가 x축과 만나는 점을 x절편이라 하고, y축과 만나는 점을 y절편이라 한다. 즉 $y=f(x)$에서 $y=0$일 때의 x값이 x절편이고 $x=0$일 때의 y값이 y절

편이다.

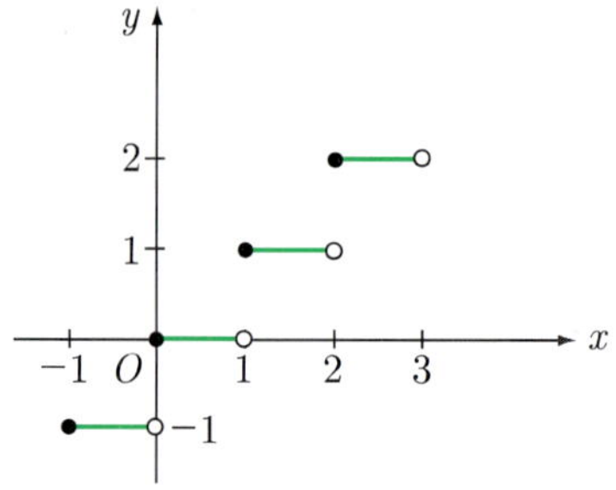

······◀

보기 2 곡선 $y=x^2+3x-4$의 x절편과 y절편을 구해보자. 먼저 $y=0$이라 하면

$$x^2+3x-4=0$$
$$(x+4)(x-1)=0$$
$$x=-4,\ 1$$

따라서 x절편은 $-4,\ 1$이다. 그리고 $x=0$이라 하면 $y=-4$이므로 y절편은 -4이다.

······◀

직선 $x-2y+1=0$, 원 $x^2+y^2-2x-3=0$ 등과 같이

$$f(x,\ y)=0 \quad \cdots \ ①$$

을 만족하는 점 $(x,\ y)$의 집합을 방정식 $f(x,\ y)=0$의 그래프라고 하고, 이 방정식을 **도형의 방정식** 또는 간단히 **도형**이라고 한다.

도형 $f(x,\ y)=0$ 위의 모든 점을 x축의 방향으로 a, y축의 방향으로 b만큼 옮기는 것을 도형의 평행이동이라 한다. 도형 ① 위의 임의의 점 $P(x,\ y)$가 점 $P'(x',\ y')$으로 이동되었다고 하면 $x'=x+a$, $y'=y+b$이므로

$$x=x'-a,\ y=y'-b \quad \cdots \ ②$$

②를 ①에 대입하면 $f(x'-a,\ y'-b)=0$

x', y'을 x, y로 바꾸면 $f(x-a,\ y-b)=0$

도형의 평행이동

도형 $f(x,\ y)=0$을 x축의 방향으로 a, y축의 방향으로 b만큼 평행이동한 도형의 방정식은

$$f(x-a,\ y-b)=0$$

평면 위에 직선 l이 있을 때, 도형 F 위의 모든 점을 직선 l에 대한 대칭점으로 옮기는 것을 직선 l에 대한 대칭이동이라고 한다.

특별한 직선인 x축, y축 및 $y=x$에 대한 대칭이동과 원점에 대한 대칭이동에 대하여 정리하면 다음과 같다.

도형의 대칭이동

도형 $f(x,\ y)=0$을

(1) x축에 대하여 대칭이동한 도형은 $f(x,\ -y)=0$

(2) y축에 대하여 대칭이동한 도형은 $f(-x,\ y)=0$

(3) $y=x$에 대하여 대칭이동한 도형은 $f(y,\ x)=0$

(4) 원점에 대하여 대칭이동한 도형은 $f(-x,\ -y)=0$

함수 f가 정의역의 모든 x에 대하여

$f(-x)=f(x)$이면 우함수(even function)

$f(-x)=-f(x)$이면 기함수(odd function)

이다.

우함수는 x에서의 함숫값과 $-x$에서의 함숫값이 항상 같으므로 우함수의 그래프는 y축에 대칭이 됨을 알 수 있다. 또, 기함수는 x에서의 함숫값과 $-x$에서의 함숫값이 항상 부호가 반대이므로 기함수의 그래프는 원점에 대칭이다.

예를 들어, $y=x^2$, $y=x^4$, $y=\cos x$는 우함수이고 $y=x$, $y=x^3$, $y=\sin x$, $y=\tan x$는 기함수이다.

예제 2 다음을 보이시오.

(1) f가 우함수이고 g가 기함수이면 fg는 기함수이다.

(2) f와 g가 기함수이면 $f+g$는 기함수이고 fg는 우함수이다.

(3) f와 g가 우함수이면 $f+g$와 fg는 우함수이다.

풀이 ·····

(1) $(fg)(-x)=f(-x)g(-x)=f(x)(-g(x))=-f(x)g(x)=-(fg)(x)$

(2) $(f+g)(-x)=f(-x)+g(-x)=-f(x)-g(x)=-(f+g)(x)$

$(fg)(-x)=f(-x)g(-x)=(-f(x))(-g(x))=f(x)g(x)=(fg)(x)$

(3) $(f+g)(-x)=f(-x)+g(-x)=f(x)g(x)=(f+g)(x)$

$(fg)(-x)=f(-x)g(-x)=f(x)g(x)=(fg)(x)$ ·····◀

$y=-x+1$의 그래프를 먼저 그리자.

$y=-|x|+1$의 그래프는 $x \geq 0$일 때 $y=-x+1$의 그래프와 같고 $-|-x|+1=-|x|+1$이므로 $y=-|x|+1$의 그래프는 y축에 대칭이다.

$y=|-x+1|$의 그래프는 $x \leq 1$일 때 $y=-x+1$의 그래프를 그리고 $x \geq 1$일 때 $y=-x+1$의 그래프를 x축에 대칭이동시킨다.

$|y|=-x+1$의 그래프는 $y \geq 0$일 때 $y=-x+1$의 그래프와 같고 $|-y|=|y|$이므로 x축에 대칭이다.

$|y|=-|x|+1$의 그래프는 $x \geq 0$, $y \geq 0$일 때 $y=-x+1$의 그래프와 같고 x축과 y축에 대칭이다.

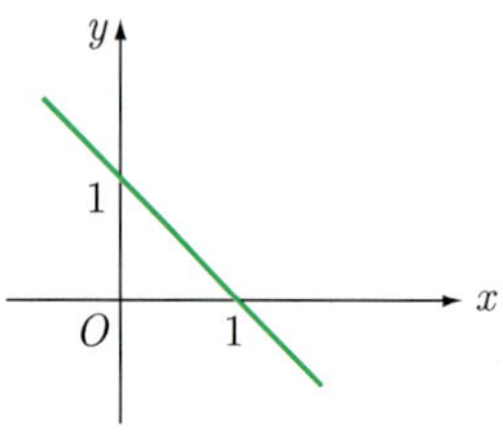

$y=-x+1$

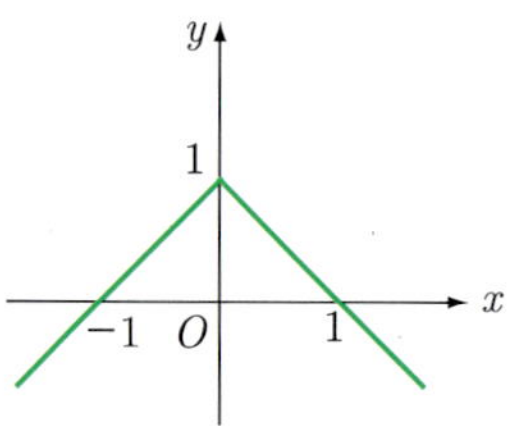

$y=-|x|+1$

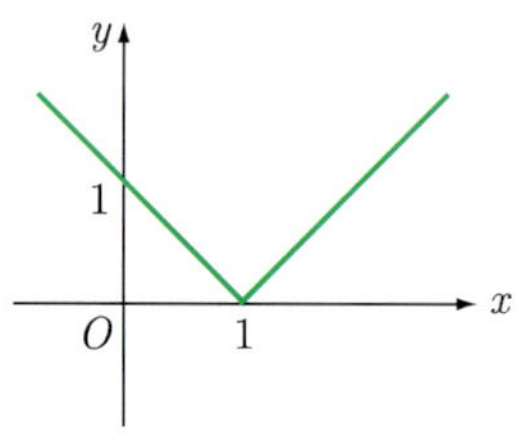

$y=|-x+1|$

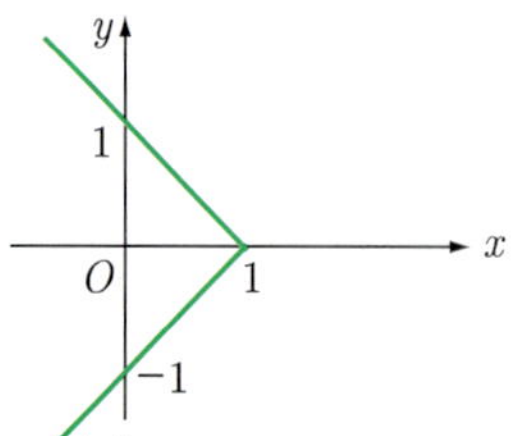

$|y|=-x+1$

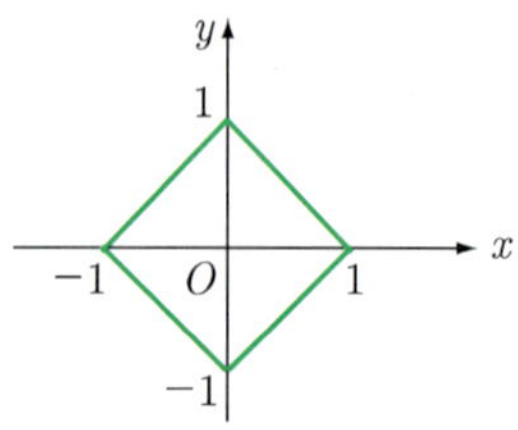

$|y|=-|x|+1$

위의 결과를 정리하면 다음과 같다.

1. $y=f(|x|)$의 그래프는 $x \geq 0$에서 $y=f(x)$의 그래프를 그리고 $x<0$에서는 y축에 대하여 대칭이동시킨다.
2. $y=|f(x)|$의 그래프는 $y \geq 0$에서 $y=f(x)$의 그래프를 그리고 $y<0$인 부분은 x축 위로 꺾어 올린다.
3. $|y|=f(x)$의 그래프는 $y \geq 0$에서 $y=f(x)$의 그래프를 그리고 $y<0$에서는 x축에 대하여 대칭이동시킨다.
4. $|y|=f(|x|)$의 그래프는 $x \geq 0$, $y \geq 0$에서 $y=f(x)$의 그래프를 그리고 x축과 y축에 대하여 대칭이동시킨다.

5.4 다항함수

함수 $y=f(x)$에서 $f(x)$가

$$2x-3,\ x^2-x+4,\ x^3+x-1$$

과 같이 x에 대한 다항식일 때, 함수 $y=f(x)$를 다항함수라고 한다.

다항식 $f(x)$가 일차, 이차, 삼차, $\cdots$의 다항식일 때, 그 다항함수를 각각 일차함수, 이차함수, 삼차함수, $\cdots$라고 한다. 특히 상수도 다항식이므로 상수함수 $f(x)=c$ (c는 상수)도 다항함수이다.

예를 들어, $y=2x-3$은 일차함수, $y=x^2-x+4$는 이차함수, $y=x^3+x-1$은 삼차함수이다.

먼저 이차함수의 그래프와 성질에 대하여 알아보자.

$y=ax^2$, $a>0$의 그래프는 아래로 볼록하고 $y=ax^2$, $a<0$의 그래프는 위로 볼록한 포물선이라는 것을 알고 있다.

또, $y=a(x-m)^2+n$의 그래프는 $y=ax^2$의 그래프를 x축으로 m만큼, y축으로 n만큼 평행이동한 것임을 알고 있다. 이때, 점 (m, n)을 이 포물선의 꼭짓점이라 하고 직선 $x=m$을 축이라 한다.

이차함수 $y=ax^2+bx+c\,(a\neq 0)$를 완전제곱식을 이용하여 변형하면

$$y=a\left(x+\frac{b}{2a}\right)^2-\frac{b^2-4ac}{4a}$$

이므로, 그 그래프는 $y=ax^2$의 그래프를

x축의 방향으로 $-\dfrac{b}{2a}$

y축의 방향으로 $-\dfrac{b^2-4ac}{4a}$

만큼 평행이동한 것이다.

따라서 이차함수 $y=ax^2+bx+c\,(a\neq 0)$의 그래프는

$$\text{축의 방정식이 } x=-\frac{b}{2a}$$

$$\text{꼭짓점의 좌표가 } \left(-\frac{b}{2a},\ -\frac{b^2-4ac}{4a}\right)$$

인 포물선이다.

실수 전체의 집합 $\mathbb{R}$에서 $\mathbb{R}$로의 이차함수

$$f(x)=-x^2+1$$

의 치역은 $\{y\,|\,y\leq 1\}$이다.

이때, 치역의 원소 중 가장 큰 값은 1이다.

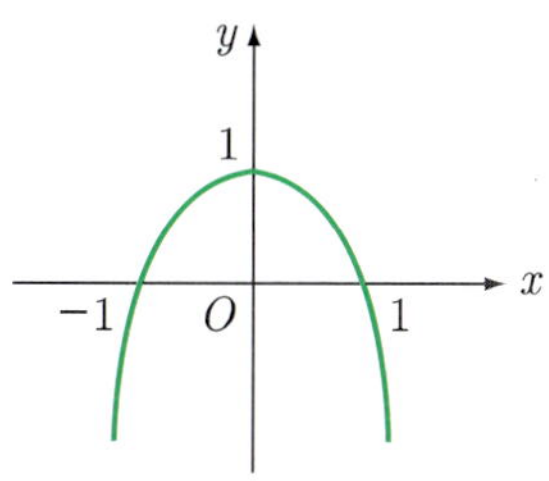

이와 같이, 어떤 함수의 치역에 속하는 값 중에서 가장 큰 값을 그 함수의 **최댓값**이라 하고, 가장 작은 값을 **최솟값**이라 한다.

정의역이 제한된 범위일 때, 그래프를 이용하여 $y=ax^2+bx+c\,(a\neq 0)$의 최댓값과 최솟값을 구해 보자.

예제 1 정의역이 $\{0\leq x\leq 5\}$일 때, 이차함수 $y=x^2-4x+3$의 최댓값과 최솟값을 구하시오.

풀이 ·····

주어진 식을 변형하면

$$y=x^2-4x+3=(x-2)^2-1$$

따라서 이 함수의 그래프는 $(2,\ -1)$을 꼭짓점으로 하는 아래로 볼록한 포물선이고, 주어진 정의역에서는 포물선에서 두 점 $(0,\ 3)$, $(5,\ 8)$ 사이의 부분이다. 따라서 구하는 최댓값은 $x=5$일 때 8이고, 최솟값은 $x=2$일 때 -1이다.

……◀

참고 예제 1에서 정의역이 실수 전체의 집합일 때 최댓값은 없고, 최솟값은 $x=2$일 때 -1이다.

이차함수의 그래프와 직선의 방정식을 각각

$$y=ax^2+bx+c \quad \cdots ①$$
$$y=mx+n \quad \cdots ②$$

이라고 하면, 이들의 교점의 좌표는 이 두 방정식을 연립하여 풀었을 때의 해 $(x,\ y)$와 같다.

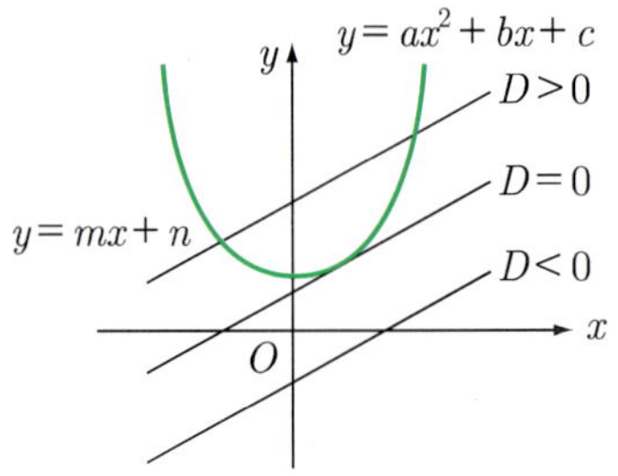

②를 ①에 대입하여 y를 소거하면

$$ax^2+bx+c=mx+n$$

즉, $ax^2+(b-m)x+(c-n)=0 \quad \cdots ③$

이 이차방정식 ③의 판별식을 D라고 하면

$$D=(b-m)^2-4a(c-n)$$

이다.

그런데 ①, ②의 교점의 개수는 위의 방정식 ③의 실근의 개수와 같으므로 판별식 D의 부호에 따라 이차함수의 그래프와 직선의 위치 관계에 대하여 다음 사실을 알 수 있다.

(i) $D>0 \iff$ 서로 다른 두 점에서 만난다.

(ii) $D=0 \iff$ 한 점에서 만난다.

(iii) $D<0 \iff$ 만나지 않는다.

특히, (ii)의 경우와 같이 이차함수의 그래프와 이차함수의 그래프의 축에 평행하지 않은 직선이 한 점에서 만날 때, 이 직선은 이차함수의 그래프에 접한다고 하며, 이 직선을 이차함수의 그래프의 접선(tangent line), 그 교점을 접점이라고 한다.

예제 2 이차함수 $y=-x^2+3x-k$의 그래프가 직선 $y=x+2$에 접하도록 실수 k의 값을 정하시오.

풀이 ·····

주어진 이차함수와 직선의 방정식에서 y를 소거하면

$$-x^2+3x-k=x+2$$

$$\therefore\ x^2-2x+(k+2)=0 \quad \cdots ①$$

직선이 이차함수의 그래프에 접하려면, 방정식 ①이 중근을 가져야 한다. 따라서

$$\frac{D}{4}=(-1)^2-(k+2)=0$$

$$\therefore\ k=-1$$

·····◀

삼차 이상의 다항함수의 그래프를 정확히 그리기 위해서는 미분을 이용해야 한다. 따라서 여기서는 몇 가지 인수분해 가능한 형태의 그래프만 그려보기로 하자.

예를 들어, 삼차함수

$$y=ax^3+bx^2+cx+d$$

의 그래프는 $a>0$일 때는 오른쪽 위로 올라가는 모양이고, $a<0$일 때는 오른쪽 아래로 내려가는 모양이다.

삼차함수를 인수분해했을 때

$$y=a(x-\alpha)(x-\beta)(x-\gamma),\ (\alpha<\beta<\gamma)$$

이면 $a>0$일 때 x축 위 오른쪽에서 내려와 x절편 γ를 통과하고 다시 x절편 β를 통과해 x축 위로 올라가며 다시 x절편 α를 통과해 x축 아래로 내려가며 그래프를 그린다.

삼차함수를 인수분해했을 때

$$y = a(x-\alpha)^2(x-\beta),\ (\alpha < \beta)$$

이면 $a > 0$일 때 x축 위 오른쪽에서 내려와 x절편 β를 통과해 x축 아래로 내려가고 나서 x절편 α를 통과하지 않고 접한 후 x축 아래로 내려가며 그래프를 그린다.

삼차함수를 인수분해했을 때

$$y = a(x-\alpha)^3$$

이면 $a > 0$일 때 x축 위 오른쪽에서 내려와 x절편 α를 통과하고 x축 아래로 내려가며 그래프를 그린다.

일반적으로 다항함수의 그래프를 그리는 방법도 위와 같다. 즉 다항함수를 인수분해한 후, 모든 x절편을 표시한다. 최고차항의 계수 a가 $a > 0$일 때 x축 위 오른쪽에서 내려오고, $a < 0$일 때 x축 아래 오른쪽에서 올라오는데 가장 큰 x절편부터 그 인수가 홀수차이면 통과하고 짝수차이면 통과하지 않고 접하면서 순서대로 모든 x절편을 지나면서 그래프를 그린다.

예제 3 다음 삼차함수의 그래프를 그리시오.

(1) $y = -x^3 + 5x^2 - 6x$

(2) $y = x^3 - 2x^2 - 4x + 8$

풀이 ·····

(1) 인수분해하면

$$y = -x(x^2 - 5x + 6) = -x(x-2)(x-3)$$

이므로 그래프는 다음과 같다.

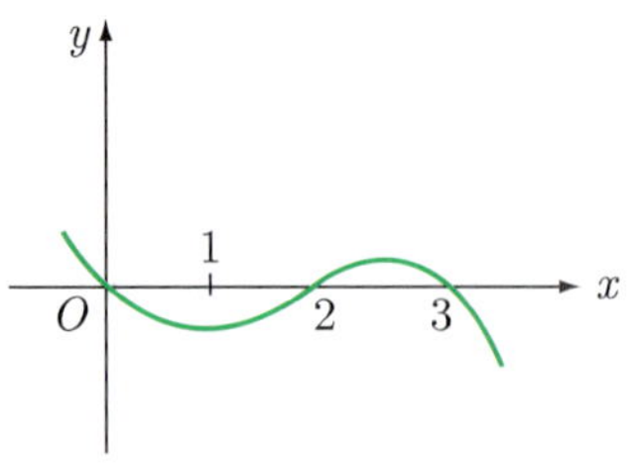

(2) 인수분해하면

$$y = x^2(x-2) - 4(x-2) = (x-2)(x^2-4) = (x-2)^2(x+2)$$

이므로 그래프는 다음과 같다.

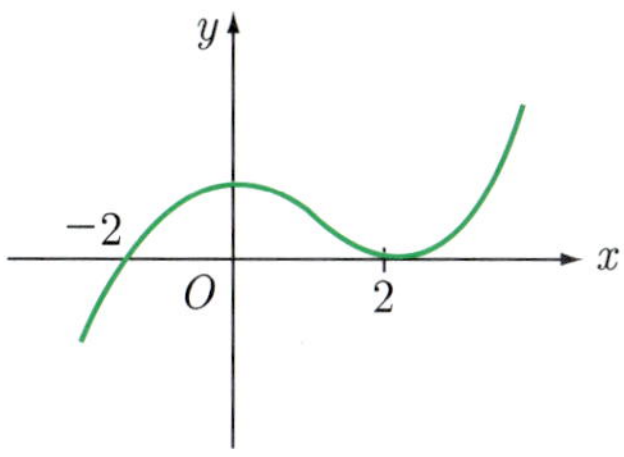

부등식의 해를 구할 때 그래프를 이용하면 편리하다. ······◀

예제 4 다음 부등식의 해를 구하시오.

(1) $-x^3+5x^2-6x \geq 0$

(2) $x^3-2x^2-4x+8>0$

풀이 ······

(1) 예제 3. (1)의 그래프에서 $y \geq 0$인 범위를 찾으면

$$x \leq 0 \text{ 또는 } 2 \leq x \leq 3$$

(2) 예제 3. (2)의 그래프에서 $y>0$인 범위를 찾으면

$$-2<x<2 \text{ 또는 } x>2$$

······◀

5.5 유리함수와 무리함수

함수 $y=f(x)$에서 $f(x)$가 x에 대한 유리식일 때, 함수 $y=f(x)$를 유리함수라고 한다. 다항식은 유리식의 특수한 경우이므로 다항함수도 유리함수이다.

특히, 유리함수 $y=f(x)$에서 $f(x)$를 기약분수식으로 고쳤을 때, 분모가 상수가 아니면 이 함수를 분수함수라고 한다.

분수함수에서 정의역이 명시되어 있지 않을 때에는 분모를 0으로 하는 x의 값을 제외한 실수 전체의 집합을 정의역으로 한다.

두 함수 $y=\frac{1}{x}$과 $y=-\frac{1}{x}$의 그래프를 그려보자. 두 함수 모두 $x=0$에서 정의되지 않는다. 몇 개의 값을 대입하여 그래프를 그려보면 다음과 같다.

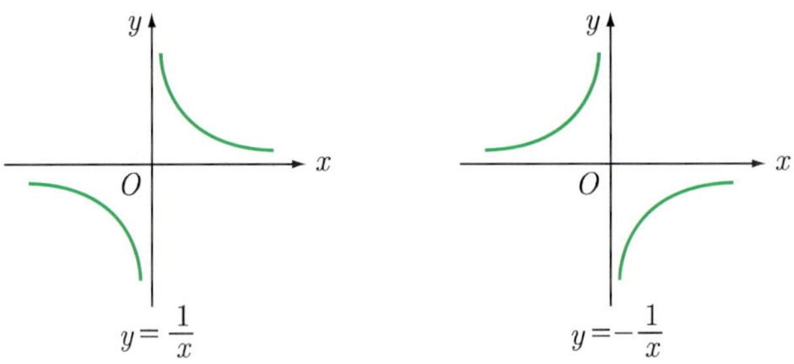

일반적으로 함수 $y=\frac{k}{x}$에서 $k>0$이면 $y=\frac{1}{x}$과 같이 1사분면과 3사분면을 지나고, $k<0$이면 $y=-\frac{1}{x}$과 같이 2사분면과 4사분면을 지나는 직각 쌍곡선(hyperbola)이다. 이 때, 직선 $x=0$과 $y=0$을 이 쌍곡선의 점근선(asymptote)이라 한다.

또 $y=\frac{k}{x-p}+q$의 그래프는 $y=\frac{k}{x}$의 그래프를 x축으로 p만큼, y축으로 q만큼 평행이동시킨 것이다. 이때, 직선 $x=p$과 $y=q$를 점근선이라 한다.

예제 1 다음 함수의 점근선을 구하고 그래프를 그리시오.

(1) $y=\frac{x}{x-1}$

(2) $y = \dfrac{2x+1}{x+1}$

풀이 ·····

(1) $y = \dfrac{x}{x-1} = \dfrac{1}{x-1} + 1$이므로 점근선은 $x = 1$, $y = 1$이고 그래프는 다음과 같다.

(2) $y = \dfrac{2x+1}{x+1} = -\dfrac{1}{x+1} + 2$이므로 점근선은 $x = -1$, $y = 2$이고 그래프는 다음과 같다.

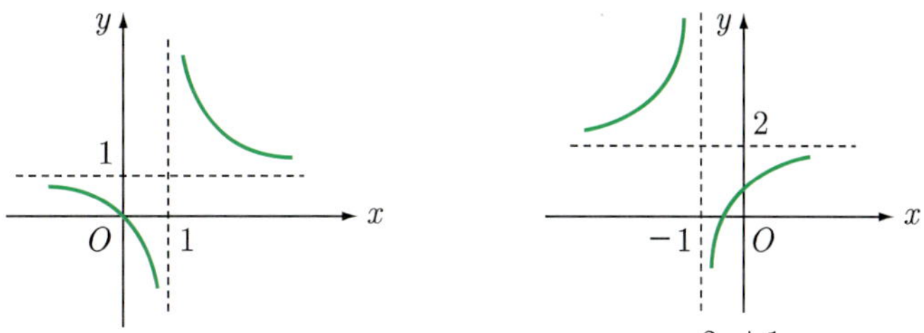

$y = \dfrac{x}{x-1}$ $y = \dfrac{2x+1}{x+1}$ ·····◀

함수 $y = f(x)$에서 $f(x)$가 x에 대한 무리식일 때, 함수 $y = f(x)$를 무리함수라고 한다. 무리함수에서 정의역이 명시되어 있지 않을 때에는 근호 안이 음이 아닌 모든 실수 전체의 집합을 정의역으로 한다.

두 함수 $y = \sqrt{x}$와 $y = -\sqrt{x}$의 그래프를 그려보자. 두 함수의 정의역은 $x \geq 0$이고 서로 x축에 대하여 대칭이다. 몇 개의 값을 대입하여 그래프를 그려보면 다음과 같다.

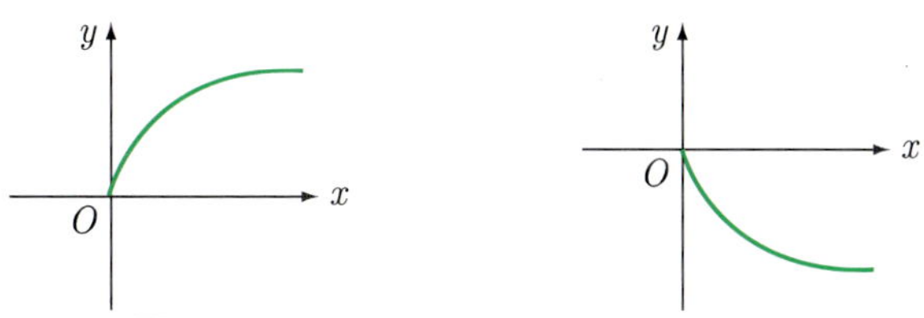

$y = \sqrt{x}$ $y = -\sqrt{x}$

두 함수 $y = \sqrt{-x}$와 $y = -\sqrt{-x}$의 그래프를 그려보자. 두 함수의 정의역은 $x \leq 0$이고 서로 x축에 대하여 대칭이다. 몇 개의 값을 대입하여 그래프를 그려보면 다음과 같다.

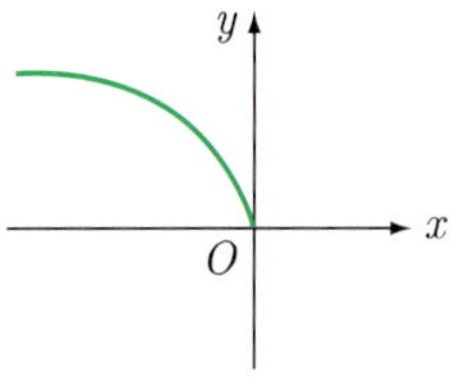

$y=\sqrt{-x}$

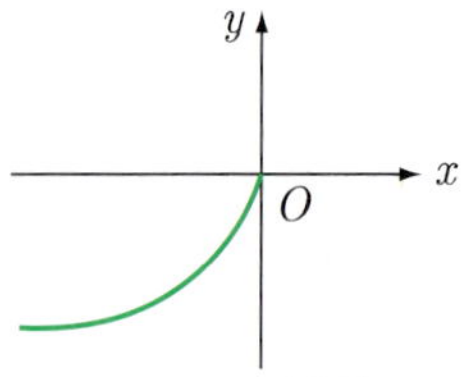

$y=-\sqrt{-x}$

일반적으로 무리함수 $y=k\sqrt{ax}$ 의 그래프는 k와 a의 부호에 따라 다음과 같다. 즉

$k>0,\ a>0$일 때 $y=\sqrt{x}$ 와 같이 1사분면에 있고
$k<0,\ a>0$일 때 $y=-\sqrt{x}$ 와 같이 4사분면에 있고
$k>0,\ a<0$일 때 $y=\sqrt{-x}$ 와 같이 2사분면에 있고
$k<0,\ a<0$일 때 $y=-\sqrt{-x}$ 와 같이 3사분면에 있다.

또, 무리함수 $y=k\sqrt{a(x-p)}+q$의 그래프는 $y=k\sqrt{ax}$ 의 그래프를 x축으로 p만큼, y축으로 q만큼 평행이동시킨 것이다.

예제 2 다음 함수의 그래프를 그리고, 정의역과 치역을 구하시오.

(1) $y=\sqrt{2x-4}$

(2) $y=-\sqrt{-2x+4}+1$

풀이 ·····

(1) $y=\sqrt{2(x-2)}$ 이므로 $y=\sqrt{2x}$ 의 그래프를 x축으로 2만큼 평행이동한 것이므로 그래프는 다음과 같다. 정의역은 $x\geq 2$이고 치역은 $y\geq 0$이다.

(2) $y=-\sqrt{-2(x-2)}+1$이므로 $y=-\sqrt{-2x}$ 의 그래프를 x축으로 2만큼, y축으로 1만큼 평행이동한 것이므로 그래프는 다음과 같다. 정의역은 $x\leq 2$이고 치역은 $y\leq 1$이다.

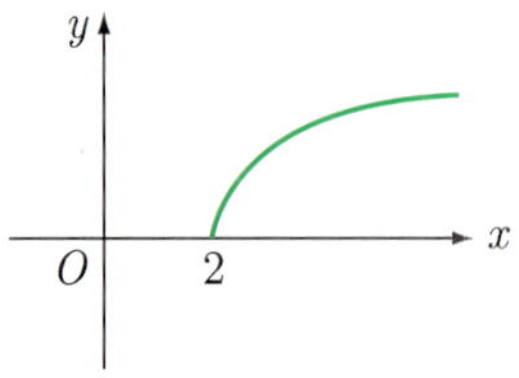

$y=\sqrt{2x-4}$

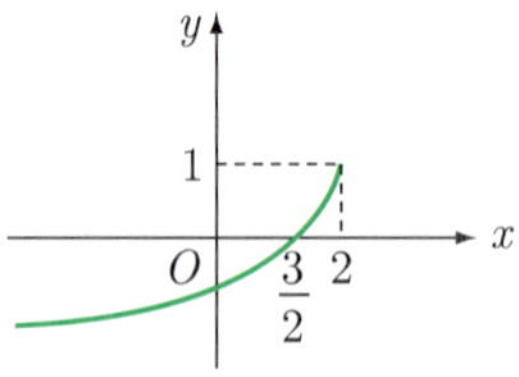

$y=-\sqrt{-2x+4}+1$

·····◀

CH. 5 연습문제

1. 50명의 학생을 대상으로 하여 a, b 두 과목에 대한 선택 여부를 조사했더니, a과목을 선택한 학생이 30명, b과목을 선택한 학생이 25명, a, b의 어느 과목도 선택하지 않은 학생이 8명이었다. 다음 물음에 답하시오.

(1) a, b 두 과목 중 적어도 어느 한 과목을 선택한 학생의 수를 구하시오.

(2) a, b 두 과목을 모두 선택한 학생의 수를 구하시오.

(3) a과목만을 선택한 학생의 수를 구하시오.

2. (1) 전체집합 $U=\{1, 2, 3, 4, 5, 6\}$의 두 부분집합 A, X에 대하여 $A=\{1, 4\}$일 때

$$A-X=A$$

를 만족시키는 집합 X의 개수를 구하시오.

(2) 두 집합 $A=\{1, 3, 5\}$, $B=\{1, 2, 3, 4, 5, 6\}$에 대하여

$$A \cup X = B \cap X = X$$

를 만족시키는 집합 X의 개수를 구하시오.

3. 집합 $X=\{1, 2, 3, 4, 5\}$의 공집합이 아닌 서로 다른 부분집합을 각각 A_1, A_2, $\cdots$, A_{31}이라 하자. 집합 $A_i\,(i=1, 2, \cdots, 31)$의 원소 중 가장 작은 값을 a_i라고 할 때 $\sum_{i=1}^{31} a_i$의 값을 구하시오.

4. 40명의 학생에게 수학 문제 A, B, C를 풀게 하였더니 A, B, C 문제를 맞힌 학생은 각각 16명, 20명, 22명이고, 세 문제를 모두 맞힌 학생은 3명이었다. 한 문제도 맞히지 못한 학생은 없다고 한다.

(1) 세 문제 중 두 문제만을 맞힌 학생의 수를 구하시오.

(2) 세 문제 중 한 문제만을 맞힌 학생의 수를 구하시오.

5. 다음 함수의 정의역을 구하시오.

(1) $f(x)=\dfrac{1}{x^2+1}$

(2) $f(x)=\sqrt{1-x}+\dfrac{1}{\sqrt{1+x}}$

6. 두 함수 $f(x)=x^2$, $g(x)=x+1$에 대하여 다음 합성함수를 구하시오.

(1) $f \circ g$

(2) $g \circ f$

(3) $f \circ f$

(4) $g \circ g$

7. 함수 $f(x)=\dfrac{1}{2}x+1$에 대하여 $(f \circ f \circ f)(x)=2$가 되는 x의 값을 구하시오.

8. 두 함수 $f(x)=2x+3$, $g(x)=x+1$에 대하여 $h \circ g=f$를 만족시키는 함수 $h(x)$를 구하시오.

9. 다음 부등식의 해를 구하시오.

(1) $-x^2+2x+15>0$

(2) $-x^3+10x^2-25x \geq 0$

10. 다음 함수의 최댓값과 최솟값을 구하시오.

(1) $f(x)=x^2+2x-2 \quad (-2 \leq x \leq 1)$

(2) $f(x)=-x^2+3x \quad (-1 \leq x \leq 1)$

(3) $f(x)=\dfrac{4x+1}{1-x} \quad (-1 \leq x \leq 0)$

(4) $f(x)=\sqrt{2x+4}+2 \quad (x \geq 2)$

11. 함수 $y=\dfrac{ax+1}{-x+b}$의 그래프의 점근선이 $x=2$, $y=-1$일 때, 상수 a, b의 값을 구하시오.

12. 함수 $y=\sqrt{2x-1}$의 그래프를 x축 방향으로 2만큼, y축 방향으로 -1만큼 평행이동한 다음, y축에 대하여 대칭이동하였더니 함수 $y=\sqrt{ax+b}+c$의 그래프와 일치하였다.
이때, a, b, c의 값을 구하시오.

13. 일차함수 $y=ax+b\,(-1\le x\le 3)$의 치역이 $0\le y\le 4$일 때, 상수 a, b의 값을 구하시오.

14. x, y가 실수이고 $x^2+y^2=1$일 때,

(1) $4x+y^2$의 최댓값과 최솟값을 구하시오.

(2) $2x+y$의 최댓값과 최솟값을 구하시오.

15. 두 집합 $X=\{a,\ b,\ c,\ d\}$, $Y=\{1,\ 2,\ 3\}$에 대하여

(1) X에서 Y로의 함수의 개수를 구하시오.

(2) X에서 Y로의 전사함수의 개수를 구하시오.

16. 다음 곡선의 그래프를 그리시오.

(1) $y=(x-1)^2-1$

(2) $y=(|x|-1)^2-1$

(3) $y=|(x-1)^2-1|$

(4) $|y|=(x-1)^2-1$

(5) $|y|=(|x|-1)^2-1$

17. 함수 $y=\dfrac{bx+3}{x+a}$의 수평점근선, 수직점근선이 각각 $y=2$, $x=1$일 때 a, b의 값을 구하시오.

18. 집합 $S=\{1,\ 2,\ 3,\ 4,\ 5\}$에 대하여 일대일 대응인 $f:S\to S$가

$$f(1)=2,\ f(3)=4,\ (f \circ f \circ f)(5)=1$$

을 만족할 때, $f(2)$, $f(4)$, $f(5)$의 값을 구하시오.

19. 포물선 $y=x^2-2kx-3$과 직선 $y=2x+3$의 두 교점 사이의 거리가 $10\sqrt{2}$일 때, k의 값을 구하시오.

20. 두 함수 $f(x)=\dfrac{x+3}{x-2}$과 $g(x)=\dfrac{ax+b}{x+c}$에 대하여 $f(g(x))=\dfrac{1}{x}$이 성립할 때, $a+b+c$의 값을 구하시오.

21. 다음 각 함수의 역함수를 구하시오.

(1) $y=x+3\ \ (3 \le x \le 8)$

(2) $y=x^2-2x\ \ (x \ge 1)$

(3) $y=-\sqrt{1-x^2}\ \ (0 \le x \le 1)$

(4) $y=|x-1|\ \ (x \le 1)$

(5) $y=\dfrac{1}{x-1}\ \ (x>1)$

(6) $y=\dfrac{1-x}{x+2}\ \ \left(0 \le x \le \dfrac{1}{2}\right)$

22. 다음 각 함수의 그래프를 그리시오.

(1) $\dfrac{1}{x}+\dfrac{1}{y}=1$

(2) $y=\dfrac{1}{1+|x|}$

(3) $y=\dfrac{|x|-1}{|x-1|}$

(4) $xy+x+y=1$

23. 두 함수 $f(x)=3x-2$, $g(x)=-x+1$에 대하여

(1) $f \circ h=g$를 만족시키는 함수 $h(x)$를 구하시오.

(2) $k \circ f = g$를 만족시키는 함수 $k(x)$를 구하시오.

24. 이차함수 $y = x^2 + 3x + 6$의 그래프 위의 점에서 직선 $y = x + 1$에 이르는 거리의 최솟값을 구하시오.

25. 함수 $y = \dfrac{3x-1}{x-1}$의 정의역이 $\{x \mid 0 \le x < 1$ 또는 $1 < x \le 3\}$일 때 치역을 구하시오.

26. 함수 $f(x) = \sqrt{x-1} + 4$와 $g(x) = \sqrt{2x+1}$의 역함수를 각각 $f^{-1}(x)$, $g^{-1}(x)$라 할 때, $(f^{-1} \circ g)^{-1}(2)$의 값을 구하시오.

27. 함수 $y = \sqrt{x}$의 그래프 위의 두 점 $P(a,\ b)$, $Q(c,\ d)$에 대하여 $\dfrac{b+d}{2} = 2$일 때, 점 P, Q를 지나는 직선의 기울기를 구하시오. (단, $0 < a < c$)

CHAPTER 6

수열과 급수

6.1 등차수열과 등비수열

어떤 규칙에 따라 순서대로 수를 늘어놓은 것을 수열(sequence)이라 하고, 그 수열을 이루는 각각의 수를 그 수열의 항이라고 한다.

또, 수열의 각 항을 앞에서부터 순서대로

$$\text{제}1\text{항},\ \text{제}2\text{항},\ \text{제}3\text{항},\ \cdots,\ \text{제}n\text{항},\ \cdots$$

이라고 한다. 특히, 제1항은 첫째항이라고도 한다.

일반적으로 수열을 나타낼 때는 각 항에 번호를 붙여

$$a_1,\ a_2,\ a_3,\ \cdots,\ a_n,\ \cdots$$

와 같이 나타내며 간단히

$$\{a_n\}$$

이라 나타낸다. 또, 이 수열의 제n항 a_n을 일반항이라고 한다.

앞의 항에 일정한 수를 더하여 다음 항이 얻어지는 수열, 즉

$$a_{n+1} = a_n + d, \quad (n = 1,\ 2,\ 3,\ \cdots)$$

인 수열을 등차수열(arithmetic sequence)이라 하고, 더하는 일정한 수 d를 공차라 한다.

첫째항이 a, 공차가 d인 등차수열 $\{a_n\}$에서

$$\begin{aligned}
&a_1 = a \\
&a_2 = a_1 + d = a + d \\
&a_3 = a_2 + d = (a+d) + d = a + 2d \\
&a_4 = a_3 + d = (a+2d) + d = a + 3d \\
&\vdots
\end{aligned}$$

이므로 일반항 a_n은 다음과 같이 나타낼 수 있다.

등차수열의 일반항

첫째항이 a, 공차가 d인 등차수열의 일반항 a_n은

$$a_n = a + (n-1)d$$

예제 1

(1) 등차수열 $\{a_n\}$에 대하여 $a_1 + a_3 = 10$, $a_6 + a_8 = 40$일 때, $a_{10} + a_{12} + a_{14} + a_{16}$의 값을 구하시오.

(2) 첫째항이 -100, 공차가 2인 등차수열에서 일반항 a_n을 구하시오. 이 등차수열에서 50은 몇 번째 항인지 판단하시오.

(3) 제3항이 21, 제10항이 63인 등차수열에서 제16항을 구하시오.

풀이 ·····

(1) 등차수열 $\{a_n\}$의 공차를 d라 하면

$$40 = a_6 + a_8 = a_1 + a_3 + 2 \times 5d = 10 + 10d$$

에서 $d = 3$이므로

$$\begin{aligned} a_{10} + a_{12} + a_{14} + a_{16} &= a_6 + a_8 + 2 \times 4d + a_6 + a_8 + 2 \times 8d \\ &= 80 + 24 \times 3 = 152 \end{aligned}$$

따라서 구하는 답은 152

(2) 첫째항이 -100, 공차가 2인 등차수열에서 일반항 a_n은

$$a_n = -100 + 2(n-1) = 2n - 102$$

또, $a_n = 50$이므로 $2n - 102 = 50$에서

$$n = \frac{50 + 102}{2} = 76$$

따라서 $a_n = 2n - 102$, 제76항

(3) 이 등차수열의 첫째항을 a, 공차를 d라 하면

$$a_3 = a + 2d = 21 \quad \cdots \text{①}$$

$$a_{10} = a + 9d = 63 \quad \cdots \text{②}$$

①, ②를 연립하여 풀면 $a = 9$, $d = 6$

$$\therefore\ a_{16} = a + 15d = 9 + 15 \cdot 6 = 99$$ ······◀

첫째항이 a, 공차가 d인 등차수열 $\{a_n\}$에서 첫째항부터 제n항까지의 합을 구하는 공식을 알아보자. 첫째항부터 제n항까지의 합을 S_n이라 하면

$$S_n = a + (a+d) + \cdots + (a_n - d) + a_n$$

이고 S_n의 더하는 순서를 거꾸로 하면

$$S_n = a_n + (a_n - d) + \cdots + (a+d) + a$$

두 식을 더하면

$$2S_n = (a + a_n) + (a + a_n) + \cdots + (a + a_n) + (a + a_n) = n(a + a_n)$$

이므로

$$S_n = \frac{n(a + a_n)}{2}$$

이다. $a_n = a + (n-1)d$이므로

$$S_n = \frac{n[2a + (n-1)d]}{2}$$

등차수열의 합

첫째항이 a, 공차가 d인 등차수열에서 첫째항부터 제n항까지의 합 S_n은

$$S_n = \frac{n(a + a_n)}{2} = \frac{n[2a + (n-1)d]}{2}$$

예제 2 (1) 100 이하의 자연수 중에서 3으로 나누어서 2가 남는 수의 합을 구하시오.

(2) 첫째항부터 제8항까지의 합이 40, 첫째항부터 제15항까지의 합이 -30인 등차수열에서 첫째항부터 제n항까지의 합을 구하시오.

풀이 ······

(1) 조건을 만족하는 수를 순서대로 나열하면

$$2,\ 5,\ 8,\ 11,\ \cdots,\ 98$$

이고 이들은 첫째항이 2, 공차가 3인 등차수열을 이룬다.

이 등차수열의 일반항을 이용하면

$$2+(n-1)\times 3=98 \text{에서 } n=33$$

이므로 98은 제33항이다.

따라서 구하는 합을 S라 하면 $S=\dfrac{33(2+98)}{2}=1650$

(2) 첫째항을 a, 공차를 d, 첫째항부터 제n항까지의 합 S_n이라고 하면

$$S_8=\frac{8(2a+7d)}{2}=40$$

$$S_{15}=\frac{15(2a+14d)}{2}=-30$$

즉 $\begin{cases} 2a+7d=10 \\ 2a+14d=-4 \end{cases}$

이것을 풀면 $a=12,\ d=-2$

따라서 첫째항부터 제n항까지의 합 S_n은

$$S_n=\frac{n\{2\times 12+(n-1)\times(-2)\}}{2}=-n^2+13n \qquad \cdots\cdots◀$$

예제 3 100 이하의 양의 정수 중에서

(1) 3으로 나누어떨어지는 수의 합을 구하시오.

(2) 6으로 나누어떨어지는 수의 합을 구하시오.

(3) 6과 서로소인 수의 합을 구하시오.

풀이 ·····

(1) 100 이하의 양의 정수 중 3으로 나누어떨어지는 것은 첫째항 3, 끝항 99, 공차 3인 등차수열이 된다. 그 항수는 33이므로 합은

$$\frac{33(3+99)}{2}=1683$$

(2) 100 이하의 양의 정수 중 6으로 나누어떨어지는 것은 첫째항 6, 끝항 96, 공차 6인 등차수열이 된다. 그 항수는 16이므로 합은

$$\frac{16(6+96)}{2}=816$$

(3) 100 이하의 양의 정수 중 r로 나누어떨어지는 것의 합을 S_r로 나타내기로 하자.

6과 서로소인 수는 6의 소인수 2, 3의 어느 것으로도 나누어떨어지지 않는 수이다.

$$S_2=\frac{50(2+100)}{2}=2550,\ S_3=1683,\ S_6=816$$

이고, 100 이하의 양의 정수의 합 S는

$$S=\frac{100(1+100)}{2}=5050$$

따라서 구하는 합은

$$S-(S_2+S_3-S_6)=5050-2550-1683+816=1633$$ ……◀

앞의 항에 일정한 수를 곱하여 다음 항이 얻어지는 수열, 즉

$$a_{n+1}=r\,a_n,\quad (n=1,\ 2,\ 3,\ \cdots)$$

인 수열을 등비수열(geometric sequence)이라 하고, 곱하는 일정한 수 r를 공비라 한다.

첫째항이 a, 공비가 r인 등비수열 $\{a_n\}$에서

$$\begin{aligned} a_1 &= a \\ a_2 &= a_1 r = ar \\ a_3 &= a_2 r = (ar)r = ar^2 \\ a_4 &= a_3 r = (ar^2)r = ar^3 \\ &\vdots \end{aligned}$$

이므로 일반항 a_n은 다음과 같이 나타낼 수 있다.

등비수열의 일반항

첫째항이 a, 공비가 r인 등비수열의 일반항 a_n은

$$a_n = ar^{n-1}$$

예제 4 (1) 제3항이 12이고, 제5항이 48인 등비수열에서 첫째항과 공비를 구하시오.

(2) 첫째항이 0이 아닌 등비수열 $\{a_n\}$에 대하여

$$a_1 + 3a_2 = 0,\ a_3 = a_4^2$$

일 때, a_8의 값을 구하시오.

풀이 ·····

(1) 이 등비수열의 첫째항을 a, 공비를 r라 하면

$$a_3 = ar^2 = 12 \quad \cdots \text{①}$$

$$a_5 = ar^4 = 48 \quad \cdots \text{②}$$

②를 ①로 나누면 $r^2 = 4$에서 $r = \pm 2$

$r = \pm 2$를 각각 ①에 대입하면 $a = 3$

따라서 첫째항은 3, 공비는 ± 2이다.

(2) 등비수열 $\{a_n\}$의 공비를 r라 하면 $a_1 + 3a_2 = 0$에서

$$a_1 + 3a_1 r = 0,\ a_1(1+3r) = 0$$

이때 $a_1 \neq 0$이므로 $1 + 3r = 0$, 즉 $r = -\dfrac{1}{3}$

$$a_3 = a_4^2\text{에서 } a_1 r^2 = (a_1 r^3)^2,\ a_1 r^2 (a_1 r^4 - 1) = 0$$

이때 $a_1 \neq 0$, $r = -\dfrac{1}{3}$이므로 $a_1 \times \left(-\dfrac{1}{3}\right)^4 - 1 = 0$, 즉 $a_1 = 81$

따라서 $a_8 = 81 \times \left(-\dfrac{1}{3}\right)^7 = -27$ ·····◀

첫째항이 a이고, 공비가 r인 등비수열 $\{a_n\}$에서 첫째항부터 제n항까지의 합을 구하는

공식을 알아보자. 첫째항부터 제n항까지의 합을 S_n이라 하면

$$S_n = a + ar + ar^2 + \cdots + ar^{n-2} + ar^{n-1}$$

이고 양변에 r를 곱하면

$$rS_n = ar + ar^2 + ar^3 + \cdots + ar^{n-1} + ar^n$$

두 식을 빼면

$$(1-r)S_n = a - ar^n$$

이므로 $r \neq 1$일 때는

$$S_n = \frac{a(1-r^n)}{1-r}$$

이고 $r=1$일 때는

$$S_n = a + a + \cdots + a = na$$

이상을 정리하면 다음과 같다.

등비수열의 합

첫째항이 a, 공비가 r인 등비수열에서 첫째항부터 제n항까지의 합 S_n은

$$r \neq 1 \text{일 때 } S_n = \frac{a(1-r^n)}{1-r} = \frac{a(r^n-1)}{r-1}$$

$$r = 1 \text{일 때 } S_n = na$$

예제 5 연이율이 r이고 1년마다 복리로 매년 초에 a원을 적립할 때, n년째 연말의 원리합계를 구하시오.

풀이 ·····

a원을 저금하여 1년 후에는

$$a + ar = a(1+r)$$

이고 2년 후에는

$$a(1+r)+a(1+r)r=a(1+r)^2$$

이고 3년 후에는

$$a(1+r)^2+a(1+r)^2r=a(1+r)^3$$

이다. 따라서 첫 번째 해에 저금한 a원은 n년째 연말에는

$$a(1+r)^n$$

이 된다. 같은 방법으로 두 번째 해에 저금한 a원은 $n-1$년 동안 저금한 것이므로

$$a(1+r)^{n-1}$$

이 되며 마지막 해 초에 저금한 a원은 1년 동안 저금한 것이므로

$$a(1+r)$$

이 된다. 따라서 구하는 원리합계 S_n은

$$S_n=a(1+r)+a(1+r)^2+\cdots+a(1+r)^{n-1}+a(1+r)^n$$

이것은 첫째항이 $a(1+r)$이고 공비가 $1+r$인 등비수열의 제n항까지의 합이므로

$$S_n=\frac{a(1+r)[(1+r)^n-1]}{(1+r)-1}=\frac{a(1+r)[(1+r)^n-1]}{r}$$

이다. ·····◀

6.2 합의 기호 Σ

수열 $\{a_n\}$의 첫째항부터 제n항까지의 합

$$a_1 + a_2 + a_3 + \cdots + a_n$$

을 일반항과 합의 기호 $\sum$를 써서

$$a_1 + a_2 + a_3 + \cdots + a_n = \sum_{k=1}^{n} a_k$$

와 같이 나타낸다.

이때, $\sum_{k=1}^{n} a_k$는 수열 $\{a_n\}$의 일반항 a_k의 k에 1, 2, 3, $\cdots$, n을 차례로 대입하여 얻은 항의 합으로 k 대신 다른 문자를 사용하여

$$\sum_{i=1}^{n} a_i,\ \ \sum_{j=1}^{n} a_j,\ \ \sum_{p=1}^{n} a_p$$

등과 같이 나타낼 수 있다.

$\sum$는 '전체, 총합'의 의미를 가진 라틴어 Summa의 첫 글자 S에 해당하는 그리스 문자로서 '시그마'라고 읽는다.

합의 기호 $\sum$의 성질을 알아보자.

$$\begin{aligned}\sum_{k=1}^{n} (a_k + b_k) &= (a_1 + b_1) + (a_2 + b_2) + \cdots + (a_n + b_n) \\ &= (a_1 + a_2 + \cdots + a_n) + (b_1 + b_2 + \cdots + b_n) \\ &= \sum_{k=1}^{n} a_k + \sum_{k=1}^{n} b_k\end{aligned}$$

아래의 성질들도 비슷한 방법으로 쉽게 보일 수 있다.

$\sum$의 성질

(1) $\displaystyle\sum_{k=1}^{n}(a_k+b_k)=\sum_{k=1}^{n}a_k+\sum_{k=1}^{n}b_k$ (2) $\displaystyle\sum_{k=1}^{n}(a_k-b_k)=\sum_{k=1}^{n}a_k-\sum_{k=1}^{n}b_k$

(3) $\displaystyle\sum_{k=1}^{n}ca_k=c\sum_{k=1}^{n}a_k$ (c는 상수) (4) $\displaystyle\sum_{k=1}^{n}c=nc$ (c는 상수)

자연수의 거듭제곱의 합을 구해 보자. 먼저

$$\sum_{k=1}^{n}k=1+2+3+\cdots+n$$

은 첫째항이 1이고 공차가 1인 등차수열의 합이므로

$$\sum_{k=1}^{n}k=\frac{n(n+1)}{2}$$

이다. 다음에는

$$\sum_{k=1}^{n}k^2=1^2+2^2+3^2+\cdots+n^2$$

을 구하는 방법을 생각해 보자. 항등식

$$(k+1)^3-k^3=3k^2+3k+1$$

에 $k=1,\ 2,\ 3,\ \cdots,\ n$을 순서대로 대입하면

$$\begin{aligned}2^3-1^3&=3\cdot1^2+3\cdot1+1\\3^3-2^3&=3\cdot2^2+3\cdot2+1\\4^3-3^3&=3\cdot1^3+3\cdot3+1\\&\vdots\\(n+1)^3-n^3&=3\cdot n^2+3\cdot n+1\end{aligned}$$

이들 n개의 등식을 같은 변끼리 더하면

$$(n+1)^3-1^3=3(1^2+2^2+3^2+\cdots+n^2)+3(1+2+3+\cdots+n)+n$$

여기서 $S_n = 1^2 + 2^2 + 3^2 + \cdots + n^2$으로 놓으면

$$(n+1)^3 - 1^3 = 3S_n + 3 \times \frac{n(n+1)}{2} + n$$

즉,

$$\begin{aligned} 3S_n &= (n+1)^3 - \frac{3n(n+1)}{2} - (n+1) \\ &= \frac{(n+1)[2(n+1)^2 - 3n - 2]}{2} \\ &= \frac{n(n+1)(2n+1)}{2} \end{aligned}$$

$$\therefore S_n = \frac{n(n+1)(2n+1)}{6}$$

같은 방법으로 항등식

$$(k+1)^4 - k^4 = 4k^3 + 6k^2 + 4k + 1$$

에 $k = 1, 2, 3, \cdots, n$을 순서대로 대입하여 얻은 n개의 식을 더하고 정리하면

$$\sum_{k=1}^{n} k^3 = \left(\frac{n(n+1)}{2}\right)^2$$

을 얻는다.

자연수의 거듭제곱의 합

(1) $\displaystyle\sum_{k=1}^{n} k = \frac{n(n+1)}{2}$

(2) $\displaystyle\sum_{k=1}^{n} k^2 = \frac{n(n+1)(2n+1)}{6}$

(3) $\displaystyle\sum_{k=1}^{n} k^3 = \left(\frac{n(n+1)}{2}\right)^2$

예제 1 다음 합을 구하시오.

(1) $\displaystyle\sum_{k=1}^{n} k(k+1)$

(2) $\displaystyle\sum_{k=1}^{n}\frac{1}{k(k+1)}$

(3) $\displaystyle\sum_{k=1}^{n}k(k+1)(k+2)$

풀이 ·····

(1) Σ의 성질에 의해

$$\sum_{k=1}^{n}k(k+1)=\sum_{k=1}^{n}k^2+\sum_{k=1}^{n}k$$

그런데 $\displaystyle\sum_{k=1}^{n}k=\frac{n(n+1)}{2}$, $\displaystyle\sum_{k=1}^{n}k^2=\frac{n(n+1)(2n+1)}{6}$이므로

$$\begin{aligned}\sum_{k=1}^{n}k(k+1)&=\frac{n(n+1)}{2}+\frac{n(n+1)(2n+1)}{6}\\&=\frac{n(n+1)(n+2)}{3}\end{aligned}$$

(2) $\displaystyle\frac{1}{k(k+1)}=\frac{1}{k}-\frac{1}{k+1}$이므로

$$\begin{aligned}\sum_{k=1}^{n}\frac{1}{k(k+1)}&=\sum_{k=1}^{n}\left(\frac{1}{k}-\frac{1}{k+1}\right)\\&=\left(\frac{1}{1}-\frac{1}{2}\right)+\left(\frac{1}{2}-\frac{1}{3}\right)+\cdots+\left(\frac{1}{n}-\frac{1}{n+1}\right)\\&=1-\frac{1}{n+1}=\frac{n}{n+1}\end{aligned}$$

(3)
$$\begin{aligned}\sum_{k=1}^{n}k(k+1)(k+2)&=\sum_{k=1}^{n}k^3+3\sum_{k=1}^{n}k^2+2\sum_{k=1}^{n}k\\&=\left\{\frac{n(n+1)}{2}\right\}^2+3\cdot\frac{n(n+1)(2n+1)}{6}+2\cdot\frac{n(n+1)}{2}\\&=\frac{n(n+1)}{4}\{n(n+1)+2(2n+1)+4\}\\&=\frac{1}{4}n(n+1)(n+2)(n+3)\end{aligned}$$

·····◀

예제 2 다음 합을 구하시오.

(1) $\sum_{k=1}^{n} k \cdot 3^k$

(2) $\sum_{k=1}^{n} (2k-1)x^{k-1}$ (단, $x \neq 1$)

풀이 ·····

(1) $S=\sum_{k=1}^{n} k \cdot 3^k$로 놓으면

$$S=1 \cdot 3^1+2 \cdot 3^2+3 \cdot 3^3+\cdots+(n-1) \cdot 3^{n-1}+n \cdot 3^n \quad \cdots \text{①}$$

$$3S=1 \cdot 3^2+2 \cdot 3^3+3 \cdot 3^4+\cdots+(n-1) \cdot 3^n+n \cdot 3^{n+1} \quad \cdots \text{②}$$

①－② 하면 $-2S=3^1+3^2+3^3+\cdots+3^n-n \cdot 3^{n+1}$

$$\therefore -2S=\frac{3(3^n-1)}{3-1}-n \cdot 3^{n+1}$$

$$\therefore S=-\frac{3}{4}(3^n-1)+\frac{1}{2}3^{n+1} \cdot n=\frac{1}{4}(2n-1) \cdot 3^{n+1}+\frac{3}{4}$$

(2) $S=\sum_{k=1}^{n} (2k-1)x^{k-1}$로 놓으면

$$S=1+3x+5x^2+\cdots+(2n-3)x^{n-2}+(2n-1)x^{n-1} \quad \cdots \text{①}$$

$$xS=x+3x^2+5x^3+\cdots+(2n-3)x^{n-1}+(2n-1)x^n \quad \cdots \text{②}$$

①－② 하면 $(1-x)S=1+2x+2x^2+\cdots+2x^{n-1}-(2n-1)x^n$

$$=2(1+x+x^2+\cdots+x^{n-1})-1-(2n-1)x^n$$

$x \neq 1$이므로 $(1-x)S=\frac{2(1-x^n)}{1-x}-1-(2n-1)x^n$

$$\therefore S=\frac{2(1-x^n)}{(1-x)^2}-\frac{1+(2n-1)x^n}{1-x}$$ ·····◀

6.3 수열의 극한

무한수열 $\{a_n\}$에서 n이 한없이 커질 때, 일반항 a_n이 어떻게 변하는지 알아보자.

예를 들어, 수열

$$1,\ -\frac{1}{2},\ \frac{1}{4},\ -\frac{1}{8},\ \cdots,\ \left(-\frac{1}{2}\right)^{n-1},\ \cdots$$

에서 n이 한없이 커지면 $a_n = \left(-\frac{1}{2}\right)^{n-1}$은 양, 음의 부호를 교대로 가지면서 0에 한없이 가까워진다. 또 수열

$$\frac{2}{1},\ \frac{3}{2},\ \frac{4}{3},\ \cdots,\ \frac{n+1}{n},\ \cdots$$

에서 n이 한없이 커지면 $a_n = \frac{n+1}{n} = 1 + \frac{1}{n}$은 감소하면서 1에 한없이 가까워진다.

여기서 n이 한없이 커지는 것을 기호 ∞를 사용하여 $n \to \infty$로 나타내고 ∞는 **무한대**로 읽는다.

일반적으로 수열 $\{a_n\}$에서 n이 한없이 커질 때, 일반항 a_n이 일정한 값 l에 한없이 가까워지면 수열 $\{a_n\}$은 l에 **수렴한다**(converge)고 하며, l을 수열 $\{a_n\}$의 **극한값**(limit) 또는 **극한**이라 하고, 이것을 기호로

$$\lim_{n\to\infty} a_n = l \text{ 또는 } n \to \infty \text{ 일 때 } a_n \to l$$

와 같이 나타낸다.

다음 세 수열을 생각해 보자.

$$1,\ 3,\ 5,\ 7,\ \cdots,\ 2n-1,\ \cdots$$
$$-1,\ -2,\ -4,\ -8,\ \cdots,\ -2^{n-1},\ \cdots$$
$$1,\ -1,\ 1, -1,\ \cdots,\ (-1)^{n+1},\ \cdots$$

n이 한없이 커지면 첫 번째 수열은 $a_n = 2n-1$이 한없이 커지고, 두 번째 수열은 $a_n = -2^{n-1}$이 음수로서 그 절댓값이 한없이 커지고, 세 번째 수열은 1과 -1이 계속 반복

된다. 이와 같이 수열이 일정한 값에 수렴하지 않을 때 발산한다(diverge)고 한다. 특히 위의 첫 번째 수열은 무한대로 발산한다고 하며

$$\lim_{n\to\infty} a_n = \infty$$

로 나타내고, 두 번째 수열은 음의 무한대로 발산한다고 하며

$$\lim_{n\to\infty} a_n = -\infty$$

로 나타낸다. 또, 세 번째 수열은 진동한다고 한다.

일반적으로 수렴하는 수열의 극한값에 대하여 다음이 성립한다.

극한값의 성질

수열 $\{a_n\}$, $\{b_n\}$이 수렴하고 $\lim_{n\to\infty} a_n = A$, $\lim_{n\to\infty} b_n = B$일 때

(1) $\lim_{n\to\infty} ca_n = c\lim_{n\to\infty} a_n = cA$ (c는 상수)

(2) $\lim_{n\to\infty}(a_n \pm b_n) = \lim_{n\to\infty} a_n \pm \lim_{n\to\infty} b_n = A \pm B$ (복부호동순)

(3) $\lim_{n\to\infty} a_n b_n = \lim_{n\to\infty} a_n \lim_{n\to\infty} b_n = AB$

(4) $\lim_{n\to\infty} \frac{a_n}{b_n} = \frac{\lim_{n\to\infty} a_n}{\lim_{n\to\infty} b_n} = \frac{A}{B}$ (단, $b_n \neq 0$, $B \neq 0$)

예제 1 다음 극한이 수렴하는지 판정하고, 수렴하면 극한값을 구하시오.

(1) $\lim_{n\to\infty} \frac{n^2+2n+3}{1-2n^2}$

(2) $\lim_{n\to\infty}(n^3-10n)$

(3) $\lim_{n\to\infty} \frac{1-2n^2}{4n^3-3n}$

(4) $\lim_{n\to\infty}(\sqrt{n^2+4n}-n)$

풀이 ·····

(1) 분모, 분자를 n^2으로 나누면

$$\lim_{n\to\infty}\frac{n^2+2n+3}{1-2n^2}=\lim_{n\to\infty}\frac{1+\dfrac{2}{n}+\dfrac{3}{n^2}}{\dfrac{1}{n^2}-2}$$

$$=\frac{\lim\limits_{n\to\infty}\left(1+\dfrac{2}{n}+\dfrac{3}{n^2}\right)}{\lim\limits_{n\to\infty}\left(\dfrac{1}{n^2}-2\right)}$$

$$=\frac{\lim\limits_{n\to\infty}1+\lim\limits_{n\to\infty}\dfrac{2}{n}+\lim\limits_{n\to\infty}\dfrac{3}{n^2}}{\lim\limits_{n\to\infty}\dfrac{1}{n^2}-\lim\limits_{n\to\infty}2}$$

$$=\frac{1+0+0}{0-2}=-\frac{1}{2}$$

(2) $n^3-10n=n^3\left(1-\dfrac{10}{n^2}\right)$에서

$$\lim_{n\to\infty}n^3=\infty,\ \lim_{n\to\infty}\left(1-\frac{10}{n^2}\right)=1-\lim_{n\to\infty}\frac{10}{n^2}=1-0=1$$

$\therefore \lim\limits_{n\to\infty}(n^3-10n)=\infty$는 발산한다.

(3) 분모, 분자를 n^3으로 나누면

$$\lim_{n\to\infty}\frac{1-2n^2}{4n^3-3n}=\lim_{n\to\infty}\frac{\dfrac{1}{n^3}-\dfrac{2}{n}}{4-\dfrac{3}{n^2}}=\frac{\lim\limits_{n\to\infty}\left(\dfrac{1}{n^3}-\dfrac{2}{n}\right)}{\lim\limits_{n\to\infty}\left(4-\dfrac{3}{n^2}\right)}$$

$$=\frac{\lim\limits_{n\to\infty}\dfrac{1}{n^3}-\lim\limits_{n\to\infty}\dfrac{2}{n}}{\lim\limits_{n\to\infty}4-\lim\limits_{n\to\infty}\dfrac{3}{n^2}}$$

$$=\frac{0-0}{4-0}=0$$

(4) 분모, 분자에 $\sqrt{n^2+4n}+n$을 곱하면

$$\lim_{n\to\infty}(\sqrt{n^2+4n}-n)=\lim_{n\to\infty}\frac{(\sqrt{n^2+4n}-n)(\sqrt{n^2+4n}+n)}{\sqrt{n^2+4n}+n}$$

$$=\lim_{n\to\infty}\frac{4n}{\sqrt{n^2+4n}+n}$$

$$=\lim_{n\to\infty}\frac{4}{\sqrt{1+\frac{4}{n}}+1}$$

$$=\frac{4}{1+1}=2$$ ·····◀

무한수열이 등비수열을 이룰 때, 이를 **무한등비수열**이라고 한다.

무한등비수열 $\{r^n\}$의 극한을 공비 r의 값에 따라 알아보면 다음과 같다.

무한등비수열 $\{r^n\}$의 극한

(1) $r>1$일 때, $\lim_{n\to\infty}r^n=\infty$

(2) $r=1$일 때, $\lim_{n\to\infty}r^n=1$

(3) $-1<r<1$일 때, $\lim_{n\to\infty}r^n=0$

(4) $r\le -1$일 때, 수열 $\{r^n\}$은 진동한다.

예제 2 다음 극한이 수렴하는지 판정하고, 수렴하면 극한값을 구하시오.

(1) $\lim_{n\to\infty}\frac{3^n-1}{1+5^n}$

(2) $\lim_{n\to\infty}\frac{3^{n+1}+2^{n+1}}{3^n-2^n}$

(3) $\lim_{n\to\infty}(2^n+3^n)^{\frac{1}{n}}$

(4) $\lim_{n\to\infty}\frac{2^n+6^n}{3^n+5^n}$

풀이 ·····

(1) 분모, 분자를 5^n으로 나누면

$$\frac{3^n-1}{1+5^n}=\frac{\left(\frac{3}{5}\right)^n-\left(\frac{1}{5}\right)^n}{\left(\frac{1}{5}\right)^n+1}$$

그런데 $\lim_{n\to\infty}\left(\frac{3}{5}\right)^n=0,\ \lim_{n\to\infty}\left(\frac{1}{5}\right)^n=0$이므로

$$\lim_{n\to\infty}\frac{3^n-1}{1+5^n}=\lim_{n\to\infty}\frac{\left(\frac{3}{5}\right)^n-\left(\frac{1}{5}\right)^n}{\left(\frac{1}{5}\right)^n+1}=\frac{0-0}{0+1}=0$$

(2) 분모, 분자를 3^n으로 나누면

$$\lim_{n\to\infty}\frac{3^{n+1}+2^{n+1}}{3^n-2^n}=\lim_{n\to\infty}\frac{3+2\left(\frac{2}{3}\right)^n}{1-\left(\frac{2}{3}\right)^n}=\frac{3+2\cdot 0}{1-0}=3$$

(3) $\lim_{n\to\infty}(2^n+3^n)^{\frac{1}{n}}=\lim_{n\to\infty}\left[3^n\left(\left(\frac{2}{3}\right)^n+1\right)\right]^{\frac{1}{n}}=\lim_{n\to\infty}3\left(\left(\frac{2}{3}\right)^n+1\right)^{\frac{1}{n}}=3$

(4) $\lim_{n\to\infty}\frac{2^n+6^n}{3^n+5^n}=\lim_{n\to\infty}\frac{\left(\frac{1}{3}\right)^n+1}{\left(\frac{1}{2}\right)^n+\left(\frac{5}{6}\right)^n}=\infty$ 이므로 발산한다. ◀

6.4 무한급수

무한수열 $\{a_n\}$의 각 항을 차례대로 더한

$$a_1 + a_2 + a_3 + \cdots + a_n + \cdots$$

을 급수(series) 또는 무한급수(infinite series)라 한다. 이를 $\sum$를 이용하여

$$\sum_{n=1}^{\infty} a_n$$

으로 나타낸다. 무한급수 $\sum_{n=1}^{\infty} a_n$에서 첫째항부터 제n항까지의 합

$$S_n = a_1 + a_2 + a_3 + \cdots + a_n = \sum_{k=1}^{n} a_k$$

를 이 무한급수의 제n항까지의 부분합(partial sum)이라 한다.

이 부분합들로 이루어진 무한수열

$$S_1,\ S_2,\ S_3,\ \cdots,\ S_n,\ \cdots$$

이 어떤 실수 S에 수렴할 때, 즉 $\lim_{n\to\infty} S_n = \lim_{n\to\infty} \sum_{k=1}^{n} a_k = S$일 때, 무한급수 $\sum_{n=1}^{\infty} a_n$은 S에 수렴한다(converge)고 한다. 이때, S를 무한급수의 합이라 하고 다음과 같이 나타낸다.

$$a_1 + a_2 + a_3 + \cdots + a_n + \cdots = S \text{ 또는 } \sum_{n=1}^{\infty} a_n = S$$

한편, 수열 $\{S_n\}$이 발산할 때, 무한급수 $\sum_{n=1}^{\infty} a_n$은 발산한다(diverge)고 하며, 발산하는 무한급수에 대해서는 그 합을 생각하지 않는다.

예제 1 다음 무한급수의 수렴, 발산을 조사하고, 수렴하면 그 합을 구하시오.

(1) $\sum_{n=1}^{\infty} \frac{1}{(n+2)(n+3)}$

(2) $\sum_{n=1}^{\infty}(\sqrt{n+3}-\sqrt{n+2})$

(3) $\sum_{n=1}^{\infty}\frac{2}{(n+1)(n+3)}$

(4) $\sum_{n=1}^{\infty}\frac{n}{(2n-1)^2(2n+1)^2}$

풀이 ·····

(1) 부분합을 구하면

$$S_n=\sum_{k=1}^{n}\frac{1}{(k+2)(k+3)}=\sum_{k=1}^{n}\left(\frac{1}{k+2}-\frac{1}{k+3}\right)$$
$$=\frac{1}{3}-\frac{1}{n+3}$$

이므로

$$\lim_{n\to\infty}S_n=\lim_{n\to\infty}\left(\frac{1}{3}-\frac{1}{n+3}\right)=\frac{1}{3}$$

따라서

$$\sum_{n=1}^{\infty}\frac{1}{(n+2)(n+3)}=\frac{1}{3}$$

(2) 부분합을 구하면

$$S_n=\sum_{k=1}^{n}(\sqrt{k+3}-\sqrt{k+2})=\sqrt{n+3}-\sqrt{3}$$

이므로

$$\lim_{n\to\infty}S_n=\lim_{n\to\infty}(\sqrt{n+3}-\sqrt{3})=\infty$$

따라서 이 무한급수는 발산한다.

(3) 부분합을 구하면

$$S_n=\sum_{k=1}^{n}\frac{2}{(k+1)(k+3)}=\sum_{k=1}^{n}\left(\frac{1}{k+1}-\frac{1}{k+3}\right)$$
$$=\frac{1}{2}+\frac{1}{3}-\frac{1}{n+2}-\frac{1}{n+3}$$

이므로

$$\lim_{n\to\infty} S_n = \lim_{n\to\infty}\left(\frac{1}{2}+\frac{1}{3}-\frac{1}{n+2}-\frac{1}{n+3}\right)=\frac{5}{6}$$

따라서

$$\sum_{n=1}^{\infty}\frac{1}{(n+1)(n+3)}=\frac{5}{6}$$

(4) 부분합을 구하면

$$S_n=\sum_{k=1}^{n}\frac{k}{(2k-1)^2(2k+1)^2}=\frac{1}{8}\sum_{k=1}^{n}\left(\frac{1}{(2k-1)^2}-\frac{1}{(2k+1)^2}\right)$$
$$=\frac{1}{8}\left(1-\frac{1}{(2n+1)^2}\right)$$

이므로

$$\lim_{n\to\infty} S_n=\lim_{n\to\infty}\frac{1}{8}\left(1-\frac{1}{(2n+1)^2}\right)=\frac{1}{8}$$

따라서

$$\sum_{n=1}^{\infty}\frac{n}{(2n-1)^2(2n+1)^2}=\frac{1}{8}$$

무한급수 $\sum_{n=1}^{\infty} a_n$이 S에 수렴할 때, 그 부분합을 S_n이라 하면

$$\lim_{n\to\infty} S_n = S,\qquad \lim_{n\to\infty} S_{n-1}=S$$

이고, $a_n = S_n - S_{n-1}\ (n \geq 2)$이므로

$$\lim_{n\to\infty} a_n=\lim_{n\to\infty}(S_n-S_{n-1})=\lim_{n\to\infty}S_n-\lim_{n\to\infty}S_{n-1}=S-S=0$$

따라서 다음이 성립한다.

무한급수 $\sum_{n=1}^{\infty} a_n$이 수렴하면 $\lim_{n\to\infty} a_n=0$이다.

이 명제의 대우도 참이므로 다음이 성립한다.

$$\lim_{n\to\infty} a_n \neq 0 \text{이면 무한급수 } \sum_{n=1}^{\infty} a_n \text{은 발산한다.}$$

참고 $\lim_{n\to\infty} a_n = 0$이라고 해서 $\sum_{n=1}^{\infty} a_n$이 반드시 수렴한다고는 할 수 없다.

보기 1 무한수열 $\{a_n\}$의 무한급수

$$1+\frac{2}{3}+\frac{3}{5}+\cdots+\frac{n}{2n-1}+\cdots$$

에서 일반항은 $a_n = \dfrac{n}{2n-1}$이다. 이때,

$$\lim_{n\to\infty} a_n = \lim_{n\to\infty} \frac{n}{2n-1} = \frac{1}{2} \neq 0$$

이므로 이 무한급수는 발산한다. ◀

첫째항이 a이고 공비가 r인 무한등비수열 $\{ar^{n-1}\}$에서 만들어지는 무한급수

$$\sum_{n=1}^{\infty} a_n = a + ar + ar^2 + \cdots + ar^{n-1} + \cdots$$

을 첫째항이 a, 공비가 r인 **무한등비급수** 또는 간단히 등비급수라고 한다.

무한등비급수의 부분합은

$$\begin{aligned} S_n &= a + ar + ar^2 + \cdots + ar^{n-1} \\ &= \begin{cases} \dfrac{a(1-r^n)}{1-r} & (r \neq 1) \\ na & (r = 1) \end{cases} \end{aligned}$$

이다.

$$\lim_{n\to\infty} r^n = \begin{cases} 0 & (|r| < 1) \\ \text{발산} & (r > 1 \text{ 또는 } r \leq -1) \end{cases}$$

이므로

$$\lim_{n\to\infty} S_n = \begin{cases} \dfrac{a}{1-r} & (|r|<1) \\ \text{발산} & (r=1) \\ \text{발산} & (r>1 \text{ 또는 } r \le -1) \end{cases}$$

이다. 이상을 정리하면 다음과 같다.

무한등비급수의 수렴과 발산

첫째항이 $a(a\neq 0)$이고 공비가 r인 무한등비급수

$$\sum_{n=1}^{\infty} ar^{n-1} = a + ar + ar^2 + \cdots + ar^{n-1} + \cdots$$

에 대하여

(1) $|r|<1$일 때, 수렴하고 그 합은 $\dfrac{a}{1-r}$이다.

(2) $|r|\ge 1$일 때, 발산한다.

예제 2 다음 무한등비급수의 수렴, 발산을 조사하고, 수렴하면 그 합을 구하시오.

(1) $1+\dfrac{1}{\sqrt{2}}+\dfrac{1}{2}+\dfrac{1}{2\sqrt{2}}+\cdots+\dfrac{1}{(\sqrt{2})^{n-1}}+\cdots$

(2) $2-2\sqrt{3}+6-6\sqrt{3}+\cdots+2(-\sqrt{3})^{n-1}+\cdots$

(3) $0.3-0.03+0.003-0.0003+\cdots$

풀이 ⋯⋯

(1) 첫째항 $a=1$, 공비 $r=\dfrac{1}{\sqrt{2}}$인 무한등비급수이고 $|r|<1$이므로 수렴한다.

따라서 합 S는

$$S=\frac{1}{1-\dfrac{1}{\sqrt{2}}}=\frac{\sqrt{2}}{\sqrt{2}-1}=2+\sqrt{2}$$

(2) 첫째항 $a=2$, 공비 $r=-\sqrt{3}<-1$이므로 이 무한등비급수는 발산한다.

(3) 첫째항 $a=0.3$, 공비 $r=-0.1$인 무한등비급수이고 $|r|<1$이므로 수렴한다. 따라서 합 S는

$$S=\frac{0.3}{1-(-0.1)}=\frac{3}{11}$$ ·····◀

앞에서 배운 수열의 극한값의 성질을 이용하여 다음과 같은 무한급수의 성질이 성립함을 알 수 있다.

무한급수의 성질

무한급수 $\sum_{n=1}^{\infty} a_n$, $\sum_{n=1}^{\infty} b_n$이 모두 수렴하면

(1) $\sum_{n=1}^{\infty}(a_n+b_n)=\sum_{n=1}^{\infty}a_n+\sum_{n=1}^{\infty}b_n$

(2) $\sum_{n=1}^{\infty}(a_n-b_n)=\sum_{n=1}^{\infty}a_n-\sum_{n=1}^{\infty}b_n$

(3) $\sum_{n=1}^{\infty}ca_n=c\sum_{n=1}^{\infty}a_n$ (c는 상수)

예제 3 (1) 무한급수 $\sum_{n=1}^{\infty}\frac{1+2^n}{4^n}$의 값을 구하시오.

(2) 무한급수 $\sum_{n=1}^{\infty}\{3\times 2^{-n}+(-5)^{2-n}\}$의 값을 구하시오.

풀이 ·····

(1) $\frac{1+2^n}{4^n}=\left(\frac{1}{4}\right)^n+\left(\frac{1}{2}\right)^n$이고 $\sum_{n=1}^{\infty}\left(\frac{1}{4}\right)^n$과 $\sum_{n=1}^{\infty}\left(\frac{1}{2}\right)^n$이 수렴하므로

$$\begin{aligned}\sum_{n=1}^{\infty}\frac{1+2^n}{4^n}&=\sum_{n=1}^{\infty}\left[\left(\frac{1}{4}\right)^n+\left(\frac{1}{2}\right)^n\right]\\&=\sum_{n=1}^{\infty}\left(\frac{1}{4}\right)^n+\sum_{n=1}^{\infty}\left(\frac{1}{2}\right)^n\end{aligned}$$

$$= \frac{\frac{1}{4}}{1-\frac{1}{4}} + \frac{\frac{1}{2}}{1-\frac{1}{2}} = \frac{4}{3}$$

(2) $3\times2^{-n}+(-5)^{2-n}=3\times\left(\frac{1}{2}\right)^{n}+\left(-\frac{1}{5}\right)^{n-2}$ 이고 $\sum_{n=1}^{\infty}\left(\frac{1}{2}\right)^{n}$ 과 $\sum_{n=1}^{\infty}\left(-\frac{1}{5}\right)^{n-2}$ 이 수렴하므로

$$\sum_{n=1}^{\infty}\{3\times2^{-n}+(-5)^{2-n}\}=3\sum_{n=1}^{\infty}\left(\frac{1}{2}\right)^{n}+\sum_{n=1}^{\infty}\left(-\frac{1}{5}\right)^{n-2}$$

$$= \frac{\frac{3}{2}}{1-\frac{1}{2}} + \frac{-5}{1-\left(-\frac{1}{5}\right)}$$

$$= 3 - \frac{25}{6} = -\frac{7}{6}$$ ⋯⋯◀

예제 4 무한급수 $\frac{1}{2!}+\frac{2}{3!}+\frac{3}{4!}+\cdots+\frac{n-1}{n!}+\cdots$ 의 값을 구하시오.

풀이 ⋯⋯

주어진 식은 $\sum_{k=2}^{\infty}\frac{n-1}{n!}$ 이다.

$$\sum_{n=2}^{\infty}\frac{n-1}{n!}=\lim_{n\to\infty}\sum_{k=2}^{n}\frac{k-1}{k!}=\lim_{n\to\infty}\sum_{k=2}^{n}\left\{\frac{1}{(k-1)!}-\frac{1}{k!}\right\}$$

$$=\lim_{n\to\infty}\left\{\left(\frac{1}{1!}-\frac{1}{2!}\right)+\left(\frac{1}{2!}-\frac{1}{3!}\right)+\cdots+\left(\frac{1}{(n-1)!}-\frac{1}{n!}\right)\right\}$$

$$=\lim_{n\to\infty}\left(1-\frac{1}{n!}\right)$$

$$=1$$ ⋯⋯◀

CH. 6 연습문제

1. 첫째항과 제5항의 합이 2이고, 첫째항부터 제10항까지의 합이 85인 등차수열 $\{a_n\}$의 일반항 a_n을 구하시오.

2. 등비수열 $\{a_n\}$에서 $\sum_{k=1}^{10} a_{2k-1} = 2^{20}-1$이고, $\sum_{k=1}^{10} a_{2k} = 2^{21}-2$일 때, 일반항 a_n을 구하시오.

3. $\sum_{k=1}^{n} a_k = n^2$일 때, $\sum_{k=1}^{n} a_{2k}$를 구하시오.

4. 다음 합을 구하시오.

(1) $\displaystyle\sum_{k=1}^{99} \frac{1}{\sqrt{k}+\sqrt{k+1}}$

(2) $\displaystyle\sum_{k=1}^{n} \frac{1}{(2k-1)(2k+1)}$

(3) $\displaystyle\sum_{k=1}^{n} \frac{1}{k(k+2)}$

(4) $\displaystyle\sum_{k=1}^{n} k \cdot 2^{k-1}$

5. 다음 극한값을 구하시오.

(1) $\displaystyle\lim_{n\to\infty}(3^n - 2^n)$

(2) $\displaystyle\lim_{n\to\infty}\frac{1^2+2^2+3^2+\cdots+n^2}{n^3}$

(3) $\displaystyle\lim_{n\to\infty}\frac{2^n+1}{3^n+4}$

(4) $\displaystyle\lim_{n\to\infty}\left\{\left(1-\frac{1}{2}\right)\left(1-\frac{1}{3}\right)\times\cdots\times\left(1-\frac{1}{n}\right)\right\}^2(1+2+\cdots+n)$

(5) $\lim_{n\to\infty}\frac{1\cdot(n-1)+2\cdot(n-2)+\cdots+(n-2)\cdot 2+(n-1)\cdot 1}{n^3}$

(6) $\lim_{n\to\infty}\sqrt{n}(\sqrt{n+1}-\sqrt{n-1})$

(7) $\lim_{n\to\infty}(\sqrt{n+a}\sqrt{n+b}-n)$

(8) $\lim_{n\to\infty}\left(\frac{5^n+6^n}{3^n+4^n}\right)^{\frac{1}{n}}$

6. (1) $\lim_{n\to\infty}\frac{a_n+5}{3a_n+1}=3$일 때, $\lim_{n\to\infty}a_n$의 값을 구하시오.

(2) $\sum_{n=0}^{\infty}\left(a_n+\frac{n-1}{n+1}\right)=2$일 때, $\lim_{n\to\infty}a_n$의 값을 구하시오.

7. 다음 무한급수의 수렴, 발산을 조사하고, 수렴하면 그 합을 구하시오.

(1) $\sum_{n=1}^{\infty}\left(-\frac{1}{4}\right)^n$

(2) $\sum_{n=1}^{\infty}\sin\frac{n\pi}{2}$

(3) $\sum_{n=1}^{\infty}\frac{3^n+4^n}{5^n}$

(4) $\sum_{n=1}^{\infty}\frac{2n}{3n+1}$

(5) $\sum_{n=1}^{\infty}\frac{\cos n\pi}{3^n}$

8. 무한급수 $1+\frac{1}{1+2}+\frac{1}{1+2+3}+\frac{1}{1+2+3+4}+\cdots$ 의 값을 구하시오.

9. 다음 무한등비급수가 수렴하는 실수 x의 범위를 구하시오

$$\sum_{n=1}^{\infty}(1-x+x^2)^n$$

10. 무한등비수열 $\{a_n\}$에 대하여

$$\sum_{n=1}^{\infty} a_n = 15, \qquad \sum_{n=1}^{\infty} a_n^2 = 25$$

일 때, 일반항 a_n을 구하시오.

11. 무한수열 $\sqrt{5}$, $\sqrt{5\sqrt{5}}$, $\sqrt{5\sqrt{5\sqrt{5}}}$, $\cdots$의 극한값을 구하시오.

12. (1) $a_1 = 1$인 등차수열 $\{a_n\}$에서 $a_1a_2 + a_2a_3$의 최솟값을 구하시오.

(2) 두 수 3과 27 사이에 m개의 수를 넣어서 만든 수열 3, a_1, a_2, $\cdots$, a_m, 27은 이 순서로 등차수열을 이루고 그 합은 900이다. 이 수열의 공차를 구하시오.

13. 수열 $\{a_n\}$에서 $a_2 = 2a_1$, $a_{n+2} - 2a_{n+1} + a_n = 0$이고 $a_{10} = 20$일 때, a_6의 값을 구하시오.

14. 삼차방정식 $x^3 - 3x^2 - 6x + k = 0$의 세 근이 등차수열을 이룰 때, k의 값을 구하시오.

15. 첫째항이 50, 공차가 -3인 등차수열 $\{a_n\}$의 첫째항부터 제30항까지의 각 항의 절댓값의 합을 구하시오.

16. 공차 2인 등차수열 중에서 끝항이 첫째항의 10배와 같고, 또 그 합이 110이 되는 수열의 첫째항과 항수를 구하시오.

17. 다음과 같은 두 개의 등차수열 A, B가 있다.

$$A : 4, 7, 10, \cdots, 100 \quad B : 5, 9, 13, \cdots, 101$$

(1) A, B에 공통되는 수의 개수를 구하시오.

(2) A, B에 공통되는 수의 합을 구하시오.

18. 서로 다른 세 수 x, y, z가 이 순서로 공비 r인 등비수열을 이루고, x, $2y$, $3z$가 이 순서로 등차수열을 이룰 때, r의 값을 구하시오.

19. 1년 후부터 매년 500만원씩 20년 간 받을 연금증서를 팔려고 한다. 연이율 5%, 일 년마다 복리로 계산할 때, 연금현가를 구하시오. (단, $1.05^{-20} \fallingdotseq 0.377$이다.)

20. 자연수 n에 대하여 $\sqrt{n^2+2n+2}$의 정수부분을 a_n, 소수부분을 b_n이라고 할 때, $\lim_{n\to\infty} a_n b_n$을 구하시오.

21. $n!$의 1의 자리 숫자를 a_n이라고 할 때, $\sum_{n=1}^{\infty} \frac{a_n}{10^n}$의 값을 구하시오.

22. 무한급수 $\sum_{n=1}^{\infty} \left\{ \frac{1+(-1)^n}{3} \right\}^n$의 값을 구하시오.

23. 수열 $\{a_n\}$에서 $a_1 = 1$, $a_n = \sum_{k=1}^{n-1} a_k$ $(n \geq 2)$ 일 때, $\sum_{n=1}^{\infty} \frac{1}{a_n}$의 값을 구하시오.

24. $\sum_{k=1}^{20} (-1)^k (k+1)^2$의 값을 구하시오.

25. $\sum_{k=1}^{10} \frac{3}{9k^2-3k-2}$의 값을 구하시오.

26. $\lim_{n\to\infty} (\sqrt{n^2+an+2} - \sqrt{n^2+n}) = 10$일 때, 상수 a의 값을 구하시오.

27. 수열 $\{a_n\}$에 대하여 $\lim_{n\to\infty} \frac{3^n a_n}{2^n+1} = 10$일 때 $\lim_{n\to\infty} \frac{a_n + a_{n+2}}{a_{n+1}}$의 값을 구하시오.

28. 무한급수 $\sum_{n=1}^{\infty} \left(\frac{2}{3}\right)^n \sin\frac{n\pi}{2}$의 값을 구하시오.

CHAPTER 7

지수와 로그

7.1 지수의 확장

일반적으로, n이 자연수일 때, 실수 a를 n회 거듭하여 곱한 것을 a^n으로 나타내고, a의 n제곱이라고 한다. a^1, a^2, a^3, $\cdots$, a^n, $\cdots$을 통틀어 a의 거듭제곱이라고 한다. a^n에서 a를 거듭제곱의 밑, n을 거듭제곱의 지수라고 한다.

먼저 지수가 양의 정수일 때의 지수법칙을 소개하면 다음과 같다.

임의의 실수 a, b와 양의 정수 m, n에 대하여

① $a^m a^n = a^{m+n}$　　② $(a^m)^n = a^{mn}$

③ $(ab)^n = a^n b^n$　　④ $\left(\dfrac{a}{b}\right)^n = \dfrac{a^n}{b^n}\ (b \neq 0)$

⑤ $a^m \div a^n = \begin{cases} a^{m-n} & (m > n) \\ 1 & (m = n)\ \ (a \neq 0) \\ \dfrac{1}{a^{n-m}} & (m < n) \end{cases}$

지수법칙 $a^m a^n = a^{m+n} (a \neq 0)$에서

(i) $m = 0$일 때 $a^0 a^n = a^{0+n} = a^n$이다. 양변을 a^n으로 나누면 $a^0 = 1$

(ii) $m = -n$일 때 $a^{-n} a^n = a^{-n+n} = a^0 = 1$이다. 양변을 a^n으로 나누면 $a^{-n} = \dfrac{1}{a^n}$

따라서 0 또는 음의 정수인 지수를 다음과 같이 정의한다.

$a \neq 0$이고, n이 양의 정수일 때

$$a^0 = 1, \quad a^{-n} = \frac{1}{a^n}$$

이제 지수가 정수일 때의 지수법칙은 다음과 같다.

$a \neq 0,\ b \neq 0$일 때, 임의의 정수 $m,\ n$에 대하여

① $a^m a^n = a^{m+n}$　　② $(a^m)^n = a^{mn}$

③ $(ab)^n = a^n b^n$　　④ $a^m \div a^n = a^{m-n}$

예를 들어 $\left(\frac{1}{2}\right)^{-3}$을 간단히 하는 방법은 다음과 같다.

$$\left(\frac{1}{2}\right)^{-3} = \frac{1}{\frac{1}{2}\cdot\frac{1}{2}\cdot\frac{1}{2}} = \frac{1}{\frac{1}{8}} = 8$$

또는
$$\left(\frac{1}{2}\right)^{-3} = (2^{-1})^{-3} = 2^3 = 8$$

일반적으로 n이 양의 정수일 때, 실수 a에 대하여 n제곱하여 a가 되는 수, 즉 방정식 $x^n = a$의 근을 a의 n제곱근이라고 하며 a의 제곱근, 세제곱근, 네제곱근, $\cdots$을 통틀어 a의 거듭제곱근이라고 한다. a의 거듭제곱근은 복소수의 범위에서 n개임이 알려져 있다.

n이 짝수일 때, 양수 a의 n제곱근 중 실수인 것은 $\sqrt[n]{a}$, $-\sqrt[n]{a}$ 두 개이고 절댓값이 같다. 음수 a의 n제곱근 중 실수인 것은 없다.

n이 홀수일 때, 실수 a의 n제곱근 중 실수인 것은 $\sqrt[n]{a}$ 하나뿐이다. 이때, a의 부호와 $\sqrt[n]{a}$의 부호는 일치한다.

n이 짝수, 홀수에 관계없이 $\sqrt[n]{0} = 0$이다.

참고 $\sqrt[n]{\ }$를 n제곱근호라 하며, $\sqrt[2]{a}$를 $\sqrt{a}$로 쓴다. n제곱근의 정의에 의하여 다음 등식이 성립한다.

$$(\sqrt[n]{a})^n = a \ (a \geq 0)$$

거듭제곱근에는 다음과 같은 성질이 있다.

$a > 0,\ b > 0$이고 $m,\ n$이 양의 정수일 때

① $\sqrt[n]{a}\sqrt[n]{b} = \sqrt[n]{ab}$　　② $\dfrac{\sqrt[n]{a}}{\sqrt[n]{b}} = \sqrt[n]{\dfrac{a}{b}}$

③ $(\sqrt[n]{a})^m = \sqrt[n]{a^m}$　　④ $\sqrt[m]{\sqrt[n]{a}} = \sqrt[mn]{a}$

유리수 지수를 다음과 같이 정의한다.

$a > 0$이고 m이 정수, n이 양의 정수일 때,

$$a^{\frac{m}{n}} = \sqrt[n]{a^m}$$

특히, $m = 1$인 경우 $a^{\frac{1}{n}} = \sqrt[n]{a}$ 이다. 유리수 지수를 위와 같이 정의하면 지수가 정수일 때와 마찬가지로 다음 지수법칙이 성립한다.

$a > 0,\ b > 0$ 이고 $m,\ n$이 유리수일 때

① $a^m a^n = a^{m+n}$ ② $(a^m)^n = a^{mn}$ ③ $(ab)^n = a^n b^n$

x가 무리수일 때, 2^x에 대하여 알아보자. 이를테면 $\sqrt{2} = 1.414213\cdots$이므로

$$1,\ 1.4,\ 1.41,\ 1.414,\ 1.4142,\ 1.41421,\ \cdots$$

과 같이 $\sqrt{2}$에 가까운 유리수를 생각할 수 있다. 이러한 유리수를 지수로 하는 수

$$2^1,\ 2^{1.4},\ 2^{1.41},\ 2^{1.414},\ 2^{1.4142},\ 2^{1.41421},\ \cdots$$

은 어떤 일정한 수에 한없이 가까워진다. 이때, 이 일정한 수를 $2^{\sqrt{2}}$이라고 정의한다. 마찬가지로 모든 무리수 x에 대하여 2^x을 정의할 수 있다. 일반적으로 $a > 0$일 때 임의의 실수 x에 대하여 a^x을 정의할 수 있으며, 따라서 거듭제곱의 지수를 실수의 범위까지 확장할 수 있다.

$a > 0,\ b > 0$이고 $m,\ n$이 실수일 때

① $a^m a^n = a^{m+n}$ ② $(a^m)^n = a^{mn}$

③ $(ab)^n = a^n b^n$ ④ $a^m \div a^n = a^{m-n}$

예제 1 다음을 간단히 하시오.

(1) $\left(\frac{2}{3}\right)^{-2}$ (2) $\sqrt[3]{\sqrt{6}}$

(3) $\left(-\frac{64}{27}\right)^{2/3}$ (4) $\sqrt[3]{-\frac{1}{8}}$

(5) $\frac{\sqrt[3]{2}}{\sqrt[3]{54}}$ (6) $\left(-\frac{1}{3}\right)^{-3}$

풀이 ·····

(1) $\left(\frac{2}{3}\right)^{-2}=\left(\frac{3}{2}\right)^{2}=\frac{9}{4}$

(2) $\sqrt[3]{\sqrt{6}}=\sqrt[6]{6}$

(3) $\left(-\frac{64}{27}\right)^{2/3}=\left\{\left(-\frac{4}{3}\right)^{3}\right\}^{\frac{2}{3}}=\left(-\frac{4}{3}\right)^{2}=\frac{16}{9}$

(4) $\sqrt[3]{-\frac{1}{8}}=\sqrt[3]{\left(-\frac{1}{2}\right)^{3}}=-\frac{1}{2}$

(5) $\frac{\sqrt[3]{2}}{\sqrt[3]{54}}=\sqrt[3]{\frac{2}{54}}=\sqrt[3]{\frac{1}{27}}=\sqrt[3]{\left(\frac{1}{3}\right)^{3}}=\frac{1}{3}$

(6) $\left(-\frac{1}{3}\right)^{-3}=\frac{1}{\left(-\frac{1}{3}\right)^{3}}=\frac{1}{-\frac{1}{3^{3}}}=\frac{1}{-\frac{1}{27}}=-27$ ·····◀

7.2 지수함수와 그 그래프

a가 1이 아닌 양수일 때, 실수 x에 a^x을 대응시키는 함수

$$y = a^x$$

을 a를 밑으로 하는 지수함수(exponential function)라고 한다.

일반적으로, 지수함수에는 다음과 같은 성질이 있다.

지수함수 $y = a^x \ (a > 0,\ a \neq 1)$에서
① 정의역은 실수 전체의 집합이다.
② 치역은 양수 전체의 집합이다.
③ $a > 1$일 때, x가 증가하면 y도 증가한다.
$0 < a < 1$일 때, x가 증가하면 y는 감소한다.
④ 점 $(0,\ 1)$을 지나며 x축을 점근선으로 갖는다.

(1) $a > 1$일 때

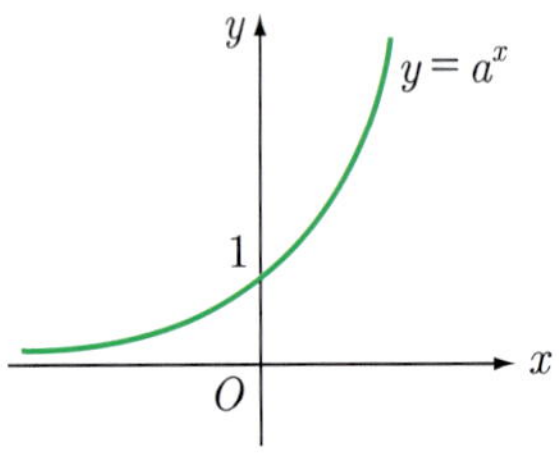

(2) $0 < a < 1$일 때

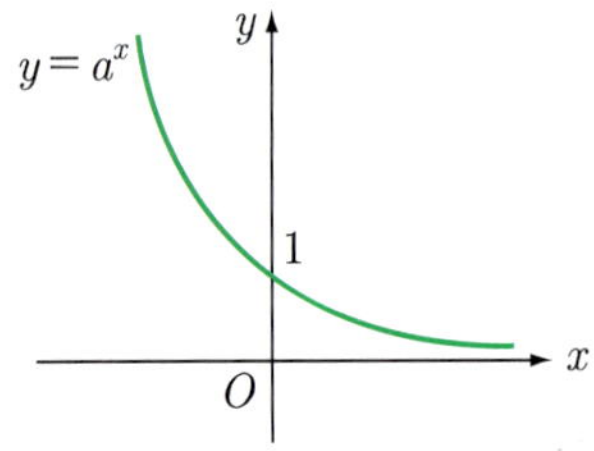

예제 1 (1) 두 수 $\sqrt[3]{16}$과 $\sqrt[4]{32}$의 대소를 비교하시오.
(2) 두 수 $\sqrt[3]{0.01}$과 $\sqrt{0.1}$의 대소를 비교하시오.

풀이 ·····

(1) $\sqrt[3]{16} = \sqrt[3]{2^4} = 2^{\frac{4}{3}}$, $\sqrt[4]{32} = \sqrt[4]{2^5} = 2^{\frac{5}{4}}$

그런데 밑 2가 1보다 크고 $\frac{5}{4} < \frac{4}{3}$이므로

$$2^{\frac{5}{4}} < 2^{\frac{4}{3}}, \quad 즉 \quad \sqrt[4]{32} < \sqrt[3]{16}$$

(2) $\sqrt[3]{0.01} = \sqrt[3]{(0.1)^2} = (0.1)^{\frac{2}{3}}$, $\sqrt{0.1} = (0.1)^{\frac{1}{2}}$

그런데 밑 0.1이 1보다 작고 $\frac{2}{3} > \frac{1}{2}$이므로

$$(0.1)^{\frac{2}{3}} < (0.1)^{\frac{1}{2}}, \quad 즉 \quad \sqrt[3]{0.01} < \sqrt{0.1}$$ ……◀

예제 2 다음 지수함수의 그래프를 그리시오.

(1) $y = 2^{1-x} - 1$

(2) $y = \frac{1}{2}(3^x + 3^{-x})$

풀이 ……

(1) $y = 2^{1-x} - 1$의 그래프는 $y = 2^{-x}$의 그래프를 x축 방향으로 $+1$, y축 방향으로 -1만큼 평행이동시킨 것이다.

(2) $y_1 = 3^x$, $y_2 = 3^{-x}$으로 놓고 y_1, y_2의 그래프를 각각 그린 다음 임의의 x에 대한 두 그래프의 중간점들을 잡아 곡선으로 잇는다.

(1)

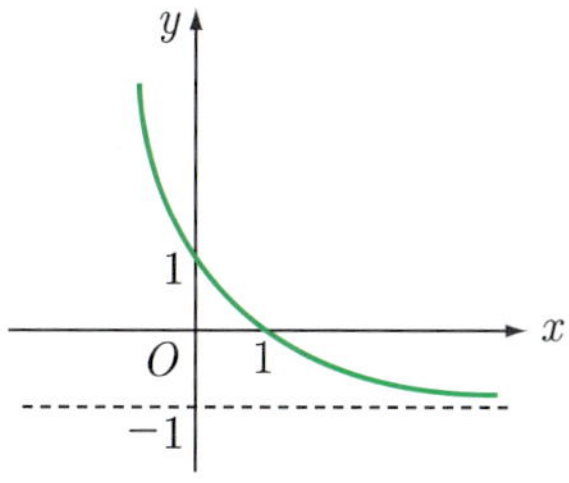

(2)

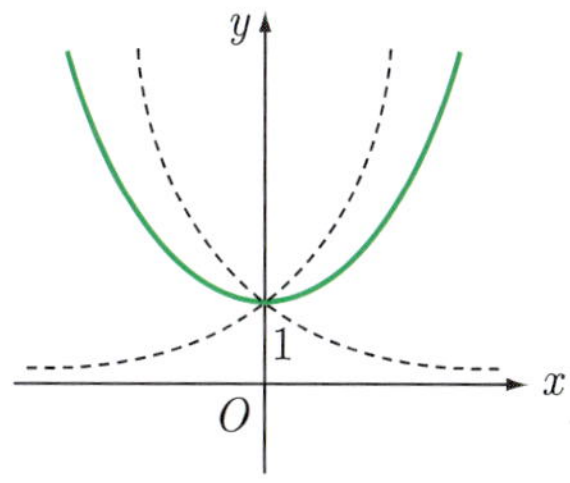

……◀

예제 3 다음 각 함수의 최댓값 및 최솟값을 구하시오.

(1) $y = 3^x \cdot 2^{-x} \quad (-2 \leq x \leq 0)$

(2) $y = 4^{-x} - 6 \cdot 2^{-x} + 1 \quad (-2 \leq x \leq 0)$

풀이 ·····

(1) $y=3^x \cdot 2^{-x}=3^x \cdot \frac{1}{2^x}=\left(\frac{3}{2}\right)^x$는 증가함수이므로

$x=0$에서 최대이고 최댓값은 $y=\left(\frac{3}{2}\right)^0=1$

$x=-2$에서 최소이고 최솟값은 $y=\left(\frac{3}{2}\right)^{-2}=\left(\frac{2}{3}\right)^2=\frac{4}{9}$

(2) $y=4^{-x}-6 \cdot 2^{-x}+1\ (-2 \le x \le 0)$에서 $2^{-x}=t$로 놓으면

$$y=t^2-6t+1=(t-3)^2-8 \quad (1 \le t \le 4)$$

$t=1\ (x=0)$에서 최대이고 최댓값은 -4

$t=3\ (x=-\log_2 3)$에서 최소이고 최솟값은 -8 ·····◀

7.3 지수방정식과 지수부등식

지수에 미지수가 포함된 등식을 지수방정식이라고 한다. 지수방정식을 풀 때에는 다음 성질을 이용한다.

$$a>0,\ a\neq 1\text{일 때, } x_1=x_2 \iff a^{x_1}=a^{x_2}$$

예제 1 다음 방정식의 해를 구하시오.

(1) $\left(\dfrac{1}{3}\right)^x=9\sqrt{3}$

(2) $4^x-2^{x+2}-32=0$

풀이 ·····

(1) $\left(\dfrac{1}{3}\right)^x=3^{-x},\ 9\sqrt{3}=3^2 3^{\frac{1}{2}}=3^{\frac{5}{2}}$

이므로 $3^{-x}=3^{\frac{5}{2}}$에서 $x=-\dfrac{5}{2}$

(2) $4^x-2^{x+2}-32=(2^x)^2-4(2^x)-32=(2^x+4)(2^x-8)=0$에서 $2^x>0$

이므로 $2^x=8=2^3$

따라서 $x=3$ ·····◀

예제 2 다음 방정식의 해를 구하시오.

(1) $x^{\sqrt{x}}=(\sqrt{x})^x$ (단, $x>0$)

(2) $(2+\sqrt{3})^x+(2-\sqrt{3})^x=4$

풀이 ·····

(1) $x^{\sqrt{x}}=(\sqrt{x})^x$에서 $x^{\sqrt{x}}=x^{\frac{1}{2}x}$

$x\neq 1$일 때, $\sqrt{x}=\dfrac{1}{2}x \quad \therefore\ 4x=x^2 \quad \therefore\ x=4\ (\because\ x>0)$

$x=1$일 때, 주어진 방정식이 성립한다.

따라서 구하는 답은 $x=1,\ 4$

(2) $2-\sqrt{3}=\dfrac{1}{2+\sqrt{3}}$ 이므로 주어진 방정식은 $(2+\sqrt{3})^x+\dfrac{1}{(2+\sqrt{3})^x}=4$

$(2+\sqrt{3})^x=t$로 놓으면 $t+\dfrac{1}{t}=4$

$$\therefore\ t^2-4t+1=0\quad \therefore\ t=2\pm\sqrt{3}$$

$t=2+\sqrt{3}$일 때, $(2+\sqrt{3})^x=2+\sqrt{3}$에서 $x=1$

$t=2-\sqrt{3}$일 때, $(2+\sqrt{3})^x=2-\sqrt{3}=(2+\sqrt{3})^{-1}$에서 $x=-1$

따라서 구하는 답은 $x=\pm 1$ ·····◀

지수에 미지수가 포함된 부등식을 지수부등식이라고 한다. 지수부등식을 풀 때에는 다음 성질을 이용한다.

$$a>1\text{일 때, } x_1<x_2 \iff a^{x_1}<a^{x_2}$$

$$0<a<1\text{일 때, } x_1<x_2 \iff a^{x_1}<a^{x_2}$$

예제 3 다음 각 부등식의 해를 구하시오.

(1) $0.1^x>10$

(2) $2^{-x}>\dfrac{1}{64}$

풀이 ·····

(1) $0.1^x=\left(\dfrac{1}{10}\right)^x=(10^{-1})^x=10^{-x}$

그러므로 $10^{-x}>10$. 밑 10이 1보다 크므로 $-x>1$

따라서 $x<-1$

(2) $\dfrac{1}{64}=\left(\dfrac{1}{2}\right)^6=2^{-6}$이므로 $2^{-x}>2^{-6}$

밑 10이 1보다 크므로 $-x>-6$

따라서 $x<6$ ·····◀

예제 4 다음 각 부등식의 해를 구하시오.

(1) $\dfrac{1}{4}\le\left(\dfrac{1}{8}\right)^x<16$

(2) $2^{2x}+2^{x+3}-48<0$

풀이 ·····

(1) $2^{-2}\le 2^{-3x}<2^{4}$ $\therefore -2\le -3x<4$ $\therefore -\frac{4}{3}<x\le \frac{2}{3}$

(2) $2^{x}=t$ $(t>0)$로 놓으면 $t^{2}+8t-48<0$ $\therefore (t+12)(t-4)<0$

$t>0$이므로 $t-4<0$ $\therefore t<4$ 즉, $2^{x}<2^{2}$ $\therefore x<2$ ·····◀

7.4 로그와 그 성질

함수 $y=2^x$의 그래프에서 알 수 있듯이 임의의 양수 b에 대하여

$$2^x = b$$

를 만족하는 x의 값은 단 하나 있다.

일반적으로 $a>0,\ a\neq 1$일 때, 임의의 양수 b에 대하여

$$a^r = b$$

를 만족하는 r의 값은 단 하나 정해진다. 이 값 r를 a를 밑으로 하는 b의 **로그**라 하고, 이것을

$$r=\log_a b$$

로 나타낸다. 이때 b를 $\log_a b$의 **진수**라고 한다. 즉 로그의 정의는

$$a>0,\ a\neq 1\text{일 때},\ a^r=b \iff r=\log_a b$$

$a>0,\ a\neq 1$일 때, a를 밑으로 하는 로그의 성질을 알아보자.

먼저 $a^0=1$과 $a^1=a$로부터 다음 등식을 얻는다.

$$\log_a 1=0, \qquad \log_a a=1$$

또 지수법칙에 의하여 다음과 같은 성질을 얻는다.

$a>0,\ a\neq 1,\ A>0,\ B>0$이고 r가 실수일 때,

① $\log_a AB=\log_a A+\log_a B$

② $\log_a \dfrac{A}{B}=\log_a A-\log_a B$

③ $\log_a A^r=r\log_a A$

$\log_8 4$의 값을 구할 때, $\log_8 4 = x$라 하면 $8^x = 4$, $2^{3x} = 2^2$이므로

$$3x = 2\text{에서 } x = \frac{2}{3}$$

이와 같이 지수방정식을 풀어서 x를 구할 수도 있지만 $8^x = 4$의 양변에 2를 밑으로 하는 로그를 취하여 x를 구할 수도 있다. 즉 $\log_2 8^x = \log_2 4$에서 $x\log_2 8 = \log_2 4$

따라서 $x = \log_8 4 = \dfrac{\log_2 4}{\log_2 8} = \dfrac{2}{3}$

로그의 밑을 다른 수로 바꿀 때는 다음의 성질(밑의 변환 공식)을 이용한다.

$a > 0$, $a \neq 1$이고 $b > 0$일 때,

④ $\log_a b = \dfrac{\log_c b}{\log_c a}$ $(c > 0,\ c \neq 1)$

⑤ $\log_a b = \dfrac{1}{\log_b a}$ $(b \neq 1)$

밑의 변환 공식을 증명해 보자.

$\log_a b = x$라 놓으면 $a^x = b$

양변에 c를 밑으로 하는 로그를 취하면

$$\log_c a^x = \log_c b\text{에서 } x\log_c a = \log_c b$$

$a \neq 1$에서 $\log_c a \neq 0$이므로 $x = \log_a b = \dfrac{\log_c b}{\log_c a}$

여기서, $c = b$로 놓으면 $\log_a b = \dfrac{1}{\log_b a}$

또한 다음 성질도 자주 이용되므로 기억해 두는 것이 좋다.

⑥ $a^{\log_a b} = b$, $a^{\log_b c} = c^{\log_b a}$

⑦ $\log_{a^n} b^m = \dfrac{m}{n}\log_a b$

예제 1 다음 식을 간단히 하시오.

(1) $\log_3 12+\log_3 9-\log_3 4$

(2) $\dfrac{1}{2}\log_2 5-\log_2\dfrac{\sqrt{5}}{4}$

(3) $(\log_2 3+\log_4 9)(\log_3 4+\log_9 2)$

(4) $\left(\log_4 12-\log_4\dfrac{3}{2}+\log_3 9\sqrt{3}\right)^{\log_2 5}$

풀이 ·····

(1) $\log_3 12+\log_3 9-\log_3 4=\log_3\dfrac{12\cdot 9}{4}=\log_3 27=\log_3 3^3=3$

(2) $\dfrac{1}{2}\log_2 5-\log_2\dfrac{\sqrt{5}}{4}=\log_2\sqrt{5}-(\log_2\sqrt{5}-\log_2 4)=\log_2 2^2=2$

(3) $(\log_2 3+\log_4 9)(\log_3 4+\log_9 2)$

$=\left(\dfrac{\log 3}{\log 2}+\dfrac{2\log 3}{2\log 2}\right)\left(\dfrac{2\log 2}{\log 3}+\dfrac{\log 2}{2\log 3}\right)=\dfrac{2\log 3}{\log 2}\times\dfrac{5\log 2}{2\log 3}=5$

(4) $\log_4 12-\log_4\dfrac{3}{2}=\log_4\left(12\times\dfrac{2}{3}\right)=\log_4 8=\log_{2^2}2^3=\dfrac{3}{2}$

$\log_3 9\sqrt{3}=\log_3\left(3^2\times 3^{\frac{1}{2}}\right)=\log_3 3^{\frac{5}{2}}=\dfrac{5}{2}$

따라서 주어진 식은 $\left(\dfrac{3}{2}+\dfrac{5}{2}\right)^{\log_2 5}=4^{\log_2 5}=5^{\log_2 4}=5^2=25$ ·····◀

예제 2 (1) $\log_{10}2=a$, $\log_{10}3=b$일 때, $\log_6 5$를 a, b로 나타내시오.

(2) $\log_2 3=a$, $\log_3 5=b$일 때, $\log_{120}150$을 a, b로 나타내시오.

풀이 ·····

(1) $\log_6 5=\dfrac{\log_{10}5}{\log_{10}6}=\dfrac{\log_{10}\dfrac{10}{2}}{\log_{10}(2\cdot 3)}=\dfrac{\log_{10}10-\log_{10}2}{\log_{10}2+\log_{10}3}=\dfrac{1-a}{a+b}$

(2) $\log_{120}150=\dfrac{\log_3 150}{\log_3 120}=\dfrac{\log_3(2\times 3\times 5^2)}{\log_3(2^3\times 3\times 5)}=\dfrac{\log_3 2+\log_3 3+\log_3 5^2}{\log_3 2^3+\log_3 3+\log_3 5}$

$=\dfrac{\dfrac{1}{a}+1+2b}{\dfrac{3}{a}+1+b}=\dfrac{1+a+2ab}{3+a+ab}$ ·····◀

미분과 적분에서 많이 등장하는 무리수 e를 밑으로 하는 자연로그를 살펴보자.

극한값 $\lim_{x \to 0}(1+x)^{\frac{1}{x}} = \lim_{n \to \infty}\left(1+\frac{1}{n}\right)^n$을 e로 정의하는데, e는 무리수로서

$$e = 2.7182818284590\cdots$$

임이 알려져 있으며, 수학에서 중요한 역할을 하는 수이다.

참고 무한급수 $\sum_{n=0}^{\infty}\frac{1}{n!}$을 e로 정의하기도 한다.

무리수 e를 밑으로 하는 $\log_e x$를 **자연로그**라고 하는데, 보통 밑을 생략하여 간단히 다음과 같이 나타낸다.

$$\ln x = \log_e x$$

또한 10을 밑으로 하는 $\log_{10} x$를 **상용로그**라고 하는데, 보통 밑을 생략하여 간단히 다음과 같이 나타낸다.

$$\log x = \log_{10} x$$

7.5 로그함수와 그 그래프

지수함수의 역함수인 로그함수를 알아보자.

하나의 실수 $a\,(a>0,\ a\neq 1)$를 밑으로 하는 임의의 양수 x의 로그 $\log_a x$를 y라 하면

$$y=\log_a x$$

이때 각 x의 값에 y의 값이 하나씩 대응된다. 이 대응으로 정해지는 함수 $y=\log_a x$를 a를 밑으로 하는 로그함수(logarithmic function)라고 한다.

이제 로그함수의 그래프와 성질에 대하여 알아보자.

일반적으로 로그함수 $y=\log_a x$는 지수함수 $y=a^x$의 역함수이다. 그러므로 로그함수 $y=\log_a x$의 그래프와 지수함수 $y=a^x$의 그래프는 직선 $y=x$에 대하여 대칭이다. 따라서 로그함수 $y=\log_a x$의 그래프는 다음과 같다.

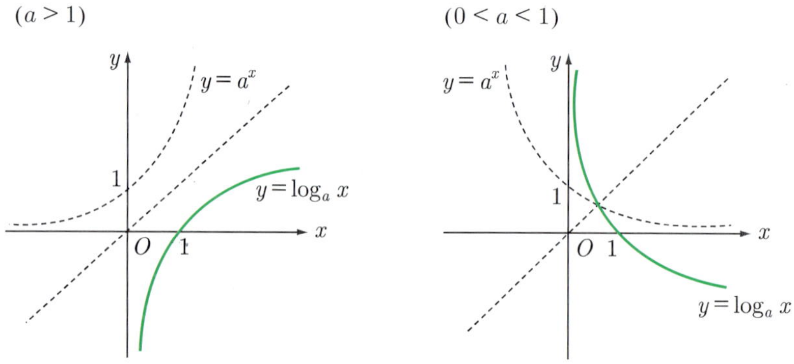

로그함수 $y=\log_a x$에는 다음과 같은 성질이 있음을 알 수 있다.

> 로그함수 $y=\log_a x\ \ (a>0,\ a\neq 1)$에서
> ① 정의역은 양수 전체의 집합이다.
> ② 치역은 실수 전체의 집합이다.
> ③ $a>1$일 때, x가 증가하면 y도 증가한다.

$0 < a < 1$일 때, x가 증가하면 y는 감소한다.
④ 그래프는 점 $(1,\ 0)$을 지나며 y축을 점근선으로 갖는다.

예제 1 로그함수 $y = \log_2 x$에 대하여 $1 \le y \le 3$이 되는 x의 값의 범위를 구하시오.

풀이 ·····

$\log_2 x = 1$에서 $x = 2^1 = 2$

$\log_2 x = 3$에서 $x = 2^3 = 8$

그런데 $\log_2 x$의 밑 2는 1보다 크므로 앞의 성질 ③에 의하여 $1 \le \log_2 x \le 3$을 만족하는 x의 값의 범위는

$$2 \le x \le 8$$

·····◀

예제 2 다음 함수의 최댓값과 최솟값을 구하시오.

(1) $y = (\log_2 x)^2 - \log_2 x^2 - 3 \quad (1 \le x \le 16)$

(2) $y = \log_{\frac{1}{2}}(x^2 - 4x + 8) \quad (0 \le x \le 3)$

풀이 ·····

(1) $y = (\log_2 x)^2 - \log_2 x^2 - 3$에서 $\log_2 x = t$로 치환하면

$$y = t^2 - 2t - 3 = (t-1)^2 - 4$$

$1 \le x \le 16$에서 $0 \le t \le 4$이다.

따라서 $t = 4$일 때, 구하는 최댓값은 5

$t = 1$일 때, 구하는 최솟값은 -4

(2) $y = \log_{\frac{1}{2}}(x^2 - 4x + 8)$에서

$$x^2 - 4x + 8 = (x-2)^2 + 4 \quad (0 \le x \le 3)$$

이므로 $x = 2$일 때 $x^2 - 4x + 8$의 최솟값은 4이고,

$x = 0$일 때 $x^2 - 4x + 8$의 최댓값은 8이다.

따라서 $x = 2$일 때, 구하는 최댓값은 $\log_{\frac{1}{2}} 4 = -2$, 최솟값은 $\log_{\frac{1}{2}} 8 = -3$

·····◀

예제 3 다음 함수의 최댓값을 구하시오.

$$y = \log 4x \times \log \frac{25}{x} \quad \left(\frac{1}{4} < x < 25\right)$$

풀이 ·····

$\frac{1}{4} < x < 25$이므로 $\log 4x > 0$, $\log \frac{25}{x} > 0$이다.

$$\therefore \ \log 4x + \log \frac{25}{x} \geq 2\sqrt{\log 4x \times \log \frac{25}{x}}$$

그런데 $\log 4x + \log \frac{25}{x} = \log\left(4x \times \frac{25}{x}\right) = \log 100 = 2$이므로

$$2 \geq 2\sqrt{\log 4x \times \log \frac{25}{x}} \quad \therefore \ \log 4x \times \log \frac{25}{x} \leq 1$$

따라서 구하는 최댓값은 1 ·····◀

7.6 로그방정식과 로그부등식

로그의 진수 또는 밑에 미지수를 포함하는 등식을 로그방정식이라고 한다. 로그방정식을 풀 때에는 다음 성질을 이용한다.

$$(\text{진수}) > 0,\ x_1 = x_2 \iff \log_a x_1 = \log_a x_2$$

예제 1 다음 로그방정식의 해를 구하시오.

(1) $\log_{10}(x-1)+\log_{10}(x+2)=1$

(2) $\log_4(x+2)\cdot\log_x 16 = 9^{2\log_9 2}$

풀이 ·····

(1) 로그의 진수는 양수이어야 하므로

$$x-1>0,\ x+2>0\text{에서 } x>1$$

주어진 방정식을 변형하면

$$\log_{10}(x-1)(x+2)=\log_{10}10$$

$$(x-1)(x+2)=10 \text{ 즉 } x^2+x-12=0$$

에서 $x=3,\ -4$. 그런데 $x>1$이므로 구하는 해는 $x=3$

(2) 주어진 방정식을 변형하면 $\dfrac{\log(x+2)}{\log 4}\cdot\dfrac{2\log 4}{\log x}=4$이므로

$$\log(x+2)=2\log x$$

$$\therefore\ x+2=x^2$$

$$\therefore\ (x-2)(x+1)=0$$

$x\neq 1,\ x>0$이므로 구하는 해는 $x=2$ ·····◀

로그의 진수 또는 밑에 미지수를 포함하는 부등식을 로그부등식이라고 한다.
로그부등식을 풀 때에는 다음 성질을 이용한다.

$$(\text{진수})>0,\ (\text{밑})>0,\ (\text{밑})\neq 1$$

$$a > 1\text{일 때, } x_1 < x_2 \iff \log_a x_1 < \log_a x_2$$
$$0 < a < 1\text{일 때, } x_1 < x_2 \iff \log_a x_1 > \log_a x_2$$

예제 2 다음 부등식의 해를 구하시오.

(1) $2\log_{0.5}(x-2) > \log_{0.5}(x+4)$

(2) $\log_x(3x-2) > 2$

풀이 ·····

(1) 진수는 양수이므로 $x-2>0,\ x+4>0$

그러므로 $x>2$

주어진 부등식에서 $\log_{0.5}(x-2)^2 > \log_{0.5}(x+4)$

밑 0.5는 1보다 작으므로 $(x-2)^2 < x+4$

이것을 풀면 $0 < x < 5$

따라서 구하는 해는 $2 < x < 5$

(2) 진수와 밑의 조건에서 $x > \frac{2}{3},\ x \neq 1$ … ①

또 주어진 부등식에서 $\log_x(3x-2) > \log_x x^2$

(i) $x>1$일 때 $3x-2 > x^2$ $\therefore 1 < x < 2$ … ②

①, ②의 공통 범위는 $1 < x < 2$

(ii) $0 < x < 1$일 때 $3x-2 < x^2$ $\therefore 0 < x < 1$ … ③

①, ③의 공통 범위는 $\frac{2}{3} < x < 1$

(i), (ii)에서 $1 < x < 2$ 또는 $\frac{2}{3} < x < 1$ ·····◀

예제 3 다음 부등식의 해를 구하시오.

(1) $(\log x)^2 < \log x^2$

(2) $x^{\log x} > x$

풀이 ·····

(1) $(\log x)^2 < \log x^2$에서 $(\log x)^2 < 2(\log x)$이므로 $\log x = t$로 놓으면

$$t^2 < 2t \quad \therefore t(t-2) < 0 \quad \therefore 0 < t < 2$$

즉, $0 < \log x < 2$ $\quad\therefore\ \log 1 < \log x < \log 100$

따라서 구하는 답은 $1 < x < 100$

(2) $x^{\log x} > x$의 양변에 상용로그를 잡으면 $\log x^{\log x} > \log x$

$\therefore\ \log x \cdot \log x > \log x \quad \therefore\ (\log x)(\log x - 1) > 0 \quad \therefore\ \log x < 0,\ \log x > 1$

$\therefore\ \log x < \log 1,\ \log x > \log 10$

따라서 구하는 답은 $0 < x < 1,\ x > 10$ ⋯⋯◀

CH. 7 연습문제

1. 함수 $y=4^{x}-2^{x+1}\ (-1 \le x \le 2)$의 최댓값과 최솟값을 구하시오.

2. $2^{a}=3$, $\log_{2}x=3a$일 때 x를 구하시오.

3. $1 \le x \le 100$인 범위에서 $x^{1-\log_{10}x}$의 최댓값과 최솟값을 구하시오.

4. $\dfrac{1}{\log_{a}x}+\dfrac{1}{\log_{c}x}=\dfrac{1}{\log_{b}x}$일 때, a, b, c 사이의 관계를 식으로 나타내시오.

5. $x+x^{-1}=7$일 때, $x^{\frac{1}{2}}+x^{-\frac{1}{2}}$의 값을 구하시오.

6. $3^{x+1}=6$일 때, $\left(\dfrac{1}{27}\right)^{-x}$의 값을 구하시오.

7. $45^{x}=27$, $5^{y}=81$일 때, $\dfrac{3}{x}-\dfrac{4}{y}$의 값을 구하시오.

8. 다음 함수의 역함수를 구하시오.

$$y=\log_{10}(x+\sqrt{x^{2}-1})\quad (x \ge 1)$$

9. 다음 방정식의 해를 구하시오.

(1) $x^{\log_{10}x}-1000x^{2}=0$

(2) $3^{x+1}+3^{x-1}+3^{x-2}=5^{x}+5^{x-1}+5^{x-2}$

(3) $(2^{x}-4)^{3}+(4^{x}-2)^{3}=(4^{x}+2^{x}-6)^{3}$

(4) $x+\log(1+2^{x})=x\log5+\log6$

10. 다음 부등식의 해를 구하시오.

(1) $(\log_3 x)^2 < \log_3 x^4$

(2) $x^x > x \ (x > 0)$

(3) $(2x)^{2x} > x^x \ \ (x > 0)$

(4) $3\log_x 10 + \log_{10} x > 4$

11. 다음을 간단히 하시오.

(1) $4^{3/2}$

(2) $0.09^{-1/2}$

(3) $\left(-\dfrac{8}{27}\right)^{2/3}$

12. 인구증가율이 매년 2%일 때, 인구가 현재의 2배 이상이 되는 것은 몇 년 후부터인지 구하시오. (단, $\log 2 = 0.3010$, $\log 1.02 = 0.0086$이다.)

13. 함수 $y = 4^x + 4^{-x} - 2(2^x + 2^{-x})$의 최솟값을 구하시오.

14. $(x^2 - x - 1)^{x+2} = 1$을 만족시키는 정수 x의 개수를 구하시오.

15. 모든 실수 x에 대하여 $\log_2(ax^2 - ax + 1)$의 값이 존재하기 위한 a 값의 범위를 구하시오.

16. $\dfrac{(\log 2)^3 + (\log 5)^3 - 1}{(\log 2)^2 + (\log 5)^2 - 1}$의 값을 구하시오.

17. 부등식 $\log_2\{\log_3(\log_2 x)\} \le 1$을 만족하는 정수 x 개수를 구하시오.

18. 세 양수 a, b, c가 $abc = 8$, $a^x = b^y = c^z = 16$을 만족시킬 때 $\dfrac{1}{x} + \dfrac{1}{y} + \dfrac{1}{z}$의 값을 구하시오.

19. $\dfrac{2^m+2^{-m}}{2^m-2^{-m}}=5$일 때, $(2^m+2^{-m})(2^m-2^{-m})$의 값을 구하시오.

20. 부등식 $\left(\dfrac{1}{4}\right)^{x+2}<\sqrt{8}<\left(\dfrac{1}{2}\right)^{2x-3}$을 만족시키는 정수 x의 개수를 구하시오.

21. $2^x+9^y=1$을 만족시키는 실수 x, y에 대하여 $2^{x+1}+3^{y+1}$의 최댓값을 구하시오.

22. 12^{30}은 몇 자리의 정수인지 구하시오. (단, $\log 2=0.3010$, $\log 3=0.4771$로 계산한다.)

23. 로그부등식 $\log_2(\log_3 x-1)\leq 2$를 만족시키는 정수 x의 개수를 구하시오.

24. $\log_2 7$의 정수 부분을 a, 소수 부분을 b라 할 때, $4(3^a+2^b)$의 값을 구하시오.

25. 두 실수 x, y가 $\dfrac{1}{x}+\dfrac{1}{2y}=\dfrac{1}{4}$, $3^x=4^y$을 만족시킬 때, 2^y의 값을 구하시오.

26. 집합 $\left\{x \mid x=\left(\dfrac{1}{64}\right)^{\frac{4}{n}},\ n\text{은 0이 아닌 정수}\right\}$의 원소 중 자연수의 개수를 구하시오.

CHAPTER 8

삼각함수

8.1 삼각함수의 정의와 성질

각의 크기를 나타내는 한 가지 방법으로 직각의 $\frac{1}{90}$인 '도'를 단위로 하는 60분법이 있다. 그리고 단위원에서 중심각에 대응되는 호의 길이인 라디안을 단위로 하는 호도법이 있다. 60분법과 호도법 사이에는 다음과 같은 관계가 있다.

$$1(\text{라디안}) = \frac{180°}{\pi}, \quad 1° = \frac{\pi}{180}(\text{라디안})$$

호도법에서는 흔히 단위명 라디안을 생략한다.

호의 길이 l과 부채꼴의 넓이 S는 중심각의 크기 θ에 비례하므로(반지름을 r로 표시하자.)

$$l : 2\pi r = \theta : 2\pi$$
$$S : \pi r^2 = \theta : 2\pi$$

따라서 다음 공식을 얻는다.

$$l = r\theta$$
$$S = \frac{1}{2}r^2\theta = \frac{1}{2}rl$$

이제 삼각함수의 정의를 살펴보자. 임의의 실수 θ라디안에 대하여

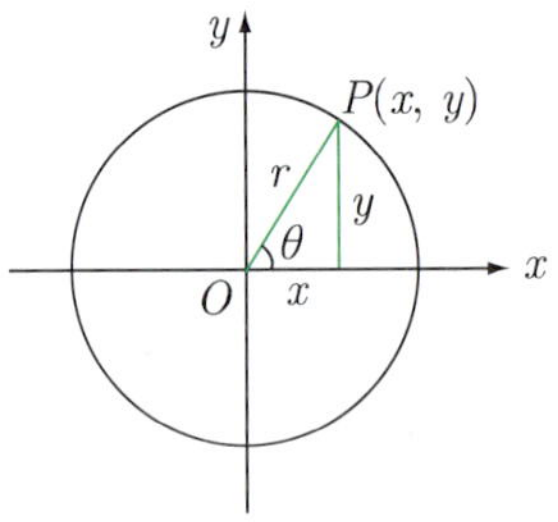

$$\sin\theta = \frac{y}{r}, \quad \mathrm{cosec}\,\theta = \frac{r}{y}$$
$$\cos\theta = \frac{x}{r}, \quad \sec\theta = \frac{r}{x}$$
$$\tan\theta = \frac{y}{x}, \quad \cot\theta = \frac{x}{y}$$

크기가 θ인 각을 나타내는 동경과 단위원 O의 교점을 $P(x,\ y)$라 하면

$$\sin\theta = y, \qquad \cos\theta = x, \quad \tan\theta = \frac{y}{x}$$

$$\operatorname{cosec}\theta = \frac{1}{y},\ \sec\theta = \frac{1}{x},\ \cot\theta = \frac{x}{y}$$

그리고 삼각함수 사이의 관계는 다음과 같다.

$$\tan\theta = \frac{\sin\theta}{\cos\theta}, \qquad \cot\theta = \frac{\cos\theta}{\sin\theta}$$

$$\operatorname{cosec}\theta = \frac{1}{\sin\theta}, \qquad \sec\theta = \frac{1}{\cos\theta}, \qquad \cot\theta = \frac{1}{\tan\theta}$$

점 $P(x,\ y)$가 단위원 O 위의 점일 때, 피타고라스의 정리에 의하여

$$x^2 + y^2 = 1$$

따라서

$$\cos^2\theta + \sin^2\theta = 1$$

이 등식의 양변을 각각 $\cos^2\theta,\ \sin^2\theta$로 나누면,

$$1 + \tan^2\theta = \sec^2\theta$$

$$1 + \cot^2\theta = \operatorname{cosec}^2\theta$$

을 얻는다.

이제 삼각함수에는 어떤 성질이 있는지 알아보자.

임의의 정수 n에 대하여 각의 크기 θ와 $\theta + 2n\pi$인 각을 나타내는 동경의 위치는 같으므로 다음 등식이 성립함을 알 수 있다.

$$\sin(\theta + 2n\pi) = \sin\theta,\ \cos(\theta + 2n\pi) = \cos\theta,\ \tan(\theta + n\pi) = \tan\theta$$

다음과 같은 성질도 그 각을 나타내는 동경의 위치를 각각 비교함으로써 얻을 수 있다.

$$\sin(-\theta) = -\sin\theta, \quad \cos(-\theta) = \cos\theta, \qquad \tan(-\theta) = -\tan\theta$$

$$\sin\left(\frac{\pi}{2} + \theta\right) = \cos\theta, \quad \cos\left(\frac{\pi}{2} + \theta\right) = -\sin\theta,\ \tan\left(\frac{\pi}{2} + \theta\right) = -\cot\theta$$

$$\sin\left(\frac{\pi}{2}-\theta\right)=\cos\theta,\quad \cos\left(\frac{\pi}{2}-\theta\right)=\sin\theta,\quad \tan\left(\frac{\pi}{2}-\theta\right)=\cot\theta$$

$$\sin(\pi+\theta)=-\sin\theta,\quad \cos(\pi+\theta)=-\cos\theta,\quad \tan(\pi+\theta)=\tan\theta$$

$$\sin(\pi-\theta)=\sin\theta,\quad \cos(\pi-\theta)=-\cos\theta,\quad \tan(\pi-\theta)=-\tan\theta$$

삼각함수의 사인(sine), 코사인(cosine), 탄젠트(tangent)의 그래프를 알아보자. 먼저 $y=\sin x$의 그래프는 다음과 같다.

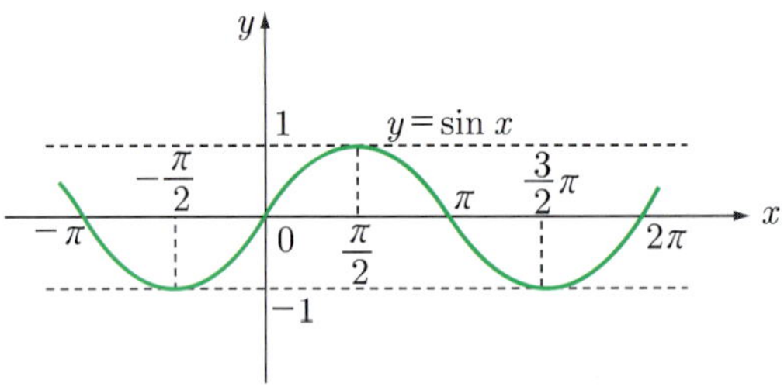

삼각함수의 성질

$$\sin\left(x+\frac{\pi}{2}\right)=\cos x$$

에 의하여 $y=\cos x$의 그래프는 $y=\sin x$의 그래프를 x축의 방향으로 $-\frac{\pi}{2}$만큼 평행이동한 것과 같다. $y=\cos x$의 그래프는 다음과 같다.

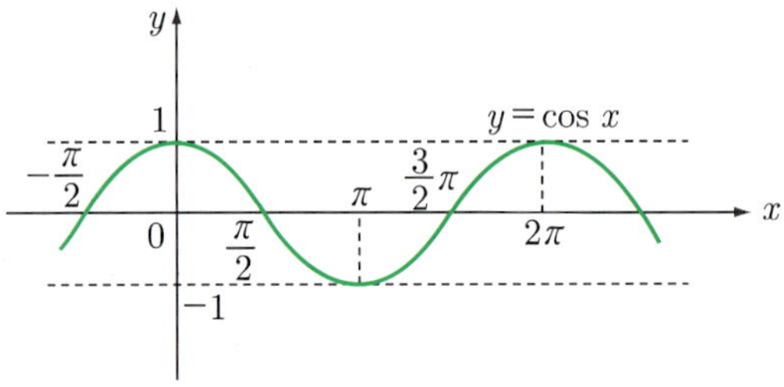

두 함수 $y=\sin x$, $y=\cos x$에는 다음과 같은 성질이 있음을 알 수 있다.

(1) 정의역은 모두 실수의 집합이고 치역은 모두 $\{y\,|\,-1\le y\le 1\}$이다.
(2) 모두 주기가 2π인 주기함수이다.
(3) $y=\sin x$의 그래프는 원점에 대하여 대칭이고, $y=\cos x$의 그래프는 y축에 대하여

대칭이다.

마지막으로 $y = \tan x$의 그래프는 다음과 같다.

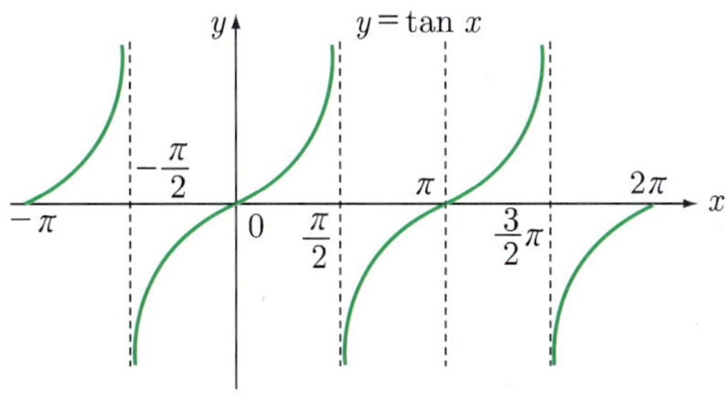

함수 $y = \tan x$의 그래프에는 다음과 같은 성질이 있다.

(1) 정의역은 $x \neq \frac{\pi}{2} + n\pi$ (n은 정수)인 실수 x의 집합이고, 치역은 실수의 집합이다.

(2) 주기가 π인 주기함수이다.

(3) $y = \tan x$의 그래프는 원점에 대하여 대칭이다.

(4) 직선 $x = \frac{\pi}{2} + n\pi$ (n은 정수)는 $y = \tan x$의 그래프의 점근선이다.

예제 1 (1) 둘레의 길이가 8이고 넓이가 4인 부채꼴의 중심각의 크기를 구하시오.

(2) 넓이가 9인 부채꼴의 둘레의 길이의 최솟값을 구하시오.

풀이 ·····

(1) 반지름의 길이를 r, 호의 길이를 l, 중심각의 크기를 θ라 하자.

그러면 $2r + l = 8$, $\frac{1}{2}rl = 4$

$$r(8-2r) = 8$$

$$(r-2)^2 = 0$$

$$\therefore\ r = 2,\ l = 4$$

따라서 $l = r\theta$에서 $\theta = 2$

(2) 부채꼴의 반지름의 길이를 r, 호의 길이를 l이라 하면 $\frac{1}{2}rl = 9$

부채꼴의 둘레의 길이를 L이라 하면

$$L=2r+l=2r+\frac{18}{r}\geq 2\sqrt{2r\cdot\frac{18}{r}}=12$$

(단, 등호는 $r=3$일 때 성립한다.)

따라서 구하는 답은 12 ·····◀

예제 2 θ가 제4사분면의 각이고 $\sin\theta=-\frac{1}{2}$일 때, $\cos\theta$, $\tan\theta$의 값을 각각 구하시오.

풀이 ·····

$\sin^2\theta+\cos^2\theta=1$이므로

$$\cos^2\theta=1-\sin^2\theta=1-\left(-\frac{1}{2}\right)^2=\frac{3}{4}$$

에서 $\cos\theta=\pm\frac{\sqrt{3}}{2}$

θ가 제4사분면의 각이므로 $\cos\theta=\frac{\sqrt{3}}{2}$이고 $\tan\theta=\frac{\sin\theta}{\cos\theta}=-\frac{1}{\sqrt{3}}$ ·····◀

예제 3 $\frac{1-\tan^2\theta}{\sec^2\theta}=\frac{1}{2}$일 때, $\mathrm{cosec}^2\theta$의 값을 구하시오.

풀이 ·····

$\sec^2\theta=1+\tan^2\theta$이므로 $\frac{1-\tan^2\theta}{\sec^2\theta}=\frac{1}{2}$에서

$$\frac{1-\tan^2\theta}{1+\tan^2\theta}=\frac{1}{2}\implies 2(1-\tan^2\theta)=1+\tan^2\theta\implies \tan^2\theta=\frac{1}{3}$$

따라서 $\mathrm{cosec}^2\theta=1+\cot^2\theta=1+\frac{1}{\tan^2\theta}=1+3=4$ ·····◀

예제 4 $\cos^2 1°+\cos^2 2°+\cos^2 3°+\cdots+\cos^2 88°+\cos^2 89°+\cos^2 90°$의 값을 구하시오.

풀이 ·····

$$\begin{aligned}&\cos^2 1°+\cos^2 2°+\cos^2 3°+\cdots+\cos^2 88°+\cos^2 89°+\cos^2 90°\\&=(\cos^2 1°+\cos^2 89°)+(\cos^2 2°+\cos^2 88°)+(\cos^3 3°+\cos^2 87°)+\cdots\\&\quad+(\cos^2 44°+\cos^2 46°)+\cos^2 45°+\cos^2 90°\end{aligned}$$

$$= (\cos^2 1° + \sin^2 1°) + (\cos^2 2° + \sin^2 2°) + (\cos^3 3° + \sin^2 3°) + \cdots$$

$$+ (\cos^2 44° + \sin^2 44°) + \cos^2 45° + \cos^2 90°$$

$$= \underbrace{1 + 1 + \cdots + 1}_{44\text{개}} + \frac{1}{2} + 0 = \frac{89}{2}$$ ⋯⋯◀

8.2 삼각형에 응용

삼각형의 세 각의 크기에 대한 삼각함수와 세 변의 길이 사이의 관계를 알아보자.

정리 1

사인법칙

삼각형 ABC의 외접원의 반지름의 길이가 R이고 $\overline{BC}=a$, $\overline{CA}=b$, $\overline{AB}=c$일 때,

$$\frac{a}{\sin A}=\frac{b}{\sin B}=\frac{c}{\sin C}=2R$$

풀이 1 ····

$\triangle ABC$에서 $\angle A$, $\angle B$, $\angle C$의 크기를 차례로 A, B, C로, 그들의 대변의 길이를 차례로 a, b, c로 나타낸다. 다음 그림과 같이 $\triangle ABC$의 외접원의 중심이 O이고 반지름이 R일 때, 지름 CD를 그으면, 원주각의 성질에 의해 $\angle DBC=90°$이다. 즉 $\triangle DBC$는 직각삼각형이다.

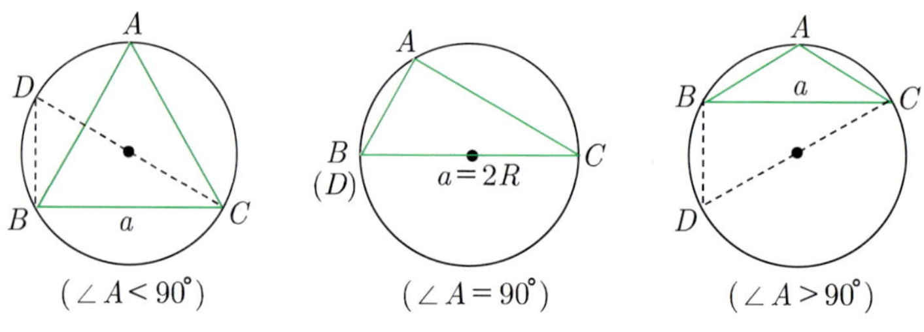

이때 $\angle A$가 예각, 직각, 둔각, 즉

$$A=D,\ A=90°,\ A=180°-D$$

임에 따라 다음 등식을 얻는다.

$$\sin A=\sin D,\ \sin A=1,\ \sin A=\sin D$$

따라서 어느 경우에도

$$\sin A = \frac{a}{2R} \quad 즉 \quad \frac{a}{\sin A} = 2R$$

같은 방법으로

$$\frac{b}{\sin B} = 2R, \quad \frac{c}{\sin C} = 2R$$

임을 알 수 있다.

풀이 2 ····

$\triangle ABC = \frac{ab\sin C}{2} = \frac{bc\sin A}{2} = \frac{ca\sin B}{2}$ 에서 $\frac{abc}{2}$ 로 나누면

$$\frac{\sin A}{a} = \frac{\sin B}{b} = \frac{\sin C}{c}, \quad 즉 \quad \frac{a}{\sin A} = \frac{b}{\sin B} = \frac{c}{\sin C}$$

삼각형 ABC의 외접원의 중심을 O, 변 BC의 중점을 M이라 하면

$$\overline{OM} \perp \overline{BC}, \ \angle BOM = \angle COM = \angle CAB$$

이므로 $\overline{BM} = \overline{OB}\sin A \quad \therefore \ \frac{a}{\sin A} = \frac{2\overline{BM}}{\sin A} = 2\,\overline{OB} = 2R$

풀이 3 ····

$\triangle ABC$의 외접원의 반지름의 길이를 R이라 할 때,

$\angle BOC = 2\angle A$이고 OA'이 변 BC의 수직이등분선이므로

$$OBA' \cong OCA'$$

따라서 $R\sin A = BA' = \frac{a}{2}$

즉 $2R = \frac{a}{\sin A} = \frac{b}{\sin B} = \frac{c}{\sin C}$

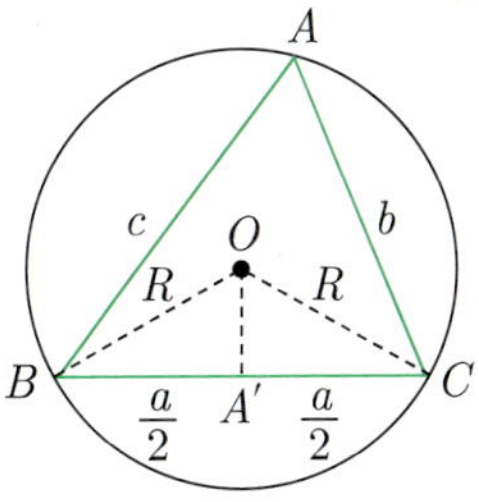

정리 2

코사인법칙

$\triangle ABC$에 대하여

$$a^2 = b^2 + c^2 - 2bc\cos A$$
$$b^2 = c^2 + a^2 - 2ca\cos B$$
$$c^2 = a^2 + b^2 - 2ab\cos C$$

증명 1 ····

다음 그림에서 점 D는 $\triangle ABC$의 꼭지점 A에서 대변 BC 또는 그 연장선 위에 내린 수선의 발이다.

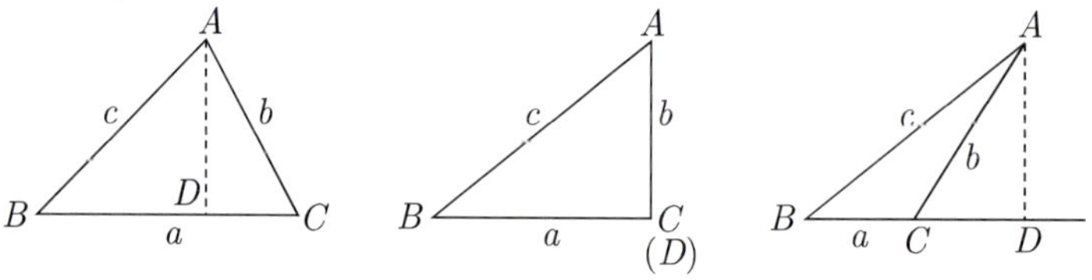

이때 $\angle C$가 예각, 직각, 둔각임에 따라 차례로

$$a = \overline{DC} + \overline{BD} = b\cos C + c\cos B$$
$$a = \overline{BD} = b\cos C + c\cos B$$
$$a = \overline{BD} - \overline{DC} = c\cos B - b\cos(180° - C) = b\cos C + c\cos B$$

임을 알 수 있다.

b, c에 대해서도 같은 방법으로 하면 다음과 같은 결과를 얻는다.

$$a = b\cos C + c\cos B$$
$$b = c\cos A + a\cos C$$
$$c = a\cos B + b\cos A$$

이를 이용해서 다음과 같이 코사인법칙을 얻을 수 있다.

$$a^2 - b^2 - c^2$$
$$= a(b\cos C + c\cos B) - b(c\cos A + a\cos C) - c(a\cos B + b\cos A)$$
$$= -2bc\cos A$$

즉 $a^2 = b^2 + c^2 - 2bc\cos A$

같은 방법으로 나머지 코사인법칙을 얻는다.

증명 2 ····

좌표를 이용하여 증명할 수 있다. 아래 그림에서

$$\begin{aligned} a^2 = BC^2 = CH^2 + HB^2 &= (b\sin A)^2 + (c - b\cos A)^2 \\ &= b^2 + c^2 - 2bc\cos A \end{aligned}$$

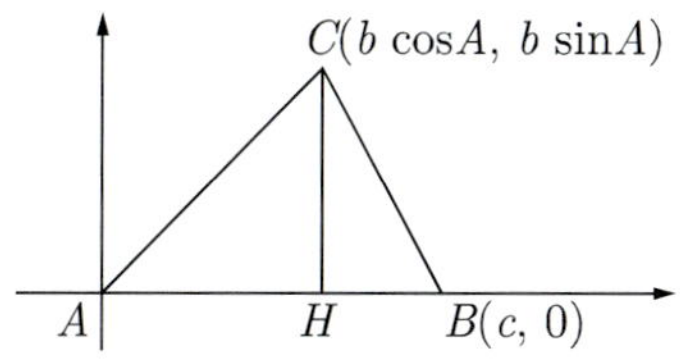

····◀

삼각형의 넓이를 두 변의 길이와 그 끼인각의 크기로 나타내어 보자.

$\triangle ABC$의 넓이를 S, 꼭짓점 C에서 변 AB 또는 그 연장선 위에 내린 수선의 발을 H라 하면

$$S = \frac{1}{2}\overline{AB} \cdot \overline{CH}$$

그런데 $\angle A$가 예각, 직각, 둔각인 어느 경우에도

$$\overline{CH} = b\sin A$$

따라서

$$S = \frac{1}{2}bc\sin A$$

마찬가지로

$$S = \frac{1}{2}ca\sin B, \qquad S = \frac{1}{2}ab\sin C$$

임을 알 수 있다.

이상으로 다음 공식을 얻는다.

$\triangle ABC$의 넓이를 S라 하면,

$$S=\frac{1}{2}bc\sin A=\frac{1}{2}ca\sin B=\frac{1}{2}ab\sin C$$

세 변의 길이 a, b, c를 알 때 $\triangle ABC$의 넓이를 구해보자.

$$S=\frac{1}{2}bc\sin A \quad \cdots ①$$

그런데 $\sin^2 A=1-\cos^2 A=(1+\cos A)(1-\cos A)$

$$=\left(1+\frac{b^2+c^2-a^2}{2bc}\right)\left(1-\frac{b^2+c^2-a^2}{2bc}\right)$$

$$=\frac{(b+c)^2-a^2}{2bc}\times\frac{a^2-(b-c)^2}{2bc}$$

$$=\frac{1}{4b^2c^2}(a+b+c)(-a+b+c)(a-b+c)(a+b-c)$$

여기서 $a+b+c=2s$로 놓으면

$$\sin^2 A=\frac{1}{4b^2c^2}\cdot 2s\cdot 2(s-a)\cdot 2(s-b)\cdot 2(s-c)$$

$$=\frac{4}{b^2c^2}\cdot s(s-a)(s-b)(s-c)$$

$$\therefore \sin A=\frac{2}{bc}\sqrt{s(s-a)(s-b)(s-c)} \quad (\because \sin A>0)$$

이것을 ①에 대입하면

$$S=\sqrt{s(s-a)(s-b)(s-c)}$$

이것을 헤론(Heron)의 공식이라 한다.

예제 1 (1) $\triangle ABC$에서 $\overline{AB}=\sqrt{3}$, $\angle A=75°$, $\angle C=60°$일 때, b의 값을 구하시오.

(2) $\triangle ABC$에서 $A=60°$, $a=2\sqrt{7}$, $b+c=10$일 때, $\triangle ABC$의 넓이를 구하시오.

풀이 ·····

(1) 삼각형의 내각의 합은 180°이므로

$$\angle B = 180° - (75° + 60°) = 45°$$

사인법칙에서

$$\frac{\sqrt{3}}{\sin 60°} = \frac{b}{\sin 45°}$$

따라서 $b = \dfrac{\sqrt{3}}{\sin 60°} \cdot \sin 45° = \sqrt{2}$

(2) 코사인법칙을 이용하면

$$\begin{aligned} 28 = a^2 &= b^2 + (10-b)^2 - 2b(10-b)\cos 60° \\ &= 3b^2 - 30b + 100 \end{aligned}$$

에서 $b^2 - 10b + 24 = 0$

$$\therefore\ b = 4 \text{ 또는 } b = 6 \text{ 즉 } \{b,\ c\} = \{4,\ 6\}$$

따라서 $\triangle ABC = \dfrac{1}{2} \cdot 4 \cdot 6 \cdot \sin 60° = 6\sqrt{3}$ ·····◀

예제 2 반지름의 길이가 2인 원에 내접하는 삼각형 ABC에서

$$4\cos(B+C)\cos A = -1$$

이 성립할 때, 변 BC의 길이를 구하시오.

풀이 ·····

$A + B + C = \pi$이므로 준 식은 $4\cos(\pi - A)\cos A = -1$

$$\therefore\ \cos^2 A = \frac{1}{4}$$

$$\therefore\ \sin^2 A = 1 - \cos^2 A = 1 - \frac{1}{4} = \frac{3}{4}$$

$0 < A < \pi$이므로 $\sin A > 0$ $\therefore\ \sin A = \dfrac{\sqrt{3}}{2}$

변 BC의 길이를 a라 하면 사인법칙에서 $\dfrac{a}{\sin A} = 2R$이므로

$$a = 2 \times 2 \times \frac{\sqrt{3}}{2} = 2\sqrt{3}$$ ·····◀

예제 3 $\triangle ABC$의 넓이를 S, 외접원의 반지름의 길이를 R, 내접원의 반지름의 길이를 r이라 한다.

(1) 다음 관계가 성립함을 보이시오.

$$S=\frac{abc}{4R}, \qquad S=2R^2\sin A\sin B\sin C$$

(2) $a=5,\ b=6,\ c=7$일 때 $S,\ R,\ r$을 각각 구하시오.

풀이 ·····

(1) $S=\frac{1}{2}bc\sin A \quad \cdots \ ①$

①에 $\sin A=\frac{a}{2R}$를 대입하면

$$S=\frac{1}{2}bc\cdot\frac{a}{2R}=\frac{abc}{4R}$$

①에 $b=2R\sin B,\ c=2R\sin C$를 대입하면

$$S=\frac{1}{2}\cdot 2R\sin B\cdot 2R\sin C=2R^2\sin A\sin B\sin C$$

(2) $2s=5+6+7=18 \quad \therefore\ s=9$

헤론의 공식에 의해

$$S=\sqrt{9(9-5)(9-6)(9-7)}=6\sqrt{6}$$

$S=\frac{abc}{4R}$에서 $R=\frac{abc}{4S}=\frac{5\times6\times7}{4\times6\sqrt{6}}=\frac{35}{4\sqrt{6}}$

$\frac{1}{2}r(5+6+7)=6\sqrt{6}$에서 $r=\frac{2\sqrt{6}}{3}$ ·····◀

예제 4 $\overline{BD}=x,\ \overline{AC}=y,\ \angle AOB=\theta$ (단, 대각선 AC, BD의 교점은 O)인 사각형 $ABCD$의 넓이 S가 다음과 같음을 보이시오.

$$S=\frac{1}{2}xy\sin\theta$$

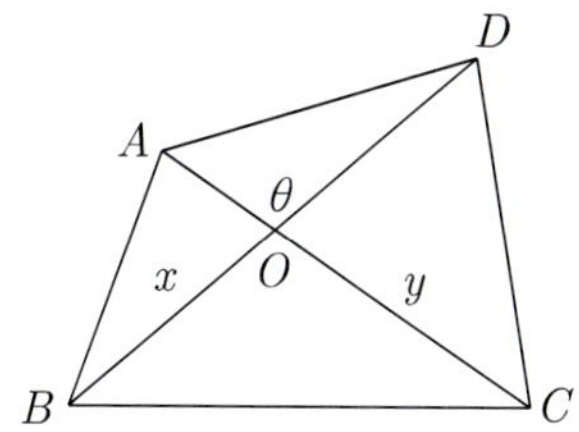

풀이 ·····

$\overline{AO}=p,\ \overline{CO}=q,\ \overline{BO}=r,\ \overline{DO}=s$로 놓으면 $r+s=x,\ p+q=y$

$$\begin{aligned}S &= \frac{1}{2}pr\sin\theta+\frac{1}{2}qr\sin(\pi-\theta)+\frac{1}{2}qs\sin\theta+\frac{1}{2}ps\sin(\pi-\theta)\\ &= \frac{1}{2}pr\sin\theta+\frac{1}{2}qr\sin\theta+\frac{1}{2}qs\sin\theta+\frac{1}{2}ps\sin\theta\\ &= \frac{1}{2}(p+q)r\sin\theta+\frac{1}{2}(p+q)s\sin\theta\\ &= \frac{1}{2}(p+q)(r+s)\sin\theta\\ &= \frac{1}{2}xy\sin\theta\end{aligned}$$

·····◀

예제 5 B지점에서 강 건너편의 P지점까지 거리를 구하기 위하여 측량을 한 결과가 아래 그림과 같았다. B, P 두 지점 사이의 거리를 구하시오.

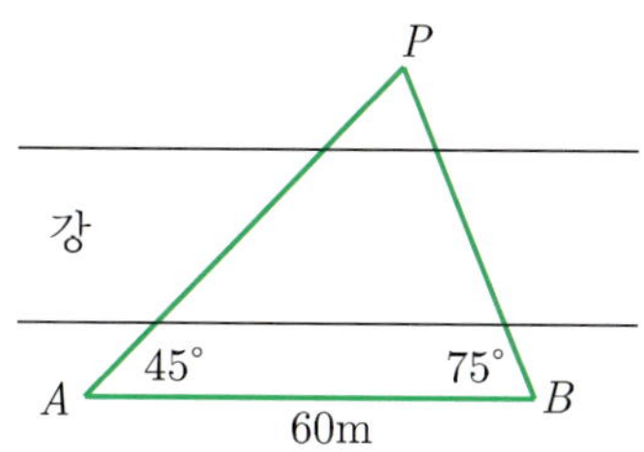

풀이 ·····

$\angle P=180°-(45°+75°)=60°$

사인법칙에 의해 $\dfrac{\overline{BP}}{\sin 45°}=\dfrac{60}{\sin 60°}$

따라서 $\overline{BP}=\dfrac{60\cdot\dfrac{\sqrt{2}}{2}}{\dfrac{\sqrt{3}}{2}}=20\sqrt{6}\fallingdotseq 49(\text{m})$

·····◀

8.3 삼각함수의 덧셈정리

정리 1

삼각함수의 덧셈정리

$\sin(\alpha+\beta)=\sin\alpha\cos\beta+\cos\alpha\sin\beta$

$\sin(\alpha-\beta)=\sin\alpha\cos\beta-\cos\alpha\sin\beta$

$\cos(\alpha+\beta)=\cos\alpha\cos\beta-\sin\alpha\sin\beta$

$\cos(\alpha-\beta)=\cos\alpha\cos\beta+\sin\alpha\sin\beta$

$\tan(\alpha+\beta)=\dfrac{\tan\alpha+\tan\beta}{1-\tan\alpha\tan\beta}$

$\tan(\alpha-\beta)=\dfrac{\tan\alpha-\tan\beta}{1+\tan\alpha\tan\beta}$

증명 1 ····

그림과 같이 좌표평면 위의 단위원 O와 두 각 α, β를 나타내는 동경이 만나는 점을 각각 P, Q라고 하면, 이들 좌표는 $P(\cos\alpha,\ \sin\alpha)$, $Q(\cos\beta,\ \sin\beta)$이다.

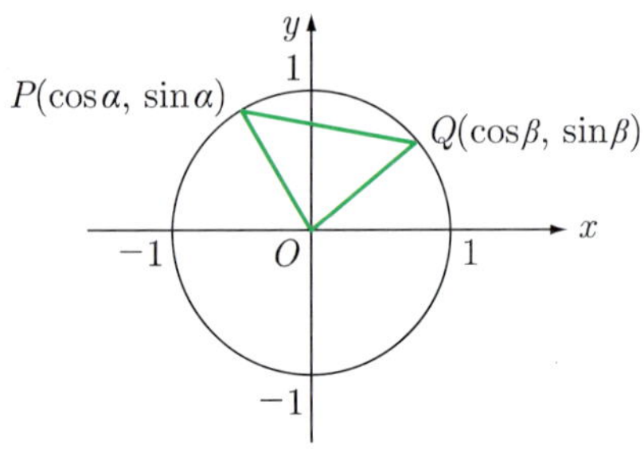

이때 $\triangle POQ$에서 코사인법칙을 적용하면

$$\overline{PQ}^2=\overline{OP}^2+\overline{OQ}^2-2\overline{OP}\,\overline{OQ}\cos(\angle POQ)$$

이므로

$$(\cos\alpha-\cos\beta)^2+(\sin\alpha-\sin\beta)^2=1^2+1^2-2\cdot1\cdot1\cdot\cos(\alpha-\beta)$$

정리하면

$$\cos(\alpha-\beta)=\cos\alpha\cos\beta+\sin\alpha\sin\beta$$

위의 등식은 임의의 각 α, β에 대해 성립하므로 β 대신에 $-\beta$를 대입하면

$$\begin{aligned}\cos(\alpha+\beta) &= \cos\{\alpha-(-\beta)\}\\ &= \cos\alpha\cos(-\beta)+\sin\alpha\sin(-\beta)\\ &= \cos\alpha\cos\beta-\sin\alpha\sin\beta\end{aligned}$$

또한

$$\cos\left[(\alpha+\beta)+\frac{\pi}{2}\right]=-\sin(\alpha+\beta)$$

임을 이용하면

$$\begin{aligned}\sin(\alpha+\beta) &= -\cos\left[\left(\frac{\pi}{2}+\alpha\right)+\beta\right]\\ &= -\cos\left(\frac{\pi}{2}+\alpha\right)\cos\beta+\sin\left(\frac{\pi}{2}+\alpha\right)\sin\beta\\ &= \sin\alpha\cos\beta+\cos\alpha\sin\beta\end{aligned}$$

위의 등식에서 β 대신에 $-\beta$를 대입하면

$$\sin(\alpha-\beta)=\sin\alpha\cos\beta-\cos\alpha\sin\beta$$

이제

$$\begin{aligned}\tan(\alpha+\beta) &= \frac{\sin(\alpha+\beta)}{\cos(\alpha+\beta)}=\frac{\sin\alpha\cos\beta+\cos\alpha\sin\beta}{\cos\alpha\cos\beta-\sin\alpha\sin\beta}\\ &= \frac{\tan\alpha+\tan\beta}{1-\tan\alpha\tan\beta}\end{aligned}$$

위의 등식에서 β 대신에 $-\beta$를 대입하면

$$\tan(\alpha-\beta)=\frac{\tan\alpha-\tan\beta}{1+\tan\alpha\tan\beta}$$

증명 2 ····

단위원 위의 두 점 $(1, 0)$과 $(\cos(\alpha+\beta), \sin(\alpha+\beta))$ 사이의 거리는 점 $(\cos\alpha, \sin\alpha)$와 점 $(\cos\beta, \sin\beta)$ 사이의 거리와 일치하므로 피타고라스 정리에 의하여 다음 등식

$$(1-\cos(\alpha+\beta))^2+\sin^2(\alpha+\beta)=(\cos\alpha-\cos\beta)^2+(\sin\alpha-\sin\beta)^2$$

을 얻고, 이 식을 정리하면 다음 등식을 얻는다.

$$\cos(\alpha+\beta)=\cos\alpha\cos\beta-\sin\alpha\sin\beta$$

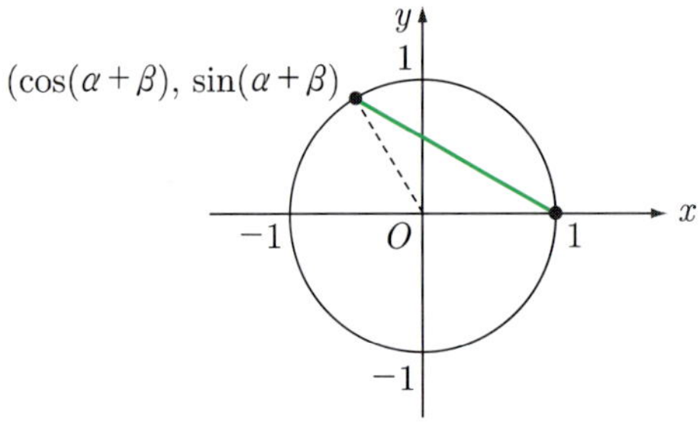

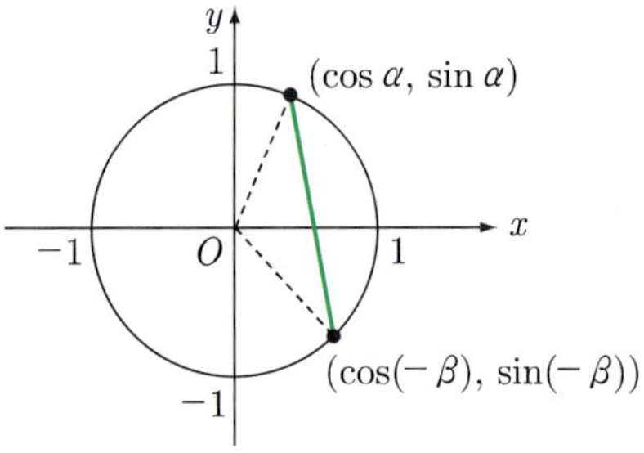

증명 3 ····

그림에서 직사각형 $ABCD$의 내부에 직각삼각형 DEF가 있다.

$\angle DEF=90°$, $\overline{DF}=1$일 때 $\overline{DE}=\cos\beta$, $\overline{DF}=\sin\beta$이므로

$$\cos\alpha\cos\beta=\overline{AD}=\overline{BC}=\overline{BF}+\overline{FC}=\sin\alpha\sin\beta+\cos(\alpha+\beta)$$

따라서 $\cos(\alpha+\beta)=\cos\alpha\cos\beta-\sin\alpha\sin\beta$

같은 방법으로 $\sin(\alpha+\beta)=\overline{CD}=\overline{AB}=\overline{AE}+\overline{EB}=\sin\alpha\cos\beta+\cos\alpha\sin\beta$

또한 $\tan(\alpha+\beta)=\dfrac{\sin(\alpha+\beta)}{\cos(\alpha+\beta)}=\dfrac{\sin\alpha\cos\beta+\cos\alpha\sin\beta}{\cos\alpha\cos\beta-\sin\alpha\sin\beta}=\dfrac{\tan\alpha+\tan\beta}{1-\tan\alpha\tan\beta}$

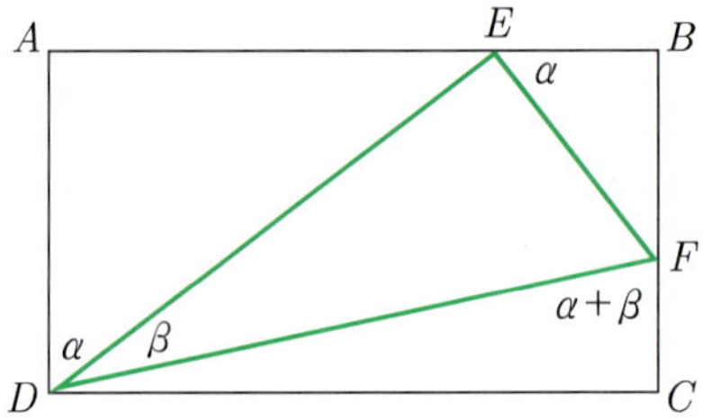

····◀

예제 1 다음 삼각함수의 값을 구하시오.

(1) $\sin 15°$

(2) $\tan 75°$

풀이 ·····

(1) $\sin 15°=\sin(45°-30°)=\sin 45°\cos 30°-\cos 45°\sin 30°$

$$=\frac{\sqrt{2}}{2}\cdot\frac{\sqrt{3}}{2}-\frac{\sqrt{2}}{2}\cdot\frac{1}{2}=\frac{\sqrt{6}-\sqrt{2}}{4}$$

(2) $\tan 75° = \tan(45° + 30°) = \dfrac{\tan 45° + \tan 30°}{1 - \tan 45° \tan 30°}$

$$= \frac{1 + \frac{1}{\sqrt{3}}}{1 - \frac{1}{\sqrt{3}}} = \frac{\sqrt{3}+1}{\sqrt{3}-1} = 2 + \sqrt{3}$$ ·····◀

이제 $a\sin\theta + b\cos\theta$를 $r\sin(\theta+\alpha)$와 같은 꼴로 변형하여 보자.

만약 각 α가

$$\cos\alpha = \frac{a}{\sqrt{a^2+b^2}}, \quad \sin\alpha = \frac{b}{\sqrt{a^2+b^2}}$$

을 만족할 때,

$$\begin{aligned} a\sin\theta + b\cos\theta &= \sqrt{a^2+b^2}\sin\theta\cos\alpha + \sqrt{a^2+b^2}\cos\theta\sin\alpha \\ &= \sqrt{a^2+b^2}(\sin\theta\cos\alpha + \cos\theta\sin\alpha) \\ &= \sqrt{a^2+b^2}\sin(\theta+\alpha) \end{aligned}$$

이와 같이 삼각함수의 합이나 차를 하나의 삼각함수로 나타내는 것을 삼각함수의 합성이라고 한다.

예제 2 함수 $y = \sqrt{3}\sin x - \cos x$의 최댓값과 최솟값을 구하시오.

풀이 ·····

$$\begin{aligned} y &= \sqrt{3}\sin x - \cos x \\ &= 2\left(\frac{\sqrt{3}}{2}\sin x - \frac{1}{2}\cos x\right) \\ &= 2\left(\cos\left(-\frac{\pi}{6}\right)\sin x + \sin\left(-\frac{\pi}{6}\right)\cos x\right) \\ &= 2\sin\left(x - \frac{\pi}{6}\right) \end{aligned}$$

한편 $-1 \le \sin\left(x - \frac{\pi}{6}\right) \le 1$이므로 $y = \sqrt{3}\sin x - \cos x$의 최댓값은 2, 최솟값은 -2 ·····◀

예제 3 두 직선 $y=\sqrt{3}x-2$, $y=\frac{1}{\sqrt{3}}x+2$가 이루는 예각을 구하시오.

풀이 ·····

두 직선이 x축의 양의 방향과 이루는 각을 각각 α, β라 하면

$$\tan\alpha=\sqrt{3}, \quad \tan\beta=\frac{1}{\sqrt{3}}$$

이다. 그러므로 두 직선이 이루는 예각을 θ라고 하면

$$\tan\theta=\tan(\alpha-\beta)=\frac{\tan\alpha-\tan\beta}{1+\tan\alpha\tan\beta}=\frac{\sqrt{3}-\frac{1}{\sqrt{3}}}{1+1}=\frac{1}{\sqrt{3}}$$

이고, 따라서 구하는 각은 $\theta=\frac{\pi}{6}$이다. ·····◀

예제 4 지름이 4인 원에 내접하는 $\triangle ABC$가 있다. $\angle A=60°$일 때, $\overline{AB}+\overline{AC}$의 최댓값을 구하시오.

풀이 ·····

사인법칙을 쓰면

$$\begin{aligned}\overline{AB}+\overline{AC}&=4\sin C+4\sin B=4\sin C+4\sin(120°-C)\\&=4\sin C+4\sin120°\cos C-4\cos120°\sin C\\&=6\sin C+2\sqrt{3}\cos C\\&=4\sqrt{3}\sin(C+30°)\end{aligned}$$

따라서 $C+30°=90°$ 즉 $C=60°$일 때 구하는 최댓값은 $4\sqrt{3}$ ·····◀

예제 5 그림에서 선분 AB는 원 O의 지름이고 $\angle AOC=\frac{\pi}{4}$, $\overline{OC}\perp\overline{AD}$이다. $\angle ABD=\theta$일 때, $\sin2\theta$의 값을 구하시오.

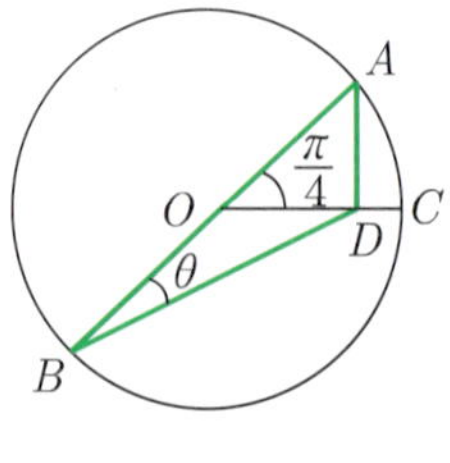

풀이 1 ····

사인법칙을 이용하자.

$\overline{AD}=a$라 하면 $\overline{AO}=\sqrt{2}\,a$, $\overline{AB}=2\sqrt{2}\,a$

그리고 $\angle ADB=\pi-\left(\theta+\dfrac{\pi}{4}\right)=\dfrac{3\pi}{4}-\theta$

$\triangle ABD$에 사인법칙을 적용하면 $\dfrac{2\sqrt{2}\,a}{\sin\left(\dfrac{3\pi}{4}-\theta\right)}=\dfrac{a}{\sin\theta}$

$$2\sqrt{2}\sin\theta=\sin\left(\frac{3\pi}{4}-\theta\right)=\frac{1}{\sqrt{2}}\cos\theta+\frac{1}{\sqrt{2}}\sin\theta \quad \text{즉} \quad 3\sin\theta=\cos\theta$$

양변을 제곱하면 $9\sin^2\theta=\cos^2\theta=1-\sin^2\theta$ $\therefore \sin^2\theta=\dfrac{1}{10}$

$\sin\theta>0$이므로 $\sin\theta=\dfrac{1}{\sqrt{10}}$, $\cos\theta=\dfrac{3}{\sqrt{10}}$

따라서 $\sin2\theta=2\sin\theta\cos\theta=2\cdot\dfrac{1}{\sqrt{10}}\cdot\dfrac{3}{\sqrt{10}}=\dfrac{3}{5}$

풀이 2 ····

코사인법칙을 이용하자.

$\overline{AD}=a$라 하면 $\overline{AO}=\overline{BO}=\sqrt{2}\,a$

$\triangle OBD$에 코사인법칙을 적용하면

$$\overline{BD}^2=a^2+(\sqrt{2}\,a)^2-2\cdot a\cdot\sqrt{2}\,a\cdot\cos\frac{3\pi}{4}=5a^2 \quad \therefore \overline{BD}=\sqrt{5}\,a$$

$a^2=(\sqrt{2}\,a)^2+(\sqrt{5}\,a)^2-2\cdot\sqrt{2}\,a\cdot\sqrt{5}\,a\cdot\cos\theta$에서

$\cos\theta=\dfrac{3}{\sqrt{10}}$, $\sin\theta=\dfrac{1}{\sqrt{10}}$

따라서 $\sin2\theta=2\sin\theta\cos\theta=2\cdot\dfrac{1}{\sqrt{10}}\cdot\dfrac{3}{\sqrt{10}}=\dfrac{3}{5}$

풀이 3 ····

공식 $1+\tan^2\theta=\sec^2\theta$을 이용하자.

점 D에서 지름 AB에 내린 수선의 발을 E라 하면 $\overline{BE}=3\overline{DE}$이므로

$\tan\theta=\dfrac{1}{3}$. 그런데 $1+\tan^2\theta=\sec^2\theta$이므로 $\cos^2\theta=\dfrac{9}{10}$, $\cos\theta>0$이므로

$\cos\theta=\dfrac{3}{\sqrt{10}}$, $\sin\theta=\dfrac{1}{\sqrt{10}}$

따라서 $\sin2\theta=2\sin\theta\cos\theta=2\cdot\dfrac{1}{\sqrt{10}}\cdot\dfrac{3}{\sqrt{10}}=\dfrac{3}{5}$ ·····◀

8.4 여러 가지 공식

삼각함수의 덧셈정리를 이용하여 배각의 공식을 알아보자.

삼각함수의 덧셈정리

$$\sin(\alpha+\beta)=\sin\alpha\cos\beta+\cos\alpha\sin\beta$$

에서 $\alpha=\beta=\theta$로 놓으면

$$\sin 2\theta = 2\sin\theta\cos\theta$$

이와 같은 방법으로, 다음과 같은 배각의 공식을 얻을 수 있다.

$$\sin 2\theta = 2\sin\theta\cos\theta$$
$$\cos 2\theta = \cos^2\theta-\sin^2\theta = 1-2\sin^2\theta = 2\cos^2\theta-1$$
$$\tan 2\theta = \frac{2\tan\theta}{1-\tan^2\theta}$$

예제 1 $\frac{\pi}{2}<\alpha<\pi$, $\sin\alpha=\frac{3}{5}$일 때, $\sin 2\alpha$, $\cos 2\alpha$의 값을 구하시오.

풀이 ·····

$\frac{\pi}{2}<\alpha<\pi$에서 $\cos\alpha<0$이므로 $\cos\alpha=-\frac{4}{5}$. 따라서

$$\sin 2\alpha = 2\sin\alpha\cos\alpha = 2\cdot\frac{3}{5}\cdot\left(-\frac{4}{5}\right) = -\frac{24}{25}$$
$$\cos 2\alpha = 1-2\sin^2\alpha = 1-2\cdot\left(\frac{3}{5}\right)^2 = \frac{7}{25}$$

·····◀

배각의 공식을 이용하여 반각의 공식을 알아보자.

배각의 공식

$$\cos 2\theta = 1-2\sin^2\theta$$

에서

$$\sin^2\theta = \frac{1-\cos 2\theta}{2}$$

이므로, 여기서 θ 대신에 $\frac{\theta}{2}$를 대입하면

$$\sin^2\frac{\theta}{2} = \frac{1-\cos\theta}{2}$$

이와 같은 방법으로, 다음과 같은 반각의 공식을 얻을 수 있다.

$$\sin^2\frac{\theta}{2} = \frac{1-\cos\theta}{2}$$

$$\cos^2\frac{\theta}{2} = \frac{1+\cos\theta}{2}$$

$$\tan^2\frac{\theta}{2} = \frac{1-\cos\theta}{1+\cos\theta}$$

예제 2 다음 삼각함수의 값을 반각의 공식을 이용하여 구하시오.

(1) $\sin 15°$

(2) $\cos 15°$

풀이 ⋯⋯

(1) $\sin^2 15° = \frac{1-\cos 30°}{2} = \frac{2-\sqrt{3}}{4}$ 이므로

$$\sin 15° = \frac{\sqrt{2-\sqrt{3}}}{2} = \frac{\sqrt{4-2\sqrt{3}}}{2\sqrt{2}} = \frac{\sqrt{6}-\sqrt{2}}{4}$$

(2) $\cos^2 15° = \frac{1+\cos 30°}{2} = \frac{2+\sqrt{3}}{4}$ 이므로

$$\cos 15° = \frac{\sqrt{2+\sqrt{3}}}{2} = \frac{\sqrt{4+2\sqrt{3}}}{2\sqrt{2}} = \frac{\sqrt{6}+\sqrt{2}}{4}$$

⋯⋯◀

삼각함수의 덧셈정리를 이용하여 사인, 코사인의 곱을 합 또는 차의 꼴로 나타내어 보자.

삼각함수의 덧셈정리

$$\sin(\alpha+\beta) = \sin\alpha\cos\beta + \cos\alpha\sin\beta$$

$$\sin(\alpha-\beta)=\sin\alpha\cos\beta-\cos\alpha\sin\beta$$

에서 변끼리 더하면

$$\sin(\alpha+\beta)+\sin(\alpha-\beta)=2\sin\alpha\cos\beta$$

이므로

$$\sin\alpha\cos\beta=\frac{1}{2}\{\sin(\alpha+\beta)+\sin(\alpha-\beta)\}$$

이와 같은 방법으로 다음과 같이 사인, 코사인의 곱을 합 또는 차의 꼴로 나타낼 수 있다.

$$\sin\alpha\cos\beta=\frac{1}{2}\{\sin(\alpha+\beta)+\sin(\alpha-\beta)\}$$

$$\cos\alpha\sin\beta=\frac{1}{2}\{\sin(\alpha+\beta)-\sin(\alpha-\beta)\}$$

$$\cos\alpha\cos\beta=\frac{1}{2}\{\cos(\alpha+\beta)+\cos(\alpha-\beta)\}$$

$$\sin\alpha\sin\beta=-\frac{1}{2}\{\cos(\alpha+\beta)-\cos(\alpha-\beta)\}$$

사인, 코사인의 합 또는 차를 곱의 꼴로 나타내어 보자.

앞의 곱을 합 또는 차로 변형하는 공식에서

$$\alpha+\beta=A,\qquad \alpha-\beta=B$$

라 놓으면

$$\alpha=\frac{A+B}{2},\qquad \beta=\frac{A-B}{2}$$

이므로, 사인, 코사인의 곱을 합 또는 차로 변형하는 공식

$$\sin\alpha\cos\beta=\frac{1}{2}\{\sin(\alpha+\beta)+\sin(\alpha-\beta)\}$$

에서

$$\sin\frac{A+B}{2}\cos\frac{A-B}{2}=\frac{1}{2}(\sin A+\sin B)$$

즉

$$\sin A+\sin B=2\sin\frac{A+B}{2}\cos\frac{A-B}{2}$$

이와 같은 방법으로 다음과 같이 사인, 코사인의 합 또는 차를 곱의 꼴로 나타낼 수 있다.

$$\sin A+\sin B=2\sin\frac{A+B}{2}\cos\frac{A-B}{2}$$

$$\sin A-\sin B=2\cos\frac{A+B}{2}\sin\frac{A-B}{2}$$

$$\cos A+\cos B=2\cos\frac{A+B}{2}\cos\frac{A-B}{2}$$

$$\cos A-\cos B=-2\sin\frac{A+B}{2}\sin\frac{A-B}{2}$$

예제 3 $\triangle ABC$에서 다음 등식이 성립함을 보이시오.

$$\sin A+\sin B+\sin C=4\cos\frac{A}{2}\cos\frac{B}{2}\cos\frac{C}{2}$$

증명 ……

$A+B+C=\pi$에서 $\dfrac{A+B}{2}=\dfrac{\pi}{2}-\dfrac{C}{2}$이므로

$$\sin\frac{A+B}{2}=\cos\frac{C}{2},\qquad \cos\frac{A+B}{2}=\sin\frac{C}{2}$$

따라서 $\sin A+\sin B+\sin C=(\sin A+\sin B)+\sin C$

$$=2\sin\frac{A+B}{2}\cos\frac{A-B}{2}+2\sin\frac{C}{2}\cos\frac{C}{2}$$

$$=2\cos\frac{C}{2}\cos\frac{A-B}{2}+2\cos\frac{A+B}{2}\cos\frac{C}{2}$$

$$=2\cos\frac{C}{2}\left(\cos\frac{A-B}{2}+\cos\frac{A+B}{2}\right)$$

$$=2\cos\frac{C}{2}\cdot 2\cos\frac{A}{2}\cos\left(\frac{-B}{2}\right)$$

$$=4\cos\frac{A}{2}\cos\frac{B}{2}\cos\frac{C}{2}$$ ……◀

예제 4 $\triangle ABC$에서 $\cos A=\frac{1}{3}$, $\cos B=\frac{3}{5}$일 때, $\cos C$의 값을 구하시오.

풀이 ·····

$A+B+C=\pi$에서

$$\begin{aligned}\cos C&=\cos\{\pi-(A+B)\}=-\cos(A+B)\\&=-\cos A\cos B+\sin A\sin B\end{aligned}$$

한편 $\cos A=\frac{1}{3}$, $\cos B=\frac{3}{5}$에서 $\sin A=\frac{2\sqrt{2}}{3}$, $\sin B=\frac{4}{5}$이므로

$$\cos C=-\frac{1}{3}\cdot\frac{3}{5}+\frac{2\sqrt{2}}{3}\cdot\frac{4}{5}=\frac{8\sqrt{2}-3}{15}$$ ·····◀

예제 5 $\sin\theta=\frac{4}{5}$일 때, $\sin\frac{\theta}{2}$, $\cos\frac{\theta}{2}$, $\tan\frac{\theta}{2}$의 값을 각각 구하시오. (단, $\frac{\pi}{2}<\theta<\pi$)

풀이 ·····

$\frac{\pi}{2}<\theta<\pi$이고 $\sin\theta=\frac{4}{5}$이므로 $\cos\theta=-\frac{3}{5}$

$$\begin{aligned}\therefore\ \sin^2\frac{\theta}{2}&=\frac{1-\cos\theta}{2}=\frac{1-(-3/5)}{2}=\frac{4}{5}\\ \cos^2\frac{\theta}{2}&=\frac{1+\cos\theta}{2}=\frac{1+(-3/5)}{2}=\frac{1}{5}\\ \tan^2\frac{\theta}{2}&=\frac{1-\cos\theta}{1+\cos\theta}=\frac{1-(-3/5)}{1+(-3/5)}=4\end{aligned}$$

$\frac{\pi}{4}<\frac{\theta}{2}<\frac{\pi}{2}$이므로 $\sin\frac{\theta}{2}>0$, $\cos\frac{\theta}{2}>0$, $\tan\frac{\theta}{2}>0$

따라서 $\sin\frac{\theta}{2}=\frac{2}{\sqrt{5}}$, $\cos\frac{\theta}{2}=\frac{1}{\sqrt{5}}$, $\tan\frac{\theta}{2}=2$ ·····◀

예제 6 두 직선 $y=0$과 $y=\frac{4}{3}x$가 이루는 각을 이등분하는 직선의 방정식을 구하시오.

풀이 1 ····

배각공식을 이용하자.

$$\frac{4}{3}=\tan2\theta=\frac{2\tan\theta}{1-\tan^2\theta}$$

에서 $2\tan^2\theta + 3\tan\theta - 2 = 0$, 즉 $\tan\theta = \dfrac{1}{2}$ 또는 $\tan\theta = -2$

따라서 답은 $y = \dfrac{1}{2}x$ 또는 $y = -2x$

풀이 2 ····

거리공식을 이용하자.

구하는 직선 위의 점 (x, y)에서 주어진 두 직선 $y = 0$, $4x - 3y = 0$까지의 거리가 같으므로

$$|y| = \frac{|4x - 3y|}{\sqrt{4^2 + 3^2}}$$

에서 $5y = 4x - 3y$ 또는 $5y = -4x + 3y$

따라서 답은 $y = \dfrac{1}{2}x$ 또는 $y = -2x$ ·····◀

8.5 삼각방정식

간단한 삼각방정식을 풀어 보자.

$0 \le x < 2\pi$일 때, 삼각방정식 $\sin x = \frac{1}{2}$을 만족시키는 x의 값을 구하시오.

$0 \le x < 2\pi$일 때, $\sin x = \frac{1}{2}$을 만족시키는 x의 값은

$$x = \frac{\pi}{6} \text{ 또는 } x = \frac{5\pi}{6} \quad \cdots ①$$

한편, x의 범위를 제한하지 않을 경우 삼각함수 $\sin x$는 주기가 2π인 주기함수이므로 위의 삼각방정식을 만족시키는 x의 값은

$$x = 2n\pi + \frac{\pi}{6} \text{ 또는 } x = 2n\pi + \frac{5\pi}{6} \text{ (단, } n\text{은 정수)}$$

그런데

$$x = 2n\pi + \frac{5\pi}{6} = (2n+1)\pi - \frac{\pi}{6}$$

이므로 위의 두 식을 하나의 식으로 나타내면 다음과 같다.

$$x = n\pi + (-1)^n \frac{\pi}{6} \text{ (단, } n\text{은 정수)} \quad \cdots ②$$

이때, ①과 같이 특정한 범위에서 구한 삼각방정식의 해를 특수해라 하고, ②와 같이 삼각방정식을 만족시키는 값을 일반각으로 나타낸 것을 삼각방정식의 일반해라 한다.

$\sin x$는 물론 $\cos x$, $\tan x$ 등이 포함된 삼각방정식의 일반해도 구할 수 있는데, 이들 삼각방정식의 한 특수해가 $x = \alpha$일 때 일반해는 다음과 같다.

$$\sin x = a \ \ (|a| \le 1)\text{의 해는 } x = n\pi + (-1)^n \alpha$$
$$\cos x = a \ \ (|a| \le 1)\text{의 해는 } x = 2n\pi \pm \alpha$$

$\tan x = a$의 해는 $x = n\pi + \alpha$

(단, n은 정수)

예제 1 삼각방정식 $\cos 2x + 3\sin x + 1 = 0$의 해를 구하시오. (단, $0 \leq x < 2\pi$)

풀이 ·····

주어진 방정식에 $\cos 2x = 1 - 2\sin^2 x$을 대입하면

$$1 - 2\sin^2 x + 3\sin x + 1 = 0$$

$$2\sin^2 x - 3\sin x - 2 = 0$$

$(2\sin x + 1)(\sin x - 2) = 0$에서 $\sin x = -\dfrac{1}{2}$

특수해의 하나가 $x = \dfrac{7\pi}{6}$이므로 구하는 일반해는

$$x = n\pi + (-1)^n \frac{7\pi}{6} \quad (\text{단, } n\text{은 정수})$$

따라서 $0 \leq x < 2\pi$를 만족하는 θ를 구하면

$$\theta = \frac{7\pi}{6},\ \frac{11\pi}{6}$$

·····◀

예제 2 삼각방정식 $\cos\left(2x + \dfrac{\pi}{3}\right) = \cos\dfrac{\pi}{3}$의 해를 구하시오. (단, $0 \leq x < 2\pi$)

풀이 ·····

$2x + \dfrac{\pi}{3} = X$로 놓으면 $\cos X = \cos\dfrac{\pi}{3}$

이 방정식의 특수해의 하나가 $\dfrac{\pi}{3}$이므로

$$X = 2x + \frac{\pi}{3} = 2n\pi \pm \frac{\pi}{3} \quad (\text{단, } n\text{은 정수})$$

$2x = 2n\pi$ 또는 $2x = 2n\pi - \dfrac{2\pi}{3}$이므로 구하는 일반해는

$$x = n\pi,\ n\pi - \frac{\pi}{3} \quad (\text{단, } n\text{은 정수})$$

따라서 $0 \leq x < 2\pi$를 만족하는 θ를 구하면

$$\theta = 0,\ \pi,\ \frac{2\pi}{3},\ \frac{5\pi}{3}$$ ……◀

예제 3 $0 \le x < 2\pi$일 때, 방정식 $\sin x + \sin\left(x + \frac{\pi}{3}\right) = \frac{\sqrt{6}}{2}$을 만족시키는 서로 다른 모든 근의 합을 구하시오.

풀이 ……

$\sin x + \sin\left(x + \frac{\pi}{3}\right) = \frac{\sqrt{6}}{2}$에서

$\sin x + \sin x \cos\frac{\pi}{3} + \cos x \sin\frac{\pi}{3} = \frac{\sqrt{6}}{2}$, 즉

$$\sin x + \frac{1}{2}\sin x + \frac{\sqrt{3}}{2}\cos x = \frac{\sqrt{6}}{2}$$

$$\Longrightarrow 3\sin x + \sqrt{3}\cos x = \sqrt{6}$$

$$\Longrightarrow 2\sqrt{3}\left(\frac{\sqrt{3}}{2}\sin x + \frac{1}{2}\cos x\right) = \sqrt{6} \text{ 즉 } \sin\left(x + \frac{\pi}{6}\right) = \frac{\sqrt{2}}{2}$$

$0 \le x < 2\pi$에서 $\frac{\pi}{6} \le x + \frac{\pi}{6} < \frac{13}{6}\pi$이므로 $x + \frac{\pi}{6} = \frac{\pi}{4}$ 또는 $x + \frac{\pi}{6} = \frac{3}{4}\pi$

$$\therefore\ x = \frac{\pi}{12} \text{ 또는 } x = \frac{7}{12}\pi$$

따라서 서로 다른 모든 근의 합은 $\frac{\pi}{12} + \frac{7}{12}\pi = \frac{2}{3}\pi$ ……◀

CH· 8 연습문제

1. (1) 둘레의 길이가 10인 부채꼴 중에서 그 넓이가 최대인 것의 반지름의 길이를 구하시오.

(2) 둘레의 길이가 일정한 부채꼴 중에서 그 넓이가 최대인 것의 중심각의 크기를 구하시오.

2. (1) $\cos\theta = -\dfrac{1}{3}$일 때, $\sin\theta \cdot \tan\theta$의 값을 구하시오.

(2) $\dfrac{1}{1+\sin\theta} + \dfrac{1}{1-\sin\theta} = \dfrac{5}{2}$일 때, $\tan\theta$의 값을 구하시오. $\left(단,\ \pi < \theta < \dfrac{3}{2}\pi\right)$

(3) $\tan^2\dfrac{\theta}{2} = \dfrac{1}{7}$일 때, $\cos 2\theta$의 값을 구하시오.

3. $\sin\theta + \cos\theta = \dfrac{1}{2}$일 때, 다음 식의 값을 구하시오.

(1) $\sin\theta\cos\theta$

(2) $\tan^2\theta + \cot^2\theta$

4. (1) $\triangle ABC$에서 $a=2$, $b=\sqrt{3}+1$, $c=\sqrt{2}$일 때, 각 A의 크기를 구하시오.

(2) 반지름의 길이가 2인 원에 내접하는 $\triangle ABC$에서 $\angle B = 45°$, $\angle C = 60°$일 때, 변 BC의 길이를 구하시오.

5. $\triangle ABC$에서 $A=30°$, $B=120°$, $c=10$일 때, 이 삼각형의 넓이를 구하시오.

6. (1) 반지름의 길이가 2인 원에 내접하고, 두 각의 크기가 각각 $60°$, $45°$인 삼각형의 넓이를 구하시오.

(2) $\triangle ABC$의 외접원에 대하여 호 $0AB$, BC, CA의 길이가 각각 3, 4, 5일 때, 이 삼각형의 넓이를 구하시오.

7. α, β가 모두 예각이고, $\sin\alpha = \dfrac{13}{14}$, $\sin\beta = \dfrac{11}{14}$일 때, 다음 물음에 답하시오.

(1) $\sin(\alpha+\beta)$의 값을 구하시오.

(2) 각의 크기 $\alpha+\beta$를 구하시오.

8. $\sin\alpha + \sin\beta = 1$, $\cos\alpha + \cos\beta = 0$일 때, 다음 식의 값을 구하시오.

(1) $\sin^2\alpha + \cos^2\beta$

(2) $\cos 2\alpha + \cos 2\beta$

9. $0 \leq x < 2\pi$에서 정의된 다음 함수의 최댓값과 최솟값을 구하시오.

(1) $y = 2\sin x + 3\cos x$

(2) $y = \sqrt{3}\cos x - \sin\left(\dfrac{\pi}{6} - x\right)$

(3) $y = 2\sin x\cos x - 2(\sin x + \cos x) + 3$

(4) $y = \cos 2x + 2\sin x + 1$

(5) $y = -8\sin^4 x + 8\sin^2 x - \sin x\cos x$

(6) $y = -4\sin^2 x + 4\cos x + 3$

10. 다음 삼각방정식의 해를 구하시오. (단, $0 \leq x < 2\pi$)

(1) $\sin x - \cos x = \dfrac{1}{\sqrt{2}}$

(2) $\sin x + \sin 2x + \sin 3x = 0$

(3) $2\sin^2 x + 3\cos x = 0$

(4) $\sin^4 x = 1 + \cos^2 x$

(5) $\tan^2 x + (\sqrt{3}+1)\tan x + \sqrt{3} = 0$

11. 다음 두 직선이 이루는 예각을 구하시오.

$$y = -x + 5, \qquad y = (2+\sqrt{3})x - 3$$

12. 다음 등식을 만족시키는 $\triangle ABC$는 어떤 삼각형인지 판단하시오.

$$(b-c)\cos^2 A = b\cos^2 B - c\cos^2 C$$

13. $\triangle ABC$에서 $\sin A + \sin B > \sin C$를 보이시오.

14. $\triangle OAB$에서 $\angle AOB = 120°$의 이등분선이 변 AB와 만나는 점을 C라 하고 $OA = a$, $OB = b$, $OC = c$라 할 때, $\frac{1}{a} + \frac{1}{b} = \frac{1}{c}$를 보이시오.

15. $\sin^2\alpha + \sin^2\beta = \frac{3}{2}$일 때, $\cos(\alpha+\beta)\cos(\alpha-\beta)$의 값을 구하시오.

16. $\sin(\alpha+\beta) = \frac{2}{3}$, $\sin(\alpha-\beta) = \frac{3}{4}$일 때, $\frac{\tan\alpha}{\tan\beta}$의 값을 구하시오.

17. $0 < \theta < \pi$일 때, 방정식 $\sin 3\theta = \cos 5\theta$의 해의 개수를 구하시오.

18. $\frac{3}{4}\pi < \theta < \pi$에서 $\sin\theta + \cos\theta = -\frac{1}{2}$일 때, $\tan 2\theta$의 값을 구하시오.

19. $\sin\theta - \cos\theta = \frac{1}{\sqrt{2}}$일 때, $\sin 3\theta + \cos 3\theta$의 값을 구하시오.

20. (1) $0 \le x < \pi$일 때, 삼각방정식 $\cos\left(2x + \frac{\pi}{3}\right) = \frac{\sqrt{3}}{2}$의 모든 해의 합을 구하시오.

(2) $\frac{\pi}{2} \le x \le \frac{5\pi}{2}$일 때, 삼각방정식 $\sqrt{3}\sin x - \cos x = 1$의 모든 해의 합을 구하시오.

(3) $0 < x < \pi$일 때, 삼각방정식 $\tan 2x = 3\tan x$의 모든 해의 합을 구하시오.

21. 다음을 구하시오.

(1) $\cos 10° \cos 50° \cos 70°$

(2) $\sin^2 1° + \sin^2 2° + \sin^2 3° + \cdots + \sin^2 90°$

22. $0 < \theta < \frac{\pi}{2}$에서 $\sqrt{3}\cos\theta - \sin\theta = \frac{2}{3}$일 때, $\sqrt{3}\sin\theta + \cos\theta$의 값을 구하시오.

23. 그림과 같이 지름의 길이가 8인 원에 내접하는 사각형 $ABCD$에 대하여 AD는 지름이고 $AB = BC = 2$일 때, CD의 길이를 구하시오.

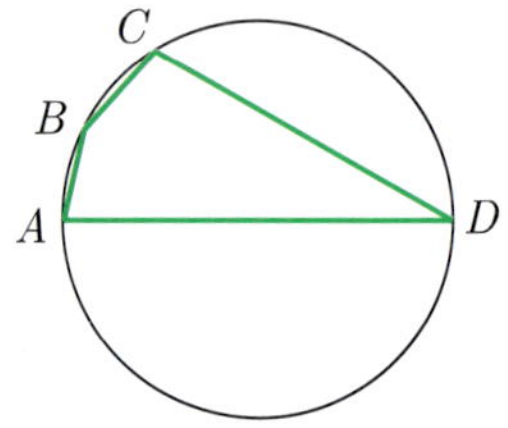

24. 지점 A에서 건물 B의 꼭대기를 올려다본 각의 크기가 $30°$이고, 지점 A에서 건물 B쪽으로 평지를 100m 걸어간 지점에서 건물 B의 꼭대기를 올려다본 각의 크기는 $45°$이다. 건물 B의 높이를 x(m)라 할 때, x의 값을 구하시오.

연습문제 해답

CH. 1 연습문제

2. 무리수의 집합은 사칙연산에 대하여 닫혀 있지 않다.

3. (1) 닫혀 있다. (2) 3 (3) $\frac{7}{3}$

4. A는 덧셈, 뺄셈, 나눗셈에 관하여 닫혀 있지 않고, 곱셈에 관하여 닫혀 있다.

5. $x=-2,\ y=3$

6. (1) $11+7i$ (2) $\frac{2}{5}$
(3) -4 (4) $-2i$

7. $-i$

8. $\pm\frac{1+i}{\sqrt{2}}$

9. $a=\pm 6$

10. $-15+4i$

11. $-2\sqrt{3}$

12. (1) 0 (2) $-\frac{11}{12}$

13. (1) -1 (2) $-2i$

14. $-2i$

15. $c>a>b$

16. (1) -1 (2) 2

17. (1) $2-\sqrt{3}\,i$ (2) $1-i$

18. $n=3k$일 때 2 ; $n=3k\pm1$일 때 -1

19. $\sqrt{3}+i,\ -\sqrt{3}-i,\ -1+\sqrt{3}\,i,\ 1-\sqrt{3}\,i$

20. (1) 16 (2) $-\frac{1}{64}$
(3) $-\frac{1}{4}$ (4) $-\frac{1}{2}-\frac{\sqrt{3}}{2}i$

21. $\frac{5}{2}$

22. (1) $z=\pm\frac{\sqrt{3}+i}{2},\ \pm i,\ \pm\frac{\sqrt{3}-i}{2}$
(2) $z=\pm 2^{-\frac{3}{4}}(\sqrt{3}+i),\ \pm 2^{-\frac{3}{4}}(-1+\sqrt{3}\,i)$
(3) $z=\pm\frac{\sqrt{6}+\sqrt{2}\,i}{2}$
(4) $z=\pm\frac{1+i}{\sqrt{2}}$

CH. 2 연습문제

1. (1) $(2x-1)(2x+1)(x^2+1)$
(2) $(x+y+2)(2x+y+1)$
(3) $(a-b)(b-c)(a-c)$
(4) $(xy+x+1)(xy+y+1)$
(5) $3x^{-1/2}(x-1)(x-2)$
(6) $(1+x)^{-2/3}(1+2x)$
(7) $x(xy-7)^2$
(8) $(x-1)(x+1)(x^2+x+1)(x^2-x+1)$
(9) $(a+b)(x-y)(x+y)$

2. $a=3,\ b=-12,\ c=2$

3. c가 빗변인 직각삼각형

4. 420

5. (1) $(2x+1)(3x-2)(x^2-3)$
(2) $(x-3)(x+3)(x+5)(3x-2)$
(3) $(x+2)^2(x-3)(x+3)$
(4) $(x^2-2xy-y^2)(x^2+2xy-y^2)$
(5) $(a+b)(a-b)(a^2+b^2+2c^2)$
(6) $(xy+y+1)(xy+x+1)$

(7) $(a+b)(b+c)(c+a)$

(8) $(a-b)(b-c)(c-a)$

(9) $(x^2+6x+1)(x^2-x+1)$

6. (1) $3+2\sqrt{2}$ (2) $2\sqrt{2}-\sqrt{5}$

(3) 2

7. $\sqrt{3}+1$

8. (1) 7 (2) $\pm\sqrt{5}$

9. (1) $-2<x\le 1$ (2) $-1<x\le 1$

10. $a=b=c=\dfrac{\sqrt{3}}{3}$

11. (1) 3 (2) 2

(3) $10\sqrt{2}$

12. (1) 몫은 $3x^2+2x-5$, 나머지는 $-15x+8$

(2) -2

13. (1) $v=\dfrac{14}{\dfrac{4}{x}+\dfrac{10}{3x}}$ (2) 시속 4km

14. (1) $\dfrac{11}{2}$ (2) -2

(3) 40

15. 19

16. -7

17. (1) -11 (2) 3

(3) $5x-6$ (4) 10

(5) -12

18. (1) $\dfrac{2\sqrt{5}}{3}$ (2) $\dfrac{\sqrt{6}+\sqrt{10}}{2}$

19. (1) 2 (2) $10\sqrt{2}$

(3) $8+4\sqrt{3}$

20. (1) 132 (2) $\dfrac{3}{4}$

(3) $4-24\sqrt{3}$

CH. 3 연습문제

1. (1) $x=\dfrac{5}{2}$ (2) $x=\dfrac{8}{11}$

(3) $x=4$ (4) $x=1$

(5) $x=1,\ -5$ (6) $x=0,\ 10$

(7) $x=2$ (8) $x=1$

2. $a=0,\ 2,\ 4$

3. $x=-4$ 또는 $x=1$

4. $2-\sqrt{2}$

5. $x=-3,\ 1+\sqrt{2}$

6. 12

7. (1) $x=\pm\dfrac{3}{2}$ (2) $x=-\dfrac{1}{2},\ \dfrac{1}{3}$

(3) $x=\dfrac{3\pm i}{2}$ (4) $x=5\pm i$

(5) $x=\dfrac{\sqrt{5}\pm 1}{2}$ (6) $x=-\dfrac{4}{3}$

(7) $x=-10\pm 4\sqrt{10}$

(8) $x=1,\ \dfrac{a+1}{a}$ (9) $x=i,\ \dfrac{2+3i}{13}$

8. (1) $k>-1$ (2) 4

9. (1) 8 (2) -6

10. (1) $a=-6,\ b=10$ (2) $\dfrac{5}{2}$

11. (1) $x=\pm\sqrt{3}$ 또는 $x=\pm i$

(2) $x=-1$ 또는 $x=2$ 또는 $x=1\pm\sqrt{2}i$

(3) $x=1$ 또는 $x=-3$ 또는 $x=1\pm\sqrt{2}i$

(4) $x=2$ 또는 $x=-3$ 또는 $x=\pm i$

(5) $x=-2\pm\sqrt{15}$ 또는 $x=-2\pm\sqrt{2}$

(6) $x=-3\pm 2\sqrt{2}$ 또는 $x=\dfrac{1\pm\sqrt{3}i}{2}$

12. (1) 7 (2) 0

(3) 19

13. (1) 해는 없다.

(2) $x=7,\ y=1,\ z=-2$

(3) $\begin{cases} x=\dfrac{-2+\sqrt{2}i}{3} \\ y=\dfrac{-1+2\sqrt{2}i}{3} \end{cases}$ 또는

$\begin{cases} x=\dfrac{-2-\sqrt{2}i}{3} \\ y=\dfrac{-1-2\sqrt{2}i}{3} \end{cases}$

(4) $\begin{cases} x=\pm 1 \\ y=\mp 2 \end{cases}$ 또는 $\begin{cases} x=\pm 2\sqrt{2}i \\ y=\pm 2\sqrt{2}i \end{cases}$

14. (1) $-6 \leq x \leq 1$ (2) $-\frac{11}{4} \leq x \leq \frac{5}{4}$

(3) x는 모든 실수 (4) $-\frac{5}{2} \leq x < -1$

15. 9

17. (1) $4\sqrt{2}$ (2) 6

18. 5, 12, 13

20. (1) 4 (2) 10

(3) 1

21. 2

22. (1) 4 (2) $\frac{1}{8}$

(3) $\frac{2}{3}$ (4) 12

23. (1) 0, $\frac{1}{2}$, $\frac{3}{2}$, 2 (2) $-\frac{\sqrt{2}}{2}$, $\frac{\sqrt{6}}{2}$

CH. 4 연습문제

1. $(10, 0)$, $\left(0, \frac{10}{3}\right)$

2. $D(x_1+x_3-x_2,\ y_1+y_3-y_2)$

3. 5

4. $-\frac{1}{4}$

5. $y=-x+a+b$

6. $y=2x-1$, $y=\frac{1}{2}x+2$

7. $y=\frac{1}{2}x$, $y=-2x$

9. (1) $(x-2)^2+(y+3)^2=26$

(2) $(x-3)^2+(y-3)^2=9$

(3) $(x-3)^2+y^2=25$ 또는

$(x-6)^2+(y+1)^2=25$

(4) $(x-4)^2+y=25$

10. $(x-2)^2+(y-3)^2=9$

11. $4\sqrt{2}$

12. (1) $x^2+y^2-7x-6y=0$

(2) $x^2+y^2-6x-3y+9=0$

13. 15

14. (1) $y=-2x+2$ (2) $8-2\sqrt{10}$

15. 8

16. $\sqrt{14}$

17. $\frac{4\sqrt{3}}{3}$

18. $y=1$, $12x-5y-19=0$

19. $\sqrt{31}$

20. $3(x-2)^2+4y^2=48$

21. (1) $2\sqrt{7}$ (2) $(5, 0)$, $(-1, 0)$

22. $\sqrt{10}$

23. $y=\frac{2}{3}x+\frac{1}{2}$

24. 4

25. $\sqrt{14}$

26. $2\sqrt{7}$

27. 15

CH. 5 연습문제

1. (1) 42 (2) 13

(3) 17

2. (1) 16 (2) 9

3. 57

4. (1) 12 (2) 25

5. (1) $\mathbb{R}$ (2) $-1 < x \leq 1$

6. (1) x^2+2x+1 (2) x^2+1

(3) x^4 (4) $x+2$

7. 2

8. $h(x)=2x+1$

9. (1) $-3 < x < 5$ (2) $x \leq 0$ 또는 $x=5$

10. (1) 최댓값 1, 최솟값 -3

(2) 최댓값 2, 최솟값 -4

(3) 최댓값 1, 최솟값 -3

(4) 최댓값은 없고, 최솟값 $2+2\sqrt{2}$

11. $a=1,\ b=2$

12. $a=-2,\ b=-5,\ c=-1$

13. $a=1,\ b=1$ 또는 $a=-1,\ b=3$

14. (1) 최댓값 4, 최솟값 -4

(2) 최댓값 $\sqrt{5}$, 최솟값 $-\sqrt{5}$

15. (1) 81 (2) 36

16. (1)

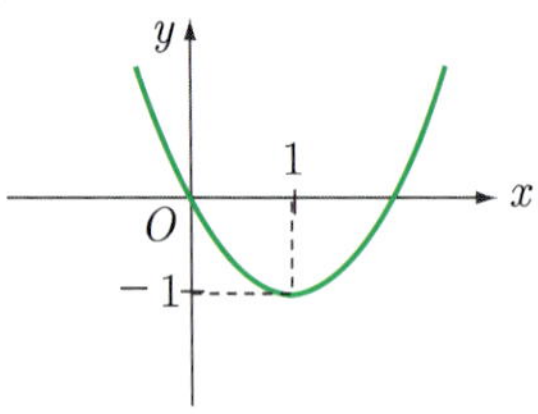

(2)

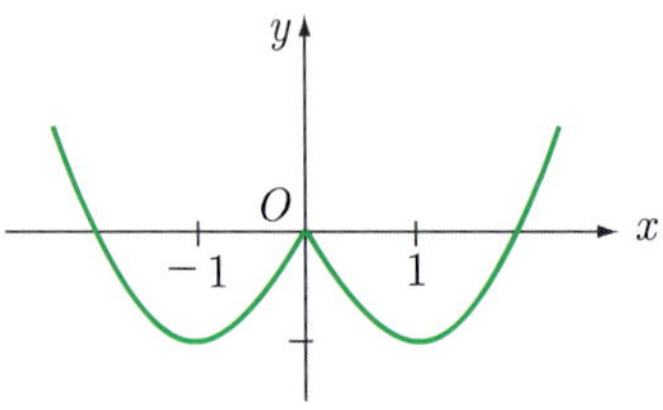

(3)

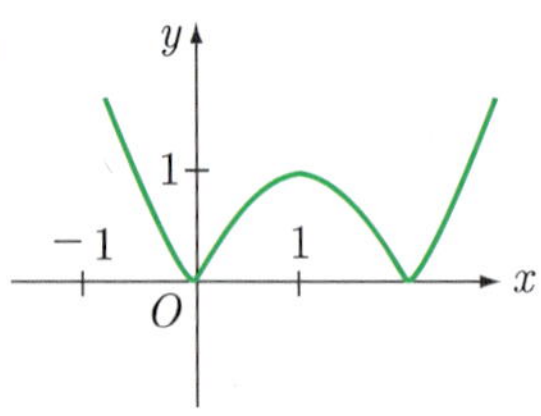

(4)

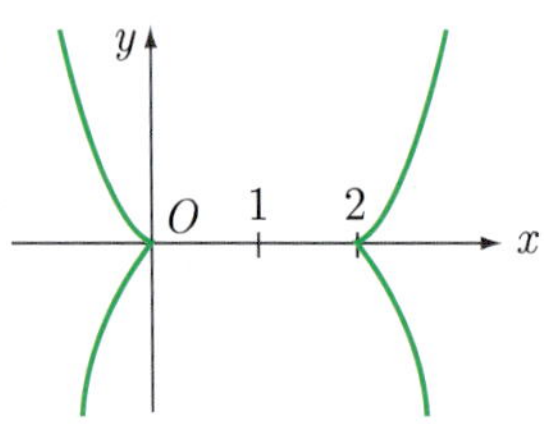

(5)

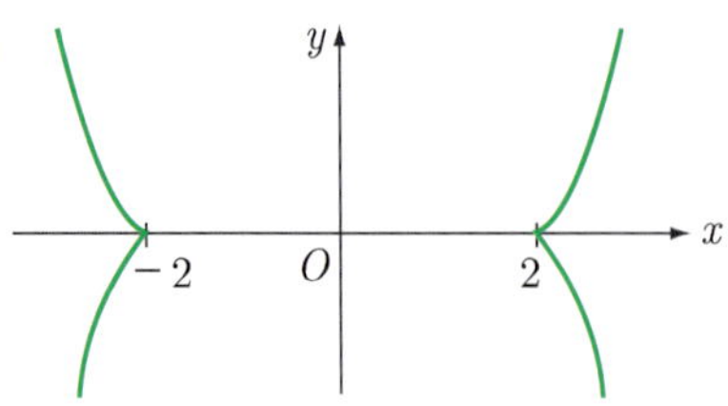

17. $a=-1,\ b=2$

18. $f(2)=5,\ f(4)=1,\ f(5)=3$

19. $k=-3,\ 1$

20. -6

21. (1) $y=x-3\ (6\le x\le 11)$

(2) $y=1+\sqrt{x+1}$

(3) $y=\sqrt{1-x^2}\ (-1\le x\le 0)$

(4) $y=-x+1\ (x\ge 0)$

(5) $y=1+\dfrac{1}{x}\ (x>0)$

(6) $y=\dfrac{1-2x}{x+1}\ \left(\dfrac{1}{5}\le x\le \dfrac{1}{2}\right)$

22. (1)

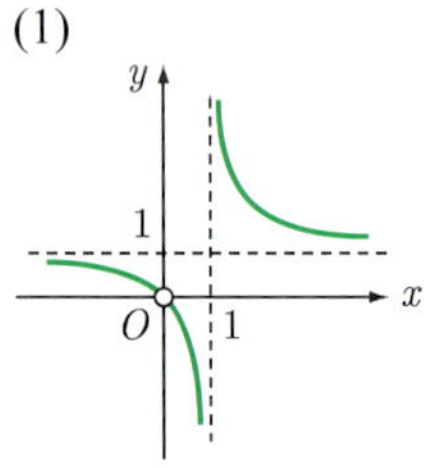

(2)

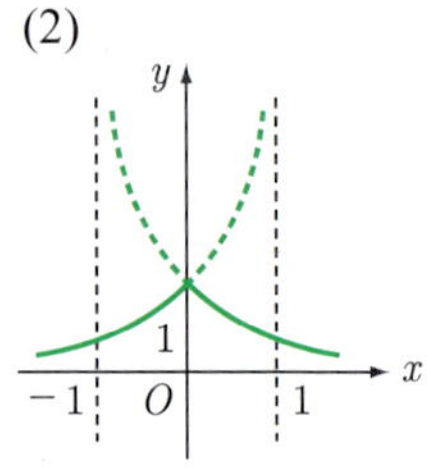

(3)

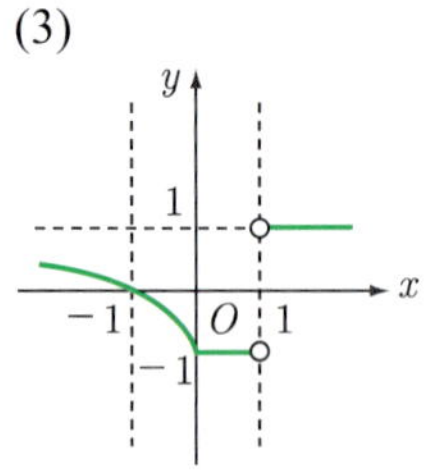

(4)

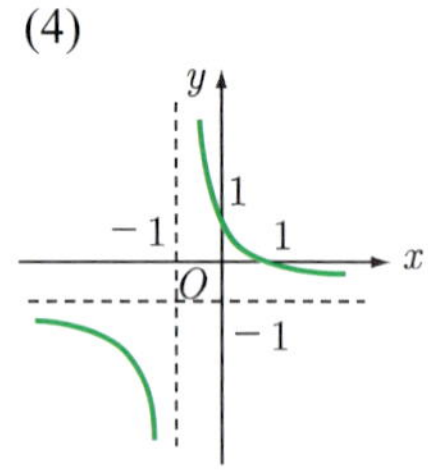

23. (1) $h(x)=-\dfrac{1}{3}x+1$

(2) $k(x)=-\dfrac{1}{3}x+\dfrac{1}{3}$

24. $2\sqrt{2}$

25. $\{y\,|\,y\le 1$ 또는 $y\ge 4\}$

26. 12

27. $\dfrac{1}{4}$

CH. 6 연습문제

1. $a_n=3n-8$

2. $a_n = 3 \cdot 2^{n-1}$

3. $2n^2 + n$

4. (1) 9 (2) $\frac{n}{2n+1}$

(3) $\frac{1}{2}\left(1+\frac{1}{2}-\frac{1}{n+1}-\frac{1}{n+2}\right)$

(4) $(n-1) \cdot 2^n + 1$

5. (1) ∞ (2) $\frac{1}{3}$

(3) 0 (4) $\frac{1}{2}$

(5) $\frac{1}{6}$ (6) 1

(7) $\frac{a+b}{2}$ (8) $\frac{3}{2}$

6. (1) $\frac{1}{4}$ (2) -1

7. (1) $-\frac{1}{5}$ (2) 발산

(3) $\frac{11}{2}$ (4) 발산

(5) $-\frac{1}{4}$

8. 2

9. $0 < x < 1$

10. $a_n = 3\left(\frac{4}{5}\right)^{n-1}$

11. 5

12. (1) 0 (2) $\frac{24}{59}$

13. 12

14. 8

15. 689

16. $a=2,\ n=10$

17. (1) 8 (2) 440

18. $\frac{1}{3}$

19. 6230만원

20. $\frac{1}{2}$

21. 0.1264

22. $\frac{4}{5}$

23. 3

24. 230

25. $\frac{30}{31}$

26. 21

27. $\frac{13}{6}$

28. $\frac{6}{13}$

CH. 7 연습문제

1. 최댓값 : 8, 최솟값 : -1

2. $x=27$

3. 최댓값은 $10^{\frac{1}{4}}$, 최솟값은 $\frac{1}{100}$

4. $ac=b$

5. 3

6. 8

7. 2

8. $y=\frac{1}{2}(10^x+10^{-x})\ (x \geq 0)$

9. (1) $x=1000$ 또는 0.1

(2) $x=2$

(3) $x=\frac{1}{2},\ 1,\ 2$

(4) $x=1$

10. (1) $1<x<81$

(2) $x>1,\ 0<x<1$

(3) $x>\frac{1}{4}$

(4) $1<x<10,\ x>1000$

11. (1) 8 (2) $\frac{10}{3}$

(3) $\frac{4}{9}$

12. 35년 후

13. -2

14. 4

15. $0 \leq a < 4$

16. $\frac{3}{2}$

17. 510

18. $\frac{3}{4}$

19. $\frac{5}{6}$

20. 3

21. $\frac{25}{8}$

22. 33

23. 240

24. 43

25. 36

26. 8

CH. 8 연습문제

1. (1) $\frac{5}{2}$ (2) 2

2. (1) $-\frac{8}{3}$ (2) $\frac{1}{2}$

(3) $\frac{1}{8}$

3. (1) $-\frac{3}{8}$ (2) $\frac{46}{9}$

4. (1) $A=45°$ (3) $\sqrt{2}+\sqrt{6}$

5. $25\sqrt{3}$

6. (1) $3+\sqrt{3}$ (2) $\frac{9}{\pi^2}(3+\sqrt{3})$

7. (1) $\cos\alpha=\frac{3\sqrt{3}}{14}$, $\cos\beta=\frac{5\sqrt{3}}{14}$이므로

$\sin(\alpha+\beta)=\frac{\sqrt{3}}{2}$

(2) $\alpha+\beta=120°$

8. (1) 1 (2) 1

9. (1) 최댓값 $\sqrt{13}$, 최솟값 $-\sqrt{13}$

(2) 최댓값 $\sqrt{4-\sqrt{3}}$,

최솟값 $-\sqrt{4-\sqrt{3}}$

(3) 최댓값 $2\sqrt{2}+4$, 최솟값 1

(4) 최댓값 $\frac{5}{2}$, 최솟값 -2

(5) 최댓값 $\frac{5}{2}$, 최솟값 $-\frac{1}{32}$

(6) 최댓값 7, 최솟값 -2

10. (1) $\frac{5\pi}{12}$, $\frac{13\pi}{12}$

(2) 0, $\frac{\pi}{2}$, π, $\frac{3\pi}{2}$, $\frac{2\pi}{3}$, $\frac{4\pi}{3}$

(3) $\frac{2\pi}{3}$, $\frac{4\pi}{3}$

(4) $\frac{\pi}{2}$, $\frac{3\pi}{2}$

(5) $\frac{2\pi}{3}$, $\frac{3\pi}{4}$, $\frac{5\pi}{3}$, $\frac{7\pi}{4}$

11. $60°$

12. $b=c$인 이등변삼각형 또는 $A=120°$인 삼각형

15. $-\frac{1}{2}$

16. -17

17. 5

18. $-\frac{3\sqrt{7}}{7}$

19. $-\sqrt{2}$

20. (1) $\frac{5\pi}{3}$ (2) $\frac{10\pi}{3}$

(3) π

21. (1) $\frac{\sqrt{3}}{8}$ (2) $\frac{91}{2}$

22. $\frac{4\sqrt{2}}{3}$

23. 7

24. $50(\sqrt{3}+1)$

찾아보기

대학기초수학

지은이 윤영진
펴낸이 조경희
펴낸곳 경문사
펴낸날 2019년 1월 20일 1판 1쇄
2020년 3월 2일 1판 2쇄
등 록 1979년 11월 9일 제313-1979-23호
주 소 04057, 서울특별시 마포구 와우산로 174
전 화 (02)332-2004 팩스 (02)336-5193
이메일 kyungmoon@kyungmoon.com
facebook facebook.com/kyungmoonsa

값 16,000원

ISBN 979-11-6073-194-1

★ 경문사 홈페이지에 오시면 즐거운 일이 생깁니다.
http://www.kyungmoon.com

한국과학기술출판협회 회원사